JN069447

MY ROOM MY AUDIO

十人十色オーディオ部屋探訪

寺島靖国

はじめに

俺の音がいちばん。それを確認するために皆さんのお宅へと伺ったのだが……

いろいろなオーディオ・ファンのお宅を訪問してまいりました。

まずどういう気持ちでお伺いしたのか。それをお話したいと思います。

皆さんが手塩にかけたオーディオ装置の音を聴かせていただき、私の今後のオーディオ作りの参考にする。

そんな殊勝な気持ちははなからありません。

こう言ってはなんですが、私は自分のオーディオに自信があります。私のこれまでの人生の最大級の出来事がオーディオです。

いい音を出したい。それによってジャズと人生を最大限に享受したい。それだけを考え、時間をかけ、大金をはたき、その道一筋でやってまいりました。

ですから、はっきり申し上げましょう。「これなら俺の方がいい音だ」。それを確認するために皆さんのお宅へと伺ったのです。

傲慢な奴だ。そう思われたでしょう。

しかしオーディオ・マニアは大なり小なりそういう考えを持っているものです。口にこそ出さないものの、俺の音はいい音だ。そういう自己満足の発達した人がオーディオ・マニアなのです。

訪問の際にはCDを用意します。私は躊躇なく自分のシステムでよく鳴るCDをカバンに入れます。リファレンス曲は決まっており、その曲のどこが聞きどころかも承知しています。何分何秒のところでベースがぐわりと低く唸り、はたまたシンバルが鋭く大きくつんざくか。

申しわけないが、以上の事柄については訪問先のどのお宅にも負けたことはありません。

そんなある日、島田裕巳さん（本文70ページ）が我が家を訪れました。その前に私は氏の音を聴かせていただいております。

すわ、報復か。

得意のピアノ・トリオをCDプレーヤーにかませました。ステファノ・アメリオ録音のベスト・サウンド。ところが島田さんはそのアレッサンドロ・ガラティ盤をお好きではない。モダン・ジャズのブルーノート盤を聴きたいと。

困った事態がしゅったいしました。

私のシステムはアレッサンドロ・ガラティ盤がよく鳴るように調整している。ブルーノート盤はまったく得意ではないはず。

案の定です。ソニー・クラークの『クール・ストラッティン』が悲鳴を上げたのです。ただうるさいだけで全然いい音ではない。CDを解剖してCDに入っていない音まで引き出そうとしたのが私のオーディオ装置でした。

ここで私はハタと気がついたのです。私は皆さんのお宅へ伺ってこれと反対のことをやっていたのだ、と。

JBLやアルテックなどのヴィンテージ・システムで、最新録音で吹込まれたアレッサンドロ・ガラティの現代ピアノ・トリオを聴いても面白い音が出るはずがない。餅は餅屋なのです。

改心いたしました。以降自分のCDは持参しておりません。先方の選ばれる作品を有り難く拝聴しております。

俺の音がいちばん。そう豪語したことを恥じるばかりです。

本書は、『ＪＡＺＺ　ＪＡＰＡＮ』誌（株式会社ジャズジャパン）２０１５年６月号〜２０２２年６月号に掲載された連載原稿を加筆修正してまとめたものです。ただし「寺島靖国マイ・ルームの音を斬る」（文・小原由夫）は本書のための書き下ろしです。

本書では、楽曲名を〈　〉、アルバム名を『　』、誌名・書名は『　』で表記しています。本書中の肩書き、情報は原則として取材当時のもので、現在と異なる場合があります。

目次

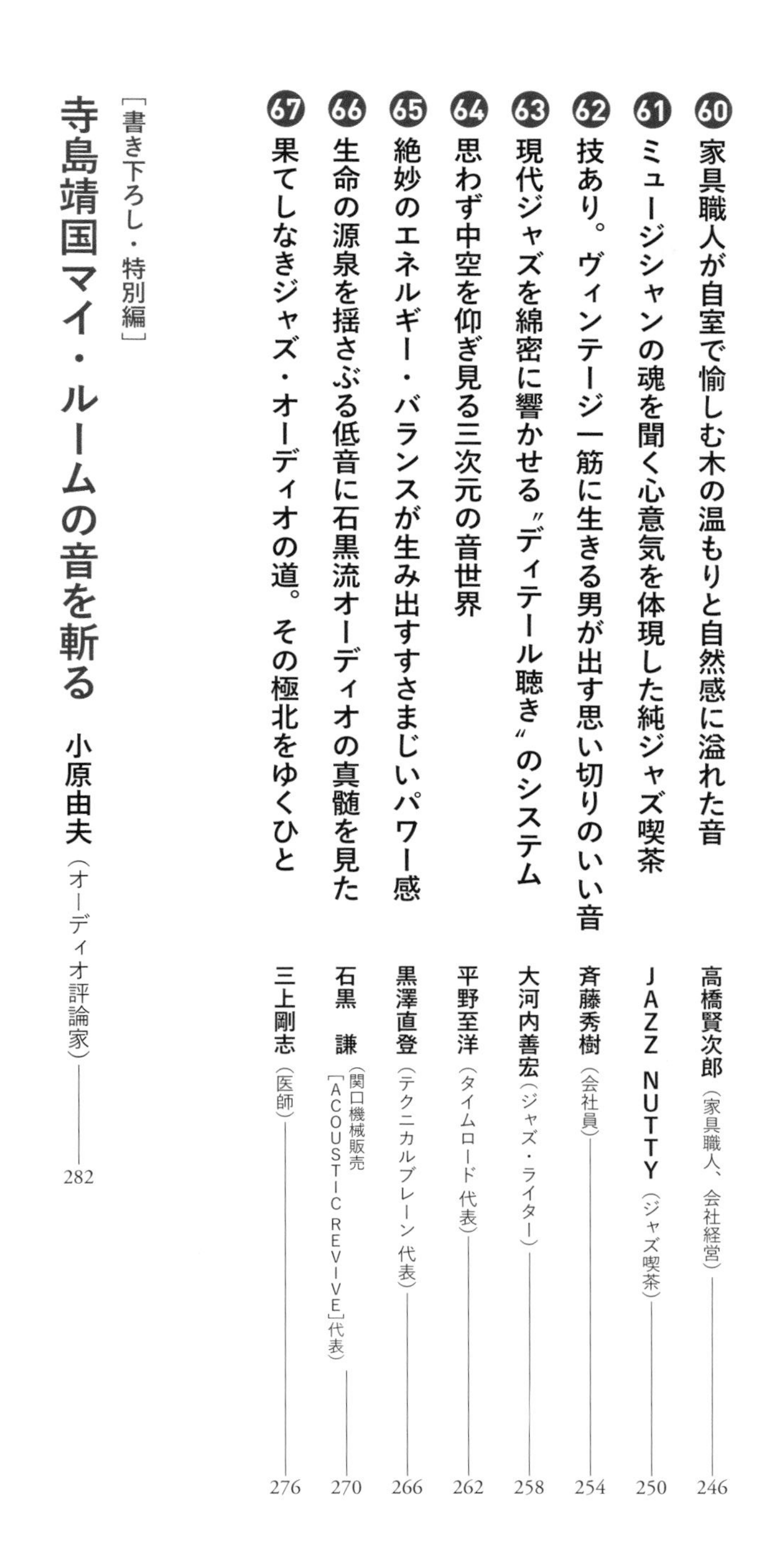

1

ブルーノート1500番台を一(いち)から聴き直したくなる〝音〟

ラズウェル細木　漫画家

「いやぁ、テラシマさん、よく来てくれました。私、いま幸せの絶頂にいるんですよ。オーディオを入れてからブルーノートがこんなによく鳴るなんて。いやもう30年くらいソンしちゃった気分なんですね」。

どうしました、ラズウェルさん。ぼくは今日そういう話を聞きにきたんです。はるばる上井草まで来たかいがありました。上井草は杉並区である。杉並区といえば都心だが上井草は辺境の地であり、その避地指数は鳥取県あたりへ持っていっても決してひけをとらない。ラズウェル宅の周辺にはタヌキがころがり出そうな林があり、ご丁寧になにやら不気味な赤鳥居の神社がおいで、おいでをしている風情。こうした浮世離れした環境からラズウェル氏の数々の傑作作品が生み出されているのである。

実際、氏のこのところの活躍ぶりはとっくの昔にジャズの域を超えている。一般社会にまで流通して久しい。この間、井の頭線で前に立った男が氏の食物本を読んでいた。読んでいる人を見かけたら、その本はベストセラーだと誰かが言っていたっけ。

さて、今日のオーディオの話。昨年、氏は思い立ってオーディオ装置を一新した。人は幸せになると女かオーディオに向かうのである。ラズウェル氏は道を誤らなかった。私を含めオーディオ・ファンは皆、人として正しい道を歩んでいるのである。

購入品目を書いておこう。スピーカーがイギリス製のケフ、プリメインアンプはドイツのオクターブ、アナログ・プレーヤーはオーストラリアのプロジェクト、CDプレーヤーはオーディオラボ。以上、簡単に書き記したが実はこれ凄

ブルーノート・ジャケットとともに記念撮影。ラズウェル細木氏はジャズ関連の作品はもちろん、『酒のほそ道』（2012年手塚治虫文化賞短編賞受賞）『風流つまみ道場』などその他のジャンルでも数々のヒット作品を生み出している売れっ子漫画家だ。

いのである。とにかく、マニアック。レーベルで言うとブルーノートやプレスティッジではなく、モードとかトランジション、そんな類のマイナー・プロダクツだ。いったい、誰が選んだのか。もちろんラズウェル氏ではない。友人の元『スイングジャーナル』編集員、菅原正晴さん、そして取り揃えて搬入したのがオーディオユニオン御茶ノ水店、朝倉さんだった。総額で約１００万円。中古なら50〜60万といったところで初心者（失礼！）にしては妥当な金額ではないか。

「あんまり音がいいものだからブルーノートを１５０１番から全部聴き直したんですよ」。

氏はブルーノート１５００番のパーフェクト・コレクターである。それでも凄いのに氏はもっと凄いことを言った。『サムシン・エルス』とか『クール・ストラッティン』などの超名演になると装置を問わないというのである。ラジカセで聴いても名演だと。**装置一新で浮かび上がったのはブルーノートの中くらい盤だった。**それが音を得て超名演盤に近づいた。たとえば、ハンク・モブレイの『クインテット』（１５５０）やバド・パウエルの『タイム・ウェイツ』（１５９８）、アート・テイラーの『エーティーズ・デライト』（４０４７）などをこれまで以上にいとおしく聴くようになった。

「まずドラムが違うんですよ。小うるさく聞こえたフィリー・ジョーのドラミングが小気味よく聞こえる。それまではドラム全体が固まっていたのに新装置ではスネア、シンバル、ハイ・ハットが独立して、バラけて聞こえるからちっともうるさくない。ドラム・セットが目の前に見えるという驚異ですね」。ピアノ・トリオで言うと三人でひと固まりで聞こえたのが一人ひとりの居場所がわかる。これは新発見です、と。

アート・ブレイキーのドラミングがいわゆるドドドドーッのナイアガラ瀑布奏法だけではない。なんとセンシティブに小技を駆使しているのだろう。音の小大を実に巧みに使いわけている。反対にアート・テイラーは小技というよりトータルなパワフル感で迫ってくる。ワンパターン・イメージを逆に自分の武器、そして持ち味にしているのだ。そんなこともあからさまにわかってくる。

私はシンバルよりスネア・ドラムがよく聞こえるのに気がついた。もっと音量を上げればシンバルも勢いよくさえずり出すのだろうが、なにせここはマンション。上下左右に気をつかってせいぜい音量はこんなものです、と。**私はラズウェル氏のシステムの美点はスネアにあると思った。**「コーン」という小気味よいサウンドは中域重視のブルーノートをさらに引き立ててやまない。

例によって、4万円ほどの電源ケーブルをカバンから引っぱり出した。プリメインアンプにあてがってみる。なんと！ぜんぜんバランスがとれてしまったのだ。これは予想外だ。クインテットの楽器が均一化し、それはいいのだが「コーン」もそれらの中に埋もれてまるきり小気味よくない。幾分、湿って聞こえて面白くない。あわてて元のどこの製品ともわからないケーブルに戻す。

「しかし、ケーブルでこんなに変わるんですねぇ」。いつでもどこでも聞くこのフレーズをラズウェル宅でも耳にした。これは勉強になった。オーディオは魔物というが、いや貴重な体験である。要は「相性の芸術」なのだ。4万円が悪いのではない。場所を得なかっただけのことである。

それにしても本日はいい日だった。失った30年をよわい60歳にして一気に取り戻そうと頰を紅潮させるラズウェル細木氏。ゆく末が楽しみである。

ラズウェル氏のオフィス兼オーディオ・ルームに鎮座するシステム。自宅は同じマンションにあるが別部屋となるため、余計な生活用品が一切なくシンプルで心地良い空間が広がる。

オーディオ・システム概要

スピーカー：KEF Q900VBO ①
プリメインアンプ：OCTAVE V40SE ②
CDプレーヤー：AUDIOLAB 8200CD ③
アナログプレーヤー：PRO-JECT ESSENTIAL2 BLK ④

ブルーノート・サウンド談義に花が咲く二人。ラズウェル氏の音に関する独自の見解はさすがに面白く、寺島氏も感心することしきりだった。いままで劇的な効果を生んだ電源ケーブル替えは今回に限っては音の変化がジャズ的なサウンド効果を高めるに至らず、オーディオのむずかしさ、奥深さを改めて実感。

試聴したアルバム

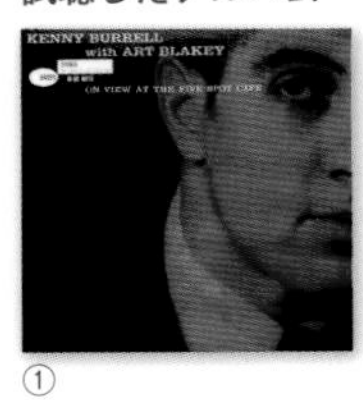

①

②

③

①「Kenny Burrell With Art Blakey」(Blue Note)
②「Hank Mobley Quintet」(Blue Note)
③「Time Waits／Bud Powell」(Blue Note)

2 福田雅光が見せた1ミリの甘さもないフィル・ウッズ盤の音

福田雅光　オーディオ評論家

書店で立ち読みしていると両腕が疲れてくる雑誌がある。『ステレオサウンド』である。歴史ある立派な雑誌には違いない。しかしどうも馴染めない。世の中には「ステレオサウンド派」という一族がいるらしいが、押しなべてハイレベルで、高踏的である。

例えばの話、彼らの興味はスピーカーやアンプ、それも高級品が中心で、ケーブルやインシュレーターといったオーディオアクセサリー類をあまり顧みない。私に言わせればオーディオ的権威主義以外の何ものでもない。

そこへゆくと対抗誌でもある『オーディオアクセサリー』は庶民的である。ケーブル類をアンプやスピーカーと同じ、一人前の機器として扱う。

そのケーブル評論の第一人者が本日訪問の福田雅光氏だ。オーディオ界の重鎮にして、売れっ子評論家。「ステレオサウンド」を除くほとんどのオーディオ誌で執筆する。そういえば『オーディオアクセサリー』の重要連載に「趣味のオーディオ探求　旬の音本舗　福田屋」というのがある。私はいつもこのタイトルを見るたびに思う。なんという庶民的な命名なのだ。重鎮に対して失礼ではないか。福田さんは気にしないのである。心の底からの庶民派なのだ。

それにしても今回の私の訪問。私は想像するのだが、本当はご迷惑だったのではないか。

「僕は他人の家へ行って、音がどうしたこうした言うのは好きじゃないね」。こうおっしゃったのである。グサッときたのである。福田さんとは反対に私は大好きなのだ。

さあ、音がどうしたこうしたを始めようではないか。

福田雅光氏（左）と寺島氏。オーディオ評論界では押しも押されぬ大家だが、その気さくで飾らない人柄は特筆もので、たちまち打ち解けて楽しいオーディオ談義が始まる。左右スピーカーの間にあるのは、吸音と反射の両方の音場作りに著しい効果を発揮するKRIPTON製の調音パネル。

まずいつものようにお好きな音を伺った。

「とにかく、甘い、ぬるい、ゆるい。こういう音、いっさい駄目。腰が弱くて優柔不断、もってのほか。音は凛としていなくてはいけない。具体的にいうとS／N比がよい音。Sはシグナル、Nはノイズ。つまりノイズが少なくて信号音、要するに楽音が明晰にほとばしり出る音がいい音なんだ」。

S／N比ぐらいは知っているが、これは我が意を得たり、である。**ノイズを私は雑音ではなく付帯音、要するに音にへばり付く贅肉ととらえている。**たしかにそれらを除去すれば音の核心がすんなり現れるだろう。スネアの唯の「コーン」ではなく「カキーン」と響き渡るはずだ。

福田さん、わかりました。早く音を聴かせて下さい。

ターンテーブルの上には今や遅しと出動を待ちわびる1枚のレコードが。フィル・ウッズの『ウォーム・ウッズ』だ。アルトで勝負する気だな。そう察しをつける。

これは筋金入りだ。したたかだ。私の記憶に残るこの盤のフィル・ウッズはたしかにシャープだが幾分の甘さを残している。それがよかったのだが、福田さんのフィル・ウッズには1ミリの甘さも感じられない。チャーリー・パーカーの由緒正しい後継者、ウッズがここにはいた。関係ないがウッズはパーカーの死後、未亡人と結婚したという話だ。

改めてレコードプレーヤーを眺める。こういっては失礼だが、なんの変哲もない一品である。アンプ然り。スピーカーも特に豪奢なものではない。つまりごく普通の機器を使っていろいろ研鑽努力を重ねいい音を出すのが評論家、福田さんなのだ。お金を積んでようやくいい音を手にするオーディオ・マニアとの違いはそこだが、そこにはケーブルをはじめとするさまざまな工夫が活かされている。一つの例としてカートリッジのリード線にアコリバの単線を使用している。フィル・ウッズの音の勇姿はこのあたりに秘密がありそうだ。スピーカー・ケーブルはクリプトンのＳＣ-ＨＲ１５００。福田さんが面白い言い方をした。「これ、メーター１２，０００円なんだけど、僕にしては高いんだ。それとケーブルは太ければいい、高ければいいというものではない」

太くて高いのを信奉する私は聞こえないふりをする。

もう一つあるリスニング・ルームに移動することになった。エレベーターで1階まで降り、別のエレベーターで新リスニング・ルームへ。スピーカーはＢ＆Ｗ ８００ Ｄ3、パワーアンプはアキュフェーズＰ-４５００、第一リスニング・ルームに比べ、こちらの音は新しい。私にはこちらがすっきりくる。床を這うケーブルを素早く確認する。なんと、私は目が点になった。アコリバの新製品電源ケーブルＰｏｗｅｒＳｅｎｓｕａｌ ＭＤ-Ｋが使われているではないか。太くて高いケーブルは使用しないと言ったではないですか。「いや、いま借りてるんだ」と澄まし顔の福田さん。福田さんと私のケーブルはことごとく異なっていたが、ここで初めて同じものを発見、ちょっと嬉しくなった。この電源ケーブル、いま、大のお気に入り、なのである。

カーティス・フラーの『ブルースエット』が聞こえてきた。ＣＤ派の私に合わせてくれたのか今度はＣＤだ。

「いいねえ。ホッとするねぇ。名曲だからねぇ。**この演奏はテナーとトロンボーンが組み合わされた低音ハーモニーで成功しているんだ。このハーモニーがモヤっとしたらおしまいなんだよ。**二つの楽器が演奏的には一緒でも音的には一緒くたになってはいけないんだ」

つまり音離れのいいケーブルを選ぶ必要がある。鮮度の高さを狙うんだと。

近々発売になる新導体PCUHDを使ったオーディオテクニカのケーブルがいいとおっしゃる。今やPC-Triple-Cがケーブル素材として全盛で、私も最近購入するケーブルはすべてこの素材によるものだ。新導体PCUHDはそれをも上回る性能を発揮するのか……楽しみである。

オーディオ・システム概要

スピーカー：BOWERS & WILKINS（B&W）800 D3 ①
プリアンプ：ACCUPHASE C-2850 ②
パワーアンプ：ACCUPHASE P-4500 ③
SACDプレーヤー：ACCUPHASE DP-570 ④

福田氏自宅オーディオのケーブル類について熱く議論を交わす二人。寺島氏が指差す電源ケーブルは出川式MDユニットを搭載したアコースティックリバイブPower Sensual MD-K。

こちらは訪問時に先に試聴した、仕事用の別室にあるオーディオ・システム。スピーカーは往年の名機、DIATONE DS-5000、ターンテーブルはPIONEERのExclusive P3a。それにLUXMANのコントロールアンプとACCUPHASEのステレオパワーアンプ／プリアンプを組み合わせる国産メーカー主体のシステム。

試聴したアルバム

①

②

③

①『Colgen World／鈴木宏昌』(Toshiba Records)
②『Warm Woods／Phil Woods』(Epic)
③『BLUES ette／Curtis Fuller』(Savoy)

3 スイング・エイジのジャズ人生と心意気が凝縮した空間

北村英治 クラリネット奏者

世の中、70歳を過ぎればこわいものなしというけれど、それは単なる強がりで、私などはいくつになってもこわいものはこわい。まして相手の方がミュージシャンで89歳ともなれば、こわさは一層つのるのである。頼みの綱は同好の士、お互いジャズを何十年も聴き続け、現在も三度の飯よりジャズが好きという間柄。

北村英治さんである。1929年生まれ、御年89歳、今年（2019年）の4月で90におなりになる。

やあ、いらっしゃいと私たちを迎えて下さった北村さん、絵に描いたような気さくさに一驚する。お顔付きに似合わず、むずかしい方だったらどうしよう。そんな心配がまたたく間に杞憂とわかりやれやれとホッと一息。同行の佐藤俊太郎編集員も傍で胸をなでおろす様子である。

なにしろ高名な方である。ちょっと前に若いピアニストに尋ねると「ちゃんと知ってますよ。クラリネットの大御所でしょう。好きなんです」と。

お話が面白い。クラリネットのバディ・デフランコ。来日時に彼に面会した。北村さんはご自分の楽器を持参し、彼に聴かせた。実は得意満面である。なにしろデフランコそっくりにコピーした快心のプレイだからである。

あにはからんや「怒られたんですよ」と。

自分が二人いてどうする。営業に差しつかえるではないか、とデフランコ。ジャズは自分のスタイルで吹かないとジャズではないと。

私などに言わせれば、デフランコ、モダン・クラリネットなどといわれ、ベニー・グッドマンやアーティ・ショウに

リスニングルームで寛ぐ北村英治。オーディオにはあまりこだわらないというシステムはごくシンプルだが、北村の人柄を反映してか、実に暖かくいい音に包まれる。余計な反響を抑え、防音を施した壁も鳴りに一役買っている。

慣れた耳に、冷たくクールに聴こえて仕方がない。

そう申し上げると、飛んでもない。デフランコの音色には独特のあたたかみと気品がある。そうおっしゃる。若い頃のジャズ本の読み過ぎでそのようにすり込まれたのだろう。ちょうど新年だ。心を入れかえて聴き直してみよう。いくつになっても新たな発見があれば嬉しい。

モダンといえば、北村さんのジャズはスイング・エラに属するものである。デビューは22歳だが、1960年、30歳の頃、悪魔に魅せられたように心がピクリと動いた。世はモダン・ジャズ全盛時代。ちょっと一発モダンやらかしてみようか。そんな剣呑な浮気心が働いた。

その頃の演奏はありませんか。残念ながらモダンの演奏はなかったが60年の演奏を聴かせていただいた。我々は応接室からリスニングルームに移っている。完全防音室だ。**音は気取らない、実になめらかなサウンド**。当時はモダンをやっても理解されず、レコード会社の要請で少し歌謡曲がかったアレンジがなされている。

「イモ！」、マネージャーの鈴木さんが遠慮のない一言を発する。「ヘタな吹き方をしているねえ。いきがって吹いていたんですよ」と北村さん。曲は〈朝日のようにさわやかに〉。

テーマの取り方。モダンに慣れた私の耳にはいささか不思議に聴こえたが、ソロを含め、全体的には歌心に溢れた熱演に響いた。

「音楽にいちばん大事なのは、テクニックというより歌の心の表出なんです。歌心を表すためにテクニックがある。テクのためのテクではない。特にバラッド。歌詞を知らないと満足のいくバラッドを吹いたり弾いたりできない。バラッドがむずかしいといわれるのはそういうことなのです。若い人ではアルトの矢野沙織がそのあたりを心がけていますね」

ディジー・ガレスピーの話が出た。パーカーとともにビバップの開祖といわれる大トランペッターである。彼は歌というものを完全に知悉してビバップというニュー・ムーブメントを始めたんだとおっしゃる。

ルイ・アームストロング然り、みな巨人といわれる人は「歌の人」なんだと。

スイング時代の名歌〈イッツ・ビーン・ア・ロング・タイム〉がかかった。

北村さんはお顔をほころばせ「これは我ながらうまく歌っているなあ」。レコードを作って以来初めて聴いたという。自分の作品はほとんど耳にしない。アラが見えてしまうから嫌なんだと。

こうなったら我慢できない。私は意を決して所望した。「実演を聴かせて下さい」。

実にあたたかい音色。心があたたまる音色。オンショクではなく、ネイロと呼びたい。

快く、「いいよ」と。鈴木さんがすかさずコップに水をそそいで北村さんに渡す。リードを湿らすのだ。急速冷凍ならぬ急速温暖化法。

楽器は簡単にはいい音を出さないのを承知で私もずいぶんな人間である。

しかし北村さんが発した極めて至近距離で聴くクラリネットのネイロといったら、これぞベニー・グッドマンでも、バディ・デフランコでもないまさに北村英治その人のネイロを聴いて私は幸せを感じた。

幸せといえば北村さんはいま幸せの真唯中にいるという。写真を見て下さい。どうです、この福々しいお顔。こういう言い方はなんだがベニー・グッドマンの晩年はこうではなかった。

やりたくないことには一切手を染めない。メンバーも演りたい人と演る。とにかく吹くことが大好きである。毎日吹くことをおこたらない。さぼっていたらいつ逃げていくかわからない。3時間吹く日もある。なにはともあれ演りたいことを演る。これがミュージシャンにとっていちばん肝要なことだと。

最後にこんなことをおっしゃった。「楽器をやっていない人の言うことは聴くに値する」。大御所にして吐ける一言。そして我々リスナーにとって参考、福音になる言葉である。

①

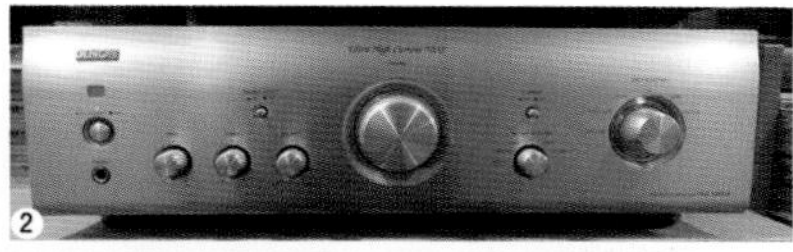

②

③

オーディオ・システム概要

スピーカー：DENON SC-T37-M ①
プリメインアンプ：DENON PMA-1500AE ②
CDプレーヤー：DENON DCD-1500AE ③

北村自身の筆によるイラストや絵画にも彼の洒落っ気と豊かな感性が滲み出ていて素敵だ。

恒例のツーショット。ジャズ界のみならず一般的にも広く名を知られた有名人で巨匠だが、気さくで温厚な人柄で自然と笑顔に包まれる。

ぜひ生の音を聴きたいというリクエストに快く応じてくれた北村。磨き抜かれた匠技でその場の空気を一瞬にして彼の色に染め上げる。

試聴したアルバム

①

②

③

①『Swingin' Clarinet／北村英治』（Polydor）
②『Vintage／北村英治』（Jazz Cook）
③『Benny Goodman & The Girls 1935 ～1955』（Audio Park）

ウィリアムス浩子の繊細な息づかいを味わう絶世の低音

ウィリアムス浩子　ジャズ・シンガー

結論を急げば、今回の一文は特にミュージシャンに読んでもらいたい。

私のまわりを見わたして、ミュージシャンでオーディオに興味のある人って、極端に少ない。こういっては失礼だがほとんどラジカセもどき。

察するに毎晩のように生音を聴いているから、二次的な手段であるオーディオを必要としないのだろう。そういうことではないんだけどね。オーディオは生とは別次元で楽しめるんですよ。生は生、オーディオ。別のものと理解するのが正しい。そしてその両者に上下の差はないというのが私の見立てである。

本日の女性主人公はウィリアムス浩子さん。スピーカーを買いに行った話から始めよう。女性、しかも妙齢の女性ということで、店員さんが張り切った。10種類ほどのスピーカーを取っ替え引っ替え聴かせてくれた。これしかないというスピーカーがあった。それがエラックのＢＳ３１２である。

私は思うのだが、「選べる」ということは、すでに「自分の耳を持ってる」ということなのである。さらに自分の音の好みが分かっているということだ。

かなりのオーディオ・マニアでも自分の好みの音を知っている人って意外に少ない。私などもやり始めの頃は漠然とした「いい音」を求めていて、自分の好みを知ったのはかなり後のことだった。

エラックのスピーカーで自分のＣＤを聴いてみた。なんとも恥ずかしかったという。一人でモジモジしてしまった。願わくばその時の光景を見てみたいものである。

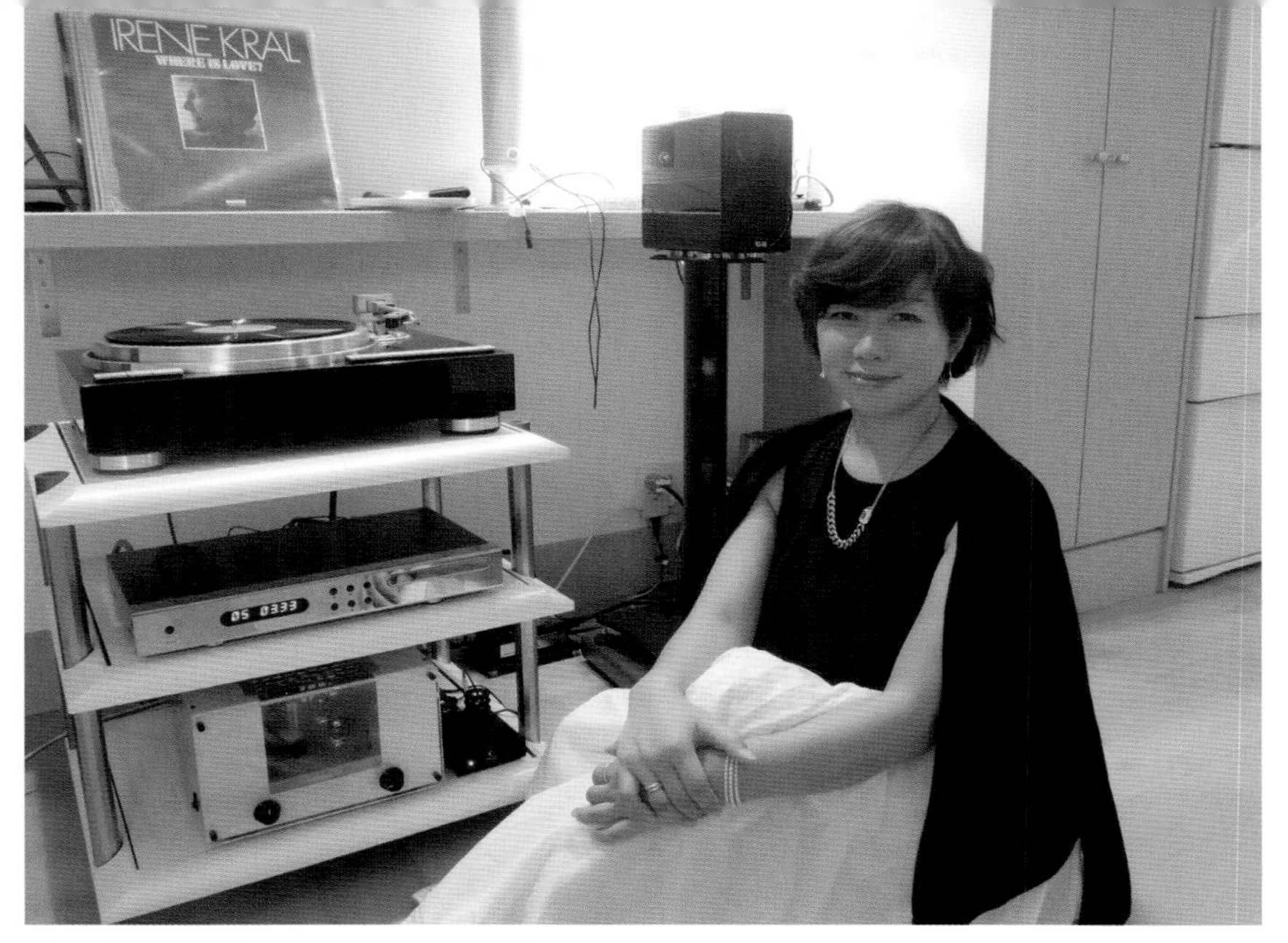

お気に入りのオーディオ・システムとともに寛ぐウィリアムス浩子。システム自体はシンプルだが、それらが発する音の美しさは想像以上で、彼女の審美眼の鋭さには舌を巻く。

いまでは客観的に聴くことができる。エラックから聴こえる自分の声、そして歌が惚れぼれするほどいい。

こういう声で、こういうふうに歌えばいいんだ。ヴォーカリスト、ウィリアムス浩子の誕生である。

彼女の考える女性ヴォーカルの要諦、勘所はやさしさ、柔和さ、そしてセンシビリティにある。そういう決定的要素がエラックのスピーカーから聴こえてくる。透明度の高さはもちろん、息づかいの繊細さを克明に表現する。

そして余韻。歌が立ち消えてゆく時の余韻を彼女はすぐれた歌唱の要素としてその出現に努力するがそれに関してエラックは自分よりもはるかにうまい。こうなるとエラックは「彼女の歌の先生」と称しても差しつかえないんじゃないか。こう言うと彼女は気に入らないかもしれないが、スピーカーに教えてもらっているのである。**美声の秘密はスピーカーにあったのだ。**

ここで冒頭の一行に戻る。ミュージシャンにオーディオが必要というのはこういうことである。歌に限らない。ピアノ、テナー、トランペット、ベース、その他どんな楽器演奏も余韻、つまりオーディオでいうところの倍音がきちんと発現してすぐれた演奏に聴こえるのだ。

私は昔バカで、ジャズでいちばん大事な要素は中域で、テナーのブリッやベースのゴリッ、シンバルのチャーンにひたすら音楽的耳がいっていたが、この頃はいくらか耳と感覚が進歩したらしく、余韻や倍音がしっかり出ないと我慢がならなくなった。そのためにスーパートゥイーターなどをとり付けているが、それは別の話。

そういえば、エラックにはスーパートゥイーターなど付いてはいない。それでいて我が家ではついぞ聴こえない自然な高域成分が出てくるから、このスピーカー、私も一丁奮発しようかと思ったくらいである。このドイツ野郎、小さいくせにやりおるのである。

ウィリアムス邸で発見したことが一つある。低音である。小型スピーカーの発する低音が、大口径のスピーカーから出る低音とは一線を画して、これが音的に魅力満載なのだ。

魅力的な低音には二種類ある。一つは弦の感じが付帯音をともなわず、ストレートにシャープに飛び出してくる音。もう一つがスピーカーから離れ、別なところから聴こえてくる趣の三次元的低音。大げさだが現世のものではないような低音。ふんわりと中空に浮いている感じ。私の家はこれが出ない。しかしウィリアムス邸ではものの見事に出現させている。口惜しいではないか。

出している音は小さい。小さいからこそ現われるのがこの絶世の低音であり、その適正音量をきちんと押さえているから耳がいいといわざるを得ない。試みにボリュームを上げてもらったらこのミラクルは消えていた。まさにHaunted Bass、未だに耳にこびりついて離れない。ベーシストは『ア・ウィッシュ』に参加しているボリス・コズロフだ。

部屋について一言。ワインの似合う部屋である。そういえばウィリアムス浩子も酒でいえばワインがしっくりくる女性。それも白ではなく赤。ワインがあってウィリアムズ浩子が映え、ウィリアムス浩子がいてワインが映える。

以前はカフェオレのイメージだったが、彼女の歌を久しぶりに聴いたらワインの味がした。

［P.S.］しかしどうもほめ過ぎの感がなきにしもあらず。それもひとえにウィリアムス浩子の飾らない、いっそサバサバとした人柄によるものだ。

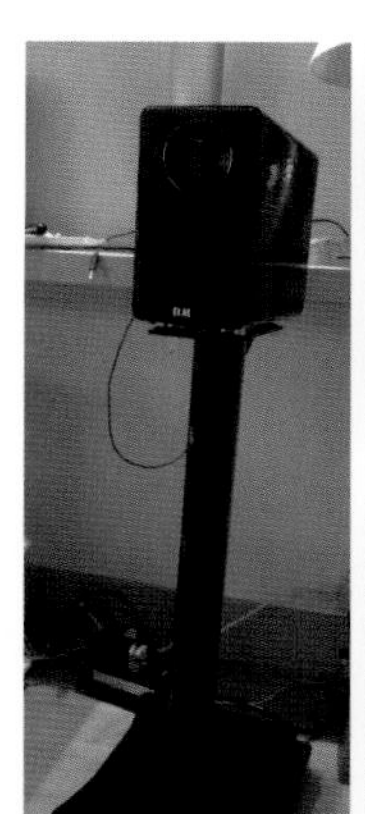

オーディオ・システム概要

スピーカー：ELAC BS312 ①
プリメインアンプ：TECHNOCRAFT AUDIODESIGN Model57 ②
CDプレーヤー：AURA vivid ③
アナログプレーヤー：KENWOOD KP-9010 ④

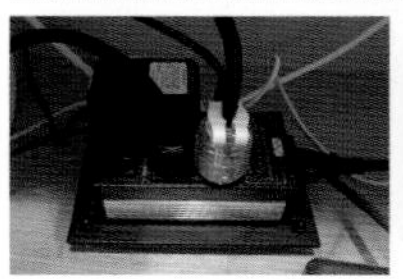

上：オーディオラックはTAOC ASR2-3S。見た目はもちろん、音の安定感、透明度の向上にも一役買っている。
下左：電源ボックスは中村製作所 NXP-001SE。電源回りも手抜かりはない。
下右：スピーカー奥は飼い猫ルルのお気に入りのスペース。

リラックスムードで試聴に入るが、寺島氏は女性ヴォーカルの要諦を押さえた鳴りのよさに驚きを隠せない様子。

試聴したアルバム

①

②

③

①『A Wish ／ Hiroko Williams』（Berkeley Square Music）
②『My Room Side 4 ／ Hiroko Williams』（Berkeley Square Music）
③『Waiting For You ／ Rebecca Dorsey』（CD Baby）

5 自作スピーカーの思わずのけぞる音の腕力にねじ伏せられる

炭山アキラ オーディオ評論家

金満オーディオという言い方があるが、その対極をゆくのが炭山アキラさんである。自らを「貧乏オーディオの雄」と称してはばからない。オーディオは金のかかる、あるいはかけるホビーという世間的なセオリーを真っ向から否定する。金をかければある種のいい音は出るだろう。しかしそれは金に頼ったオーディオだ。

俺は違う。大金をはたかずに腕でいい音を出す。それが俺流のオーディオだと炭山さんは言ってのける。すなわち、自作オーディオである。簡単に言うと板材を買ってきて自分でスピーカー・ボックスを作ってしまう。そこに国産の、秋葉原などで売っているスピーカー・ユニットをはめ込む。

そういう世界がオーディオ界にあるのを私は知っている。オーディオ誌が時折、工作人間特集などと銘打ち、大勢の工作派が自らが手掛けたスピーカーを横ににんまりする写真をみてきた。それはそれで結構。横槍を入れる心算はない。しかし言わせていただくがオーディオとはもう少し夢のあるホビーではないのか。何人かのお医者さんが金にあかせて金満オーディオをやるのもどうかと思うが、貯蓄し、なけなしの金をはたいて、あこがれの世界の銘器を購入するファンの美しい姿を見るのが私は好きだ。

さてそういえば工作オーディオの元祖といわれる方がおられた。だいぶ前に亡くなられた長岡鉄男さんである。私がオーディオのひよっ子だった頃、長岡さんの音を聴かせていただいた。申しわけないが、少しも好きな音ではなかった。

もう一人、長岡さんの対極におられた方が、菅野沖彦さんである。菅野さんも先日亡くなられたが、オーディオの繁栄期このお二人はオーディオ評論界の二大巨頭だった。菅野さんは銘器派の領袖。お互い相反するオーディオ哲学を信

炭山氏のメイン・オーディオ・システム全景。スピーカーはもちろんすべて自作で、その加工の複雑さから現在市販品ではなかなか見られないバックロードホーン・タイプのエンクロージャーを持つ点が大きな特徴。ちなみに炭山氏が設計したスピーカーは、板材をあらかじめ切り出してあるキットとして共立電子産業から数モデルが販売されている。

じ、故に譲歩し難い対立点があったようである。

さて、本日の主人公の登場が遅れた。長岡さんの衣鉢を継ぐ炭山アキラさん。

最初に聴かせていただいたのは、なんと菅野沖彦さんが手ずから録音したという一曲。

長岡さんの弟子として腹にいちもつあるのか、ないのか。いや出てきた音のすさまじさといったらなかった。

菅野さんのオーディオは、こちらも一度聴かせていただいたが優美、繊細、こまやか、レンジ感申し分なく、見通し最高、これぞオーディオの教科書という趣。録音もそのような音のはずである。しかし炭山さんはその一切を無視。**オーディオの概念から外れた音の腕力で菅野さんの音をねじ伏せた。**

音には低域、中域、高域の三要素がある。この三つの要素を巧みに組み合わせてマニアは自分好みの音作りをする。ところが炭山さんときたら、三要素の中の中域だけに重点を置いている。ベースもシンバルも全部中域音なのだ。結果どういう音になるのかというとひたすらのけぞり出てくる音。前進あるのみの音。大音響を発する音。骨格が異常に発達した音。これも一つの立派ないい音に違いない。

いやまいりました、炭山さん。華奢な木の箱からか細い音が聞こえるんじゃないか。そんな早とちりを小気味よくひっくり返されました。

炭山さんは音楽だけを聴くわけではない。大砲の音、機関車の音。そういう物理的な音を好んで聴く。オーディオ・マニアとして評論家として、それを公言していいのだろうか。私なら隠すところである。オーディオ正論派から音楽のわからない奴との烙印を押されるからである。

平気の平左の炭山さんだ。オーディオは音楽だけを聴くものじゃないと顔色一つ変えない。限定するほうがおかしい。音楽以外の、音ならどんなものにも使えるのがオーディオだろう、と。その通りなんだが、しかし……

ここで質問を発する。オーディオと音楽のどちらがエライですか。音楽だという。炭山さんはオーディオを始める前にユーフォニュームに親しみ、現在も演奏を続けている。最初に音楽ありきの炭山さんだ。

生の音ということをしきりに言う。オーディオ・マニアは生音を意識する派としない派に分かれるが、炭山さんは生音派。ビル・エバンスの『ワルツ・フォー・デビイ』が鳴り始める。これが炭山さんの言う生に近い音なのか。ビレッジ・バンガードのいちばん後ろの席で聴いているような音だ。細部は定かではないその音を100倍くらい拡大したらこんな音になりそうだ。

自作派には無理難題は承知ながら、もうちょっと音に高級感があったらと思う。リッチな感覚を捨てているのが自作派の潔いところだろう。**しかしオーディオで言う定位と質感のよさは傑出している。**生そっくりの音が出ているのを質感のいい音と炭山さんは定義してくれた。ちなみに定位とは音がどこから聞こえるか。プレイヤーがどこにいるのかを示すテクニカル・タームだ。ノイズとは？　そんなの気にするな。音楽が始まったら気にする方がおかしいと。

前後に面白い話をして下さった。酒豪だと言う。若い頃は友人と二人でウィスキーのボトルを3本あけた。幻覚が現れ始めた。喉から手が出ている。その手が缶ビールを求めてさまよっている。20年ほど前に改心し、今はすっかり酒を断っている。

自作オーディオは楽しいですよ、と。なによりも少ないお金でかなえるのがいい。オーディオは値段ではない。オーディオは自己満足の世界だが、大きい満足感にひたれるのがスピーカー作り。自分が作ったものはいい音に聞こえるのがいちばんいい。

［P.S.］帰り際に聴かせていただいた自作スピーカー、マトリックスSP。スピーカーの位置具合によって三次元の音が出る。思わず欲しくなった。

オーディオ・システム概要

スピーカー：ハシビロコウ ①
（自作エンクロージャー
＋FOSTEX FE208-Solユニット）
スピーカー：ホームタワー ②
（自作エンクロージャー
＋FOSTEX FT48D［中高域］
＋同 FE168SS-HP［中低域］
＋同 FW-208N［低域］）
パワーアンプ：ACCUPHASE A-35 ③
ACCUPHASE P-4100 ④
プリアンプ：ACCUPHASE C-2150 ⑤
アナログプレーヤー：PIONEER PL-70 ⑥

左：“マトリックス・スピーカー”の「イソシギ」。なんと１本でステレオ再生やサラウンド再生までが可能という魔法のようなスピーカー。実際その左右前後の立体感は驚くべきもので寺島氏も“これ、買いたい”と懇願するほど。

炭山アキラ氏の製作したバックロードホーン・スピーカーは、抜けるようなクリアかつ迫力ある鳴りっぷりで多くのファンを持つ。

試聴したアルバム

①

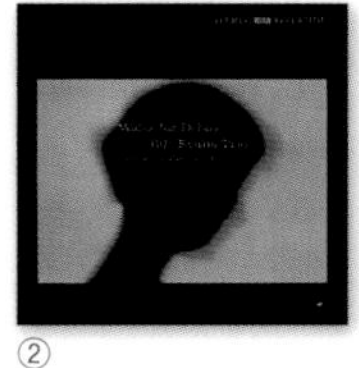
②

③

①『The Dialogue／猪俣猛』（Audio Lab.Record）※録音：菅野沖彦
②『Waltz For Debby／Bill Evans』（Riverside）
③『Another Answer／井筒香奈江』（JellyfishLB）

6

自分が信奉するミュージシャンの真実の声を聴くための装置

ジャズ・スポット・イントロ　ジャズ喫茶（東京都新宿区）

来るところを間違えたかな。正直そう思った。まあしかし茂串さんとは知らぬ仲じゃない。今日は思ったところのことを明白に書かせていただこう。

約束の午後4時に高田馬場「イントロ」に到着。マネージャーの井上さんがちょうど店を開けるところだった。イントロに勤めて30年になるという。私はすぐに返した。「井上さんも偉いが茂串さんも偉い」。同じ店主だった我が身を振り返り、まっすぐにそう思った。床しい労使関係。

4時5分、本誌佐藤俊太郎到着。その5分後に真打登場。茂串邦明だ。健康そうだ。苦労の多いジャズ喫茶仕事、少しはやつれているかと思ったのに。

腰を下ろすなりすぐさま始まった。ややかん高い声調で、弁舌さわやか、いや怪気炎と言ったほうがよさそうだ。「お前らかわいそうだな。なにがオーディオ・マニアだ。本物の音も知らないで。ライヴハウスやってるがオーディオ・マニアなんて来たの見たことないぞ。よくそれで音、出せるものだ。なにが周波数特性だ。ノイズや歪みだ、音場感だ、解像度だ、そんなものクソ喰らえ、俺に言わせれば全部戯言だ。広帯域なんて言うけど必要ない。パウエルのピアノを聴けよ。レンジは狭いけど、ジャズのサウンドがびっしり入っている。それを出せよ」。

私、しばし沈黙。よくもまあこう大口を叩くものだ。この直言、すべて私に当てはまる。うらみを買った覚えはないんだが。改めて店内を見回した。スピーカーは中空に置かれている。スピーカーにとって嬉しいことではない。きっちり床に設置されて本来の性能を発揮する。狭いから仕方ないんだと。

茂串邦明氏と寺島氏。この「イントロ」でジャズの何たるかを知った読者も少なからずいることだろう。現在イントロでは毎週月曜、そして金曜の23時までがバータイム、それ以外は毎夜ジャム・セッションが繰り広げられている。

● Jazz Spot イントロ
東京都新宿区高田馬場2-4-8
NTビルB1
TEL 03-3200-4396

銘柄はＪＢＬ。かつてＪＢＬ戦争がジャズ喫茶間で勃発した。競ってＪＢＬを導入した。ジャズ・オーディオの代名詞がＪＢＬだった。当時の『スイングジャーナル』がＪＢＬと仲がよく、布教に務め、ＪＢＬは全国制覇した。

しかしいま、ＪＢＬの面影は薄い。時代の趨勢に抗しがたく、残念ながらいま、「なんだＪＢＬか」の感はまぬがれない。

ここで話は現代オーディオに移る。長広舌が始まった。

「しかしなんだな。お前らオーディオ・マニア、本当に愚かだな。雑誌かなにかの録音賞をとったＣＤかけてどこが嬉しいんだ。主体性ってものがあるのか。自分でいい音、見つけられないのか。何百万もするオーディオ・セット揃えて、そんな格好ばかり音のいいＣＤかけて悦に入っている。こういうのを本当のアホというんだ」。

いや、まったく面目ない。

難癖は現代録音にも及んだ。

「**いまの音って薄っぺらいんだよね。レンジを広くしようとすれば必ずそうなる。そのために失ったものって実に大きいんだ。**ジャズっていう音楽は中域の音楽なんだよ。テナー・サックスとかね。それをしっかり捉えようとするエンジニアが少ない。オーディオ的にしようとしてしまうのがいまのオーディオ。主体は演奏者なんだ。演奏者の思いを音にするのがエンジニアだろう。かつてのルディ・バン・ゲルダーのように。いまの録音、進化どころか完全に退化しているね」。

わかった。わかった。あんたの言う通りだ。それを言われたらグーの音も出ない。わかっているけどそれをポケットにしまって表に出さないようにしているのが現代のオーディオ・マニアなんだ。思いは複雑なんだよ。

要するに演奏者を聴かないでエンジニアの作った音を聴いている。それを責めているんだろう。

話が始まって約1時間、いよいよ音を聴く時がやってきた。古式ゆかしいＪＢＬ、どういう音が出るんだろう。

最初にかかったのがコルトレーンのインパルス盤『バードランドの夜』。

そうか、この音なのか。茂串邦明の出したい音は。これはもう、オーディオもへったくれもない。オーディオで計れる音ではない。尺度がまったく違うんだ。目の前で聴いたらこういう音だろう。**魂という言葉は遣いたくないが、魂が飛び出してくる音だ。**私はコルトレーンを大の苦手とするが、この音がコルトレーンという人間そのものだと言われたら納得してしまいそうだ。

具体的にはＣＤではなくアナログ的だ。中身がぎっしり詰まっている。正味と実体が伝わってくる。この音を聴くと彼の「オーディオの音は虚飾の音」という言い草が真実に見えてくる。

スタン・ゲッツがかかる。ゲッツという人間が白日の下にさらされた。剝き出しになった。死ぬ直前の１９９１年の録音。必死の形相がビジュアル式に目の前に浮かんだ。まだまだ吹けるぞ、の意思表示。痛々しい。時にはまるで臓物が見えるようだ。しかし、雄々しい。男一匹、スタン・ゲッツここにあり。

そうか、茂串式オーディオは、あえてオーディオと言うが、コルトレーン、そしてスタン・ゲッツの音を聴くためにチューンされたオーディオだったのか。自分が信奉し、信服するミュージシャンの真実の声を聴きたい。その一途の思いがこういうオーディオ装置を作らせたのだ。

私に言わせれば、音はよくない、好きな音ではない。でも「俺の目指す音はコルトレーンの、そしてゲッツのテナーの音」と言い切られれば承知せざるを得ない。**これは茂串の音だ。ミュージシャンを音で聴き、愛で、評価する。彼一流のジャズの聴き方である。**そのためにJBLはなんと言われようと彼にとって打ってつけ、掛けがえのないスピーカーだったのだろう。

1

5

2

3

4

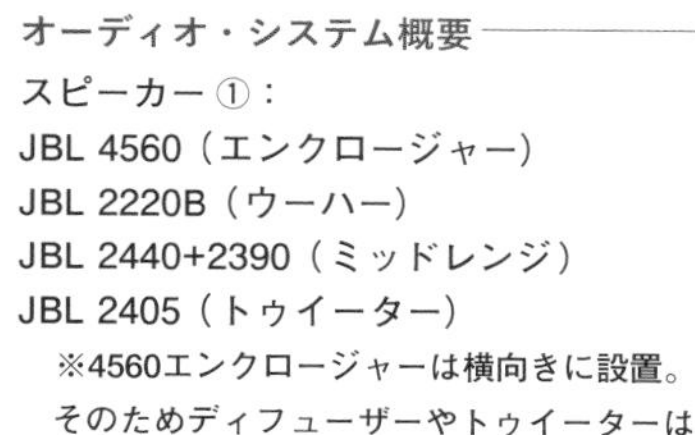

オーディオ・システム概要

スピーカー①：
JBL 4560（エンクロージャー）
JBL 2220B（ウーハー）
JBL 2440+2390（ミッドレンジ）
JBL 2405（トゥイーター）
※4560エンクロージャーは横向きに設置。そのためディフューザーやトゥイーターは下に配置されている。

パワーアンプ：ACCUPHASE A-50V ②
プリアンプ：ACCUPHASE C-280V ③
CDプレーヤー：
DENON DCD-1550AR ④
アナログプレーヤー：
TECHNICS SL-1200 MK III ⑤
TECHNICS SL-1200 MK IV

右：イントロのシステム構成は常連客のひとりである海瀬正彦氏によるもの。中域音をしっかりと鳴らすJBLのユニット構成には、茂串氏のサウンド哲学が活きている。スペースの都合でメインスピーカーは高い位置にセットされるが、それにより低下した低音域を補うため、フロアにはJBL製のウーファー JRX218Sを設置している。

左：高田馬場にある茂串氏所有のもう一つの名ジャズ・スポット「コットンクラブ」が入るビルの上階には茂串氏の隠れ家的プライベート・ルームがあり、JBL Paragon とMcIntoshでモダン・ジャズをじっくりと味わうことができる。

試聴したアルバム

①

②

③

①『Live at Birdland／John Coltrane』（Impulse）
②『People Time／Stan Getz, Kenny Barron』（Verve）
③『Night Song／Ahmad Jamal』（Motown）

7

オーディオ〝究め人〟が達した、生より音のいいベース

永瀬宗重　医師

世にねたましいオーディオ・マニアは大勢いるが、永瀬さんクラスになると羨望を通り越してリスペクトの念さえ芽ばえてくる。よくぞ、ここまでやったり。永瀬さんはケーブルやインシュレーターなどのこまごましたものに目もくれない。まさかアクセサリーは貧乏人の小道具と思っているわけではなかろうが、毎日のようにケーブルをとっかえ引っかえし、インシュレーターの位置をためつすがめつしている私などからすればやや残念に思えた。

永瀬さんにはケーブルなどにかまけているヒマもなければ必要もないのである。永瀬さんほどのオーディオの物持ちを私は知らない。なにしろ超高級スピーカーを8機種持っている。8機種ということは8システムということである。オーディオ・ルームの後方にはゴールドムンドやチェロ、クレルといった高級アンプ類が山積し、あたりを睥睨している。オーディオは物量という一つの真理を表してやまない。

永瀬さんによるとオーディオ人は一つのシステムを丁寧に可愛がる人と何機種かを保持する人がいる。典型的な後者が永瀬さんだ。とにかくオーディオが好きでいろいろなタイプの音を聴きたいという欲求が強い。

まず最初にゴールドムンドのフル・エピローグを聴いた。1998年製で日本に3台か4台存在し、価格は4000万とも5000万とも。

ノラ・ジョーンズが聞こえてきた。ヴォーカルが低音に包まれている。というより愛撫されている趣。なでたり、さすったり。いつものノラ・ジョーンズにはない女らしさを感じる。永瀬家のノラ・ジョーンズ。特異だ。

カサンドラ・ウィルソン。本日はヴォーカルで攻めてくるのか。音に前後感が出ていると同行の佐藤編集員が言う。

永瀬邸のオーディオ・ルームはほぼ正方形の室内において、東西南北の各面にシステムを配置し、各システムが正面になるように、４方向に向いた中央のソファで鑑賞するスタイル。

いろいろな音が点在する。小さい音でフル・パワーをイメージさせる。カサンドラは苦手だが、こういう音の中のカサンドラなら聴いてやろうじゃないか。ミュージシャンの好悪は音で決まるというオーディオ上位の発言をしたくなった。ベースがいい。圧倒的に。うねりが色っぽい。

続いてスコットランドのシンガー、キャロル・キッド。ここでも最初に飛び込んでくるのがベースの音。しかしどうして永瀬家のベースは他を圧してこのように卓越しているのだろう。

答えは永瀬さんの長年のスキルにあった。四つのスピーカー箱が見える。各々が別の音を出していると考えれば理解が早い。例えばベースは下部のスピーカーから単独に出ているから他の楽器の音に邪魔されず生まれたままの姿で出現する仕掛けだ。

ベースは時に生より音がいい。これ私の以前からの持論である。オーディオは簡単にはライヴにかなわない。そういう論をなす人がいるが、ことベースに関しては当てはまらない。そういえば永瀬さんには『暗い低音は好きじゃない！』という扇情的なタイトルの著書がある。接頭語が「ダブルウーファーズ会長のオーディオ探究」。オーディオの理論と実技に詳しい。マニアの間で評判がよく、かなり売れているらしい。

永瀬さんは「弾性硬（ダンセイコウ）」という言葉を口にした。弾性硬の低音が理想だと。医学用語で、内臓などを触診して固さややわらかさを調べる。固くもなく、ふやけてもいず、弾力性を持つ低音。生のレバーを触った感じらしい。そう言われてみれば、カサンドラやキャロル・キッド盤の低音がぴちぴちした瑞々しいレバーだったような。

ＪＢＬのエベレストＤＤ６５０００にスピーカーが変わった。２０１２年の発売である。５００～６００万円。ＪＢＬの人が、そして世のＪＢＬファンが聞いたら怒り出すんじゃないかというほどＪＢＬらしくない。私のイメージではＪＢＬはジャズ向きで、いい意味でガサツであり、前のめりの音を出す。しかし永瀬さんのＪＢＬは実にオーディオした表情を見せる。私が現在はまっている「見るオーディオ」が垣間見えた。〈ストレンジ・フルーツ〉を歌うカサンドラがスピーカーとスピーカーの間にスックと立ち、伴奏のピアノやベースが彼女をとり巻く前後感的な構図が手にとるようにわかる。一つひとつの楽器が目に見えて点在している。

快感なのである。

「ＪＢＬを本来のＪＢＬらしく鳴らす。これもオーディオの立派なあり方でしょう。しかし私はその本質的な境地に反論してみたい。別なＪＢＬニュアンスに挑戦したいのです。そうすることによってオーディオは進化するんじゃないか。私自身も進歩するような気がします」。

永瀬さんはどのようにして見えるオーディオを手にいれたか。リン（ＬＩＮＮ）、なのである。スコットランドの地で生まれたリン。一部に熱狂的なファンを持つピュア・オーディオ会社。「リン党」の呼び名すらある。私はいま一つ馴染めない。それというのもＣＤプレーヤーを使わないネットワーク・オーディオ・システムが嫌いだからである。リンのクライマックスＤＳＭ／３システム。ＣＤその他の情報の音をいったんＮＡＳにとり込み、それをＤＳＭ／３で再生する。ＣＤは単なる音源に過ぎない。ＣＤ命の私にそれは耐えられないのである。この件に関しては次回永瀬さんと話し合ってみたいと思っている。

最後に永瀬さんがオーディオ界に釘を刺した。警告を発した。

「測定器の奴隷になるな」。

私には信じられないが、測定器で音ぎめするオーディオ・マニアがいるらしい。

医院も兼ねた広大な敷地に建つ永瀬邸の外観。

オーディオの音は単なる物理的な音ではない。音楽が根底にある。それを物理的な測定器で計るとは。自分の耳を信じなさいということであろう。

「思う存分オーディオをやってくれ。俺みたいに死ぬ気でやってくれ。いま俺は医者でも治せないオーディオ病にかかっているんだ」。

大きく咆哮する永瀬さんだった。

①部屋の北面に置かれるJBL Everest DD65000及および、JBL M9500。
②南面にはダブルウーファーを象徴したモデル、Exclusive 2401 twinはステンレスホーン＋TAD TD 4001ドライバーと組み合わさり異様な迫力を醸し出している。両脇のスピーカーはLUMENWHITE White Light D。
③西面には膨大な数のスピーカーをドライブするパワーアンプ群（GOLDMUND Mimesis 29.4ME、CELLO Encore Power Monoほか）やコントロールアンプ（CELLO Suite、GOLDMUND Mimesis 22、Mark Levinson LNC-2Lほか）、プログラムソースがところ狭しと並ぶほか、JBL Olympus S8Rスピーカーや EMT 927stほかのターンテーブル類も置かれる。ちなみにネットワークオーディオにはLINN Klimax DSM/3を使用。
④東面のスピーカーは、JBL 4350A（+JBL 375ドライバー+JBL HL88ホーンレンズ+JBL 075トゥイーター）、及びGOLDMUND Full Epilogue（⑤）が鎮座。
⑤Epilogueの1から3までを一つの筐体に入れたフル・エピローグは日本に数台あるかという超稀少モデル。

試聴したアルバム

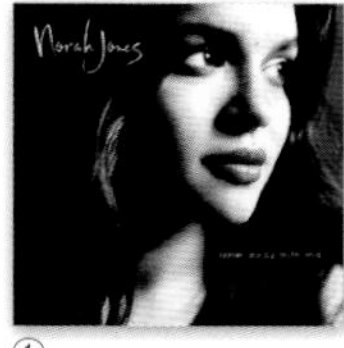

①『Come Away With Me／Norah Jones』（Blue Note）
②『New Moon Doughter／Cassandra Wilson』（Blue Note）
③『All My Tomorrows／Carol Kidd』（Linn Records）

8 達人が到達し得る、一山超えたところのノーマルで深い音

林　正儀　オーディオ評論家

若い頃読んだ私小説作家、尾崎一雄の作品に『単線の駅』というのがある。2年ほど前に本の置き場所に苦しみ、ディスクユニオンに大量に売却したが、この一冊は取っておいた。いま引っぱり出してみると彼の生地である小田原近辺の下曽我とか国府津（こうづ）という駅名がひんぱんに出てくる。

そうか、この間、俺はこのあたりへ行ったんだな、と改めて表紙のイラストを眺めるとひなびた村や山が、先日目に焼きつけてきた景色によく似ている。

生まれは九州だが、名作『単線の駅』近くに育ち、そしていまも住まわれているのが著名なオーディオ評論家、林正儀氏である。今回はここを訪問させていただいた。林さんは現在、『ｓｔｅｒｅｏ』や『オーディオアクセサリー』『ＭＪ（無線と実験）』『ａｎａｌｏｇ』など多数のオーディオ誌に執筆されている。夜に日をついで大量に書かれる原稿はいったいどんな部屋で産出されるのか。オーディオの音もさることながら今回はそこに大きな興味があった。

家は10年ほど前に私は別の用件でお邪魔している。しかしその時、私がなにか失礼なことを申し上げたらしい。失礼というのは失礼をした人間は忘れ、相手の人は永続的に憶えているものだが、それはお部屋へ入るなり、「いったいどこへ座ったらいいんだ」。それが私の第一声だったというのである。もちろん、オーディオ的ヒエラルキーの高い方にそんなぞんざいな口のきき方はしない。林さん一流の諧謔的表現なのだが、実際林さんのオーディオ・ルーム兼執筆部屋は乱雑を極め、床面積がとことん狭く、歩くスペースを確保するのにまずひと苦労する。

今回は多少ましになっていると踏んで行ったが、相変わらず以前のままであった。片付けられない人というのはいる

林正儀氏のオーディオ・ルーム。その置かれた機器の豊富さに林氏の探求心と情熱が表れている。ちなみにメイン・スピーカー（MONITOR AUDIO Platinum）の内側にある木目のスピーカーはLINNでホームシアターに使用している。

ものだなあと私は我が身をふり返りつつ、林さんにいっそうの愛着を感じたのである。

さて、オーディオである。オーディオ評論家はいったいどんな音で聴いているのか。皆さんの興味はその一点に集中するであろう。これでも私はいろいろな先生方の音を聴いているのである。20年ほど前、ジャズの男でオーディオに興味を持った妙な奴がいるということで面白がられたりし、オーディオ誌の編集者に連れられ先生方のお宅を訪問したことがある。

その頃は音については文盲に近かったが、それでもいま思い出してかすかに聴こえてくる音というのは、そんなにびっくりするようなものではなかった。びっくりといえば、お金をふんだんにかけたオーディオ・マニアの方が上であった。鬼面人を驚かす音やよそ行きの音はオーディオ・マニアの特権であり、先生方は、あるいはその境地を超えた極めてノーマルで深い世界におられるのかもしれない。

林正儀さんの音もその例にもれなかった。やはり一山超えたところの音なのである。**オーディオ・ファンがなかなか超えられない山脈。さりげなさの勝った得難い音。**

持参のジョルジュ・パッチンスキー盤、7曲目を聴かせていただく。シンバルの連打が聴きものであり、これほど肌触りのなめらかなシンバル音を聴いたことがない。艶々しく、ぬめっとした別の金属でできているようだ。

クラシックを主に聴かれるせいもあり、刺激の強い音、中高域の出しゃばった音が嫌いだとはっきりおっしゃる。ベースにしても、よくジャズ・ファンは固く締まった音がいいといって珍重する。ぎりぎりきしるような音。素っ飛んでくるベース。そんなのは願い下げだと。低音とは、とにかく最初から最後まで豊かで深い音が低音なのだ、と。ジャズという音楽に抱いているイメージを語っていただいた。クラシックが澄んでいるのに対し濁っている。音が太く、固い。大げさで音量がでかく、繊細さに欠ける。とまあ散々だ。

若い頃だったら、これだけ言われたら面白く思わないだろう。しかしいまは少しも苦にならない。ジャズに自信を持っているからである。そういう見方をする人もいるんだとかえって爽やかな気分になった。とにかく、**林さんと私は音に対して正反対である。私は刺激音がなければオーディオをやっていけない。**

「音と音楽、どちらを大事にして聴いていますか」。真偽のほどはわからない。しかし林さんは90%音楽だと言明した。

そういえば、林さんの装置は高尚オーディオ・ファンが持つような何千万というものではない。最近型でもない。音を気にせず音楽を聴くのにふさわしいシステムといわれればその通りだ。しかしオーディオを愛する私としてはオーディオがもっと大事と言ってほしかった。

オーディオにおける三種の神器、スピーカー、アンプ、プレーヤーは変えずに生涯を添いとげたい。折角わが家へエンあってやってきたのだから、頂上の音まで育て上げたい。特にアンプを変える人は信用ならない、という。

アンプ変更の常習者である私は耳が痛かった。

林氏は自身のオーディオ遍歴をすべてノートに記録している。歴代の名機やレアものなど、時代の変遷とともに振り返ることのできる貴重な資料だ。

A

試聴したオーディオ・システムA

スピーカー：
MONITOR AUDIO Platinum PL300 ①

パワーアンプ：THRESHOLD 400A cas ②／
自作真空管アンプ WE300B（WESTERN ELECTRIC）シングルモノ×2 ③

フォノイコライザー：OCTAVE Phonomodule（プリアンプとして使用）④

CDプレーヤー：AYON CD-07 ⑤

その他のオーディオ・システムB

スピーカー：
SPENDOR BC-II／S100／ROGERS PM510 ⑥／LOWTHER PM6／KEF LS50

パワーアンプ：COUNTERPOINT SA-220

プリアンプ：THRESHOLD NS10／
COUNTERPOINT SA-5000 ⑦

CDプレーヤー：LUXMAN D-10／
DENON DCD-SX1 ⑧

アナログプレーヤー：LINN Sondek LP12 ⑨／
GARRARD 401

B

寺島氏とのツーショット。林氏は技術系高校の教師というキャリアを持ち、現在も専門学校で教鞭をとっていることから、どんな難解な技術系の話題でもわかりやすく解説してくれる。また著作も多数で最新刊は「今こそできる理想のオーディオ〜ハイレゾからヴィンテージまで」（技術評論社）

林邸の外観。相応の年数が経過しているが古さを感じないモダンなデザインはご自身の設計によるもの。ガレージに収まる愛車はアルファロメオ147だ。

試聴したアルバム

①

②

③

①『Le But, C'est Le Chemin／Georges Paczynski』（Arts & Spectacles）
②『The Boss - Live In "5 Days In Jazz" 1974／中村誠一』（Master Music）
③『Face The Music／Sinne Eeg』（Savoy）

9 部屋とオーディオ機器とのハーモニー感覚に優れた快適空間

福井ともみ　ピアニスト

ジャズ・ピアニストの福井ともみさんのお宅へ伺うことになった。この連載に女性という花を添えたいと思い複数の方に声をかけたが、皆にていよくあしらわれっ放しだった。うちのオーディオなんかとてもお見せするようなものではないとケンもホロロ。

ところが福井さんときたら、こともなげに、ああいいですよときたから編集の佐藤くんと顔を見合わせニンマリした。

大体オーディオと女子というと、これくらい無縁のものはない。しばらく前に女子にオーディオを布教させようと「女子オーディオの会」なるものが設立され、私も二度ほど顔を出したが、来るのはもの欲しげな男子ばかりで、会は店仕舞い寸前という。なぜ女子にオーディオは似合わないかを今度話し合ってみませんか。オーディオ界にもジャズ界にも大きな問題ぞと思う。人口の半分は女子だからして。

そういえばたった一度、女子に取材に赴いたことがある。マニアに紹介されたのだが、それほど広くない彼女の部屋にはアルテックのA7やJBLのランサー101、それにアンプのマッキントッシュやヴィンテージのマランツなどがところ狭しと置かれ、あたりを睥睨（へいげい）し、なにやらオーディオ販売店のような趣で、驚きはしたがなじめなかった。

そこへゆくと福井さんの部屋は可愛いものである。**部屋とオーディオの親和性がいい。家具、調度品といった塩梅でキカイがちっとも威張っていない。**私見だが、私は女子のオーディオ部屋とはこうでなくてはいけないと思う。部屋とオーディオ機器とのハーモニー感覚については女子は男より鋭く、そしてすぐれているのではないか。

さて、オーディオ話の前に、福井さんの「ジャズ話」をしよう。幼少の頃からピアノに親しんでいるのは職業ピアニ

福井ともみ宅のオーディオ・ルーム。スピーカー、プリメインアンプ、CDプレーヤーというシンプルなシステムだが、JBLに真空管アンプの組み合わせには、ジャズの音を思い切り楽しみたいという彼女の願いが込められている。トライオードのアンプは深みのあるレッドのボディで視覚的にも優れる。

ストの通例どおり。クラシックや他ジャンルの音楽から出発し、ジャズに出会ったのはかなり歳がいってからだった。最初に惹かれたのはチック・コリアとジョー・サンプル。１９７０年頃だろう。というと彼女の歳がわかりそうだが、余計な詮索は要らない。

　音楽の腕が上がり、いろいろなコンボやバンドから声がかかるようになった。ある時、バンドのメンバーと談笑中、気のおけない先輩ミュージシャンがこんなことを言った。「きみは楽理や編曲にはたけているが惜しむらくはジャズのジャの字を知らない」。ぐさりときてしばらく立ち直れなかった。ジャズのジャの字とはなにか。これは彼女のみならず、ほとんどのミュージシャンそしてジャズ・ファンにとっても永遠の課題だろう。それがわかったら鬼の首をとったに等しい。

　ジャズ・ファンは別にいいけれど、ミュージシャンがジャの字を知らないと演奏にさしつかえる。余計なことだが、これは近代の特にヨーロッパ系の奏者に言いたいことである。

　レコード店通いが始まった。ソニー・クラーク、バド・パウエル、トミ・フラ、ウィントン・ケリーなどを聴き漁ったが、中で彼女の頭脳に強く点灯したのが、バリー・ハリスのリヴァーサイド盤『ジャズ・ワークショップ』だった。粘着力、汚染力、床をはうようなドゥダドゥダというジャズ節、ジャズの語彙。これらがジャズのジャの字というふうに彼女は解釈した。スピーカーにへばり着く日々。ピアノ・トリオと同時に1950～60年代の管物作品も聴くようになり、すると今まで希薄だったミュージシャンたちとの会話が開通してゆく。これは、楽しい。

どんどんCDが増えていって、CDケースを購入、約1000枚に達しようという頃、ふと、もっといい音で聴きたいと思うようになった。音が彼女の耳の中で成熟し、グレード・アップしたのである。自然なことである。女子、関係ない。まして音感にすぐれたピアニストだ。

新しく導入したのが、写真でごらんのJBLのスピーカーとトライオードの真空管アンプ。この選択に私はエラソな言い方だが、感心した。JBLはいまの私には苦手だが、一般的にはいつの時代もJBLのジャズのスピーカーである。私も他のメーカーをいろいろ使ってJBLのジャズ的よさを認識したのである。綺麗いっぽうの中で、**福井ともみの言う「爬虫類的ウヨウヨ感」がいちばん出やすいのがJBLではないか。**

国産トライオードのアンプ。音もいいが視覚的に女子にぴったり。色彩感覚と形状にすぐれたプリメインアンプ。バリー・ハリスのしゃべり言葉がくっきり聴こえてくる。ピアノの音列がわかる。固まっていたピアノ・トリオの各楽器がほぐれて聴こえ、特にベース・ラインが独立し、ピアノにからんだり、意図的に遊離するさまが目の前に展開する。

「どうです、もう少しお金をかけてみませんか。もっといい音になりますよ」。私はしきりにけしかける。しかし返ってくる返事は「いいの、私、この25万の装置で大満足なの」。それでいいのである。「そうね、100万くらいのスピーカー買ってみようかしら」ときたら、女子ではない。

身振り手振りで好きなピアニストたちの特徴を語る福井ともみ。文中にもある「爬虫類的ウヨウヨ感」など、ユニークな表現でその魅力を熱っぽく解説してくれた。

オーディオ・システム概要
スピーカー：JBL 4307
プリメインアンプ：TRIODE TRV-35SE
CDプレーヤー：MARANTZ CD5001

寺島氏とのツーショット。さばけたキャラクターで頭の回転が早く、迷いのないその性質はそのまま演奏にも表れており、彼女のプレイは確かなテクニックと明快なフレイズが前面に出て実に小気味よい。

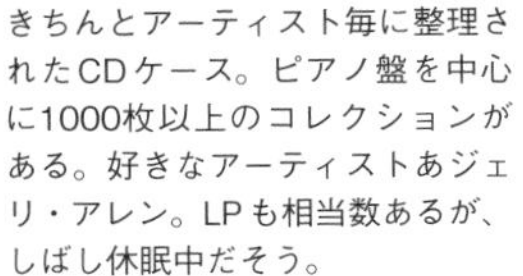

きちんとアーティスト毎に整理されたCDケース。ピアノ盤を中心に1000枚以上のコレクションがある。好きなアーティストあジェリ・アレン。LPも相当数あるが、しばし休眠中だそう。

福井ともみの音楽へのこだわりは、所有するスタインウェイのセミグランドピアノによく表れている。通常日本に輸入されるスタインウェイはドイツ・ハンブルグ製がほとんどだが、福井はニューヨーク・スタインウェイの音に惚れ込み、わざわざ米国に赴き個人輸入した。現在彼女は自宅近くで貸スタジオを経営しており（取材時）、そこに置かれるが、このピアノだけはプロのピアニスト以外演奏をお断りしているそうだ。

試聴したアルバム

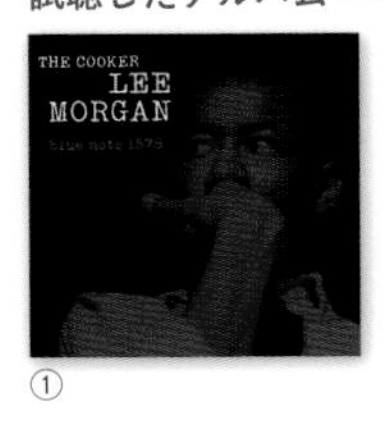

①

②

③

①『The Cooker／Lee Morgan』（Blue Note）
②『Twenty One／Geri Allen』（Somethin' else）
③『Barry Harris At The Jazz Workshop』（Riverside）

10 音の彫像がそびえ立つ、視覚的オーディオの毅然たる佇まい

石原　俊　オーディオ評論家

まず圧倒されたのがリスニング・ルームの広さだった。羨ましいという境地をとっくに超えていた。自分には手の届かない世界。それが直観的にわかった。部屋に入れていただいて最初に目がいったのはオーディオ器材ではなく、壁一面に、床から天井まで張りめぐらされた本棚。その蔵書の山、山、山。作家の部屋かと見まがうほどだった。そういえば石原さんのオーディオ評論文には時折文学的な表現が漂う。

中学2年でオーディオに目覚めた。セレッションのスピーカー、ガラードのターンテーブル、SMEのアーム、エンパイアのカートリッジなど、今もそうだが、オーディオ華やかなりし頃、マニアが舌なめずりした機材を揃えた。中学生で？　石原さんはいったいどういう方なのだろう。

装置は完備したものの、何を聴いていいかわからない。そんな折、訪れた軽井沢の「茜屋」で珈琲を喫しつつ、ふと聞こえてきたバッハのブランデンブルク協奏曲に衝撃を受けた。

これだ、俺の求める音楽は。石原さんの将来は軽井沢で約束された。

基本的にクラシックの人である。しかし職業柄オールジャンルに精通している。むろんジャズにも詳しい。後ほどとつくりと聴かせていただこう。目の前のテーブルにはすでに本日のメニューが山積みされている。すべてLPレコード。トニー・フラッセラのアトランティック盤『トニー・フラッセラ』。特に音に秀い出た盤というわけではないが、まあいい。

ホルンを吹くかたわら、編集プロダクションの仕事をしていた。企業のPR誌なども手掛ける。『クラシックジャーナル』では主筆を務めた。

石原氏の書斎兼オーディオ・ルーム。広い室内は三方が書棚で囲まれ膨大な蔵書、レコードコレクションで埋め尽くされている。石原氏の深い洞察と豊富な知識に裏打ちされたオーディオ評論の源泉ともいえる場所。

『ステレオサウンド』から原稿の依頼がきた。それがオーディオ評論文を書くきっかけとなった。現在は音元出版、音楽之友社など各社の記事を担当、各種選考委員として名を馳せている。

さていよいよ音を聴かせていただく段になった。最初は『トニー・フラッセラ』である。1曲目の〈アイル・ビー・シーイング・ユー〉。私も大好きな演奏である。ジャズは曲をねじ曲げる音楽である。しかしやり口を間違えて大抵失敗する。フラッセラは数少ない成功者である。ねじ曲げて完ぺきに自分の〈アイル・ビー・シーイング・ユー〉にしてしまった。別な作曲者になったのだ。フラッセラのトランペットが空中をたゆたっているのがわかる。凄いなと思ったのは1960年代の録音にもかかわらず、音がダンゴ状になっていないこと。**カルテットの全員が一人ひとりが独立していて、直立している。オーディオで言うところのセパレーションが完ぺきなのだ。**楽器の一点集中主義。

どうやら石原さんの目指す音のあり方はこのへんにありそうだ。気分もほぐれてきた。私は遠慮なく突っ込んだ。「石原さんは音の質感はあまり大事にしていませんね」。オーディオ用語の質感を私なりに解釈すれば「美しさ」である。

「なめらかさ」とか「艶々しさ」。「品質のよさ」。いわゆる普通の人のいう「いい音だなぁ」という世界。

「ぜんぜん問題にしていません」。

瞬間、今日は来てよかったなと思った。どうだろう、この毅然たる物言い。きっちりと定着し、ほんの僅かの揺るぎもない。

音像というものを大事にしている。音の彫像が目の前にすっくと立つかどうか。それがきっぱりと決まった時に石原さんのいい音になる。目を閉じていてはわからない。常に音の像を見ていなければいけない。オーディオとは石原さんにとって「見るもの」なのである。視覚的なオーディオ。

ケニー・ドーハムの『ジャズ・コントラスツ』がかかった。B面1曲目〈ラ・リュー〉。クリフォード・ブラウンの哀愁的なオリジナル。これを選んだ石原さんに乾杯だ。オスカー・ペティフォードのベースが大きい。この人のベースはもともと巨大。石原さん宅ではさらにふんだん。「ベースが多過ぎませんか」「いいんです。私がこのくらいのベースの量が好きなんだから、それでいいのです」。

本日二つ目の個人的名言である。自分が好きなんだからそれでいい。他人がとやかくいう領域ではない。大抵のオーディオ・マニアが到達できずに苦慮する入神的世界だ。他人の目を気にしてしまうのである。

アート・ファーマーの『トゥ・スウェーデン・ウィズ・ラヴ』。はて、このレコード、バスドラこんなに凄かったっけ。サブウーファーを使っている。私はこれを邪道とみている。死ぬまで使う気はない。オーディオは人それぞれ。石原さんの目はそう語っていた。

エルの『ソー・テンダリー』から〈ハウ・インセンシティブ〉。ベースを聴く。サブウーファーはどう効くのか。自然である。存在を感じない。新しい録音のほうが自然感があるのか。

オーディオと音楽のどちらがエライか。音楽であると即答された。音楽がなければオーディオがあっても意味をなさないと。

石原さんのオーディオ機器はほとんど国産品で固められている。中学の頃から外国の一流品を使っているので今は静かに国産品を愛でているということか。特にプリアンプはアキュフェーズでなければ駄目とおっしゃる。機能的に音色的に。

オーディオって何ですか。ぼそっと「酒のつまみですよ」。軽くかわされた。

酒豪である。350mlのビールなら1ダースを軽くあける。暗くなるのを待つようにしてプシュッとやる。アンプの灯をともす。

石原俊氏が初代主筆を務めた2003年創刊のクラシック評論誌『クラシックジャーナル』(写真は創刊号)。

オーディオ・システム概要

スピーカー：FOSTEX GX250 ①左／FOSTEX FE103A（フルレンジユニット）＋同BK165WB2（エンクロージャー）①右上
サブウーファー：FOSTEX CW250D ①右下
パワーアンプ：SPEC RPA-W1ST ×2 ②
プリアンプ：ACCUPHASE C-3900 ③
SACDプレーヤー：ACCUPHASE DP-750 ④
フォノイコライザー：AURORASOUND Vida Supreme ⑤
ターンテーブル：CS PORT TAT1 ⑥

オーディオ評論のほか、クラシックを中心に音楽評論、翻訳などなどその活動は多岐にわたる。さりげなくベートーベン「悲愴」第二楽章を奏でてくれた。

試聴したアルバム

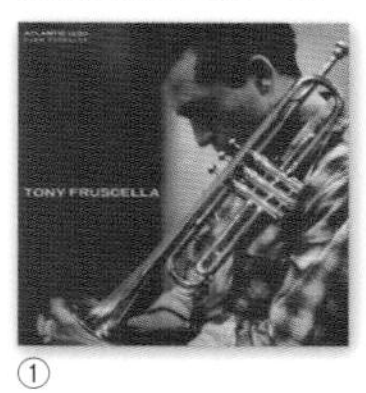

①

②

③

①『Tony Fruscella』(Atlantic) [LP]
②『Jazz Contrasts／Kenny Dorham』(Riverside) [LP]
③『To Sweden With Love／Art Farmer』(Atlantic) [LP]

『So Tenderly／Elle』(寺島レコード)

進化した真空管アンプが奏でる純粋無垢な美音ジャズ

11

山崎順一 トライオード代表

ジャズ・ファンのあなた、あなたは真空管といわれて何を思い浮かべるだろうか。まずあの独特な形をしたガラスの球体。それが使われている古(いにしえ)のアンプ。それが放つほのかでノスタルジックな光。それを愛でる一途なファン。好事家。男。中高年層。

暗く淫靡な世界でいいことはあまりない。ところが最近、真空管が見直されてきている。旧来のファンとは異なる新しい層が別な目で真空管アンプを見始めた。ちょうどＬＰレコードが復活して、いまや盛りと同じ現象である。なぜ、真空管を使ったアンプが見直されているのか。今日は真空管アンプ・メーカーのトライオードを訪問した。であるから敬意を表して思い切ってぶち上げてしまおう。人生とはそういうものである。トライオードというメーカーのせいなのだ。トライオードが真空管のイメージ・チェンジを計って革命を起こし成功したからだ。

社長の山崎順一さんとは旧知の仲である。なぜなら私はかつてトライオードの真空管アンプ使用者だったから。その件については後述する。だったという過去形にご留意いただきたい。

さて試聴室。ここが山崎さんのリスニング・ルームを兼ねているのだろう。広さ的にはちょうどいい。

私の耳はうずうずしている。それを見透かしたように山崎さんはまずこれをと言ってリンダ・ロンシュタットのＬＰをターン・テーブルに仕掛けた。

これは、絶品、絶無、絶妙だ。リンダ・ロンシュタットがスピーカーの中央にあでやかに立ち上がって微笑みかけるといった従来のコメント法では間に合わない。**なにか皮膚感覚的な味わいが感じられる。リンダ・ロンシュタットのす**

トライオード内２階にある山崎氏の試聴ルーム。２台の自社製超弩級真空管パワー・アンプ、リファレンス M212が圧倒的な存在感を放っている。その一点の翳りもない中低域のクリアな音質は絶品で、山崎氏のアンプ作りの基本理念が見える。

べすべ肌に指先をすべらせているといったらいいのか。もうあと5分もそうしていたらリンダも私も昇天しかねないという塩梅でこわくなった。途中で止めていただく。

持参のＣＤ、マデリン・イーストマンのヴォーカルを聴いた。きっとヴォーカルがいいに違いないとの予測を立て迷わずカバンに放り込んだ。歌声よりシンバルの予想外の音に総毛立った。こんななめらかなトニー・ウィリアムスは聴いたことがない。ジャズ喫茶で聴くマイルス時代のトニー、我が家で鳴るこのＣＤのシンバルは歯を剥いて私を睨みつける。その歯は黄ばんでおり、オノマトペで表するとギザギザ。ところが山崎さんの音はホワイトニングを施したように白い。清潔感に溢れていて女性が見たらキスを要求するだろう。

音源は中低域ですと山崎さんはおごそかにおっしゃる。さらに中域の倍音ほど重要な音はないと。倍音は簡単に言うと、シンバルが叩かれ、空中に延びてゆくミスト状の音。

山崎さんの真空管アンプ作りの基本的そして最終的要諦はこの中域の倍音をいかにすぐれたものにするかにある。そのために球選びから始める。三極管がベスト。ちなみに社名のトライオードは三極管のこと。特に３００Ｂという球が最高の質性を示す。部品にも凝る。コンデンサーや抵抗なども取捨選択を存分に行なう。そしてようやく目的の音を仕留める。

リンダ・ロンシュタットやトニーの音のほとんどはこの中域の倍音の成果だ。倍音表出に絶対の自信を持つ。昔の真空管と違う、音の新しさは新製品の材質もあるが、それよりも倍音成分のちからが大きい。

もちろん、と山崎さんは言う。これは自分の好みである。**オーディオは人によって好みが異なるホビーであり、好みを最優先させるのがオーディオの正しさであると。**そうはいうものの山崎さんは好みを超えた信念として、純粋無垢の音を愛する。汚濁を嫌い、美をとことん追求する。音は美であると言い切り、平然としている。

さて、ここで私が登場する。不束者（ふつつか）で山崎さんのいう美がわからない。純粋無垢とやらの音が苦手である。たしかに最初聴くといいなと思う。しかし持って一週間だ。必ず飽きる。オーディオ生活30年、これまでその連続であった。

トライオードの音を何年か前、「メグ」のジャズ・オーディオ愛好会で耳にし、さっと気に入り、さっと購入した。パワーアンプのＴＲＶ－Ｐ８４５ＳＥ。音もさることながら、その姿かたちに一目惚れした。ルビー色の赤。こんな美しい赤がこの世にあるのか。この色が俺の部屋に入ったらそこは一変するだろう。

しかししばらくしてわかったが、その音の美しさもこの世のものではなかった。美を超えた美。私はある意味、汚れた音が好きなのである。ジャズっぽい音、ギザギザ音のないシンバルは満足できない。考えてみれば山崎さんのところの音がトニーの「実地」の音かもしれない。しかし私はそれを「汚して」聴きたい口の人間だ。残念ながらＴＲＶ－Ｐ８４５ＳＥに別れを告げる日がやってきたというわけなのだ。

さて結論を急ごう。トライオードのアンプ、本書の、これからオーディオに入ろうとする人にぴったりのアンプではないか。私のようなシンバルを汚して聴こうという方もおるまい。なにより、値段が手頃である。

まずはＲｕｂｙのプリメイン・アンプとＣＤプレーヤーの組み合わせはどうか。両方で13万5千円。家具の調度品として部屋に映え、オーディオ心も合わせ持つ。女性にぴったり。ピアニストの福井ともみさんがその上級モデルＴＲＶ－３５ＳＥを愛用していた（⑨参照）。私も寝室用二代目として購入を考えているところだ。

①

②

③

④

⑤

オーディオ・システム概要

スピーカー：SPENDOR SP200 CLASSIC ①
パワーアンプ：TRIODE Reference M212（非売品）× 2 ③
プリアンプ：TRIODE TRX-3 ②
CD プレーヤー：COCKTAIL AUDIO CA-X40 ④
アナログ・プレーヤー：KRONOS Sparta（プレーヤー）
KRONOS Helena（トーンアーム）⑤

トライオード代表の山崎順一氏。今までマニアックな嗜好品のイメージが強かった真空管アンプだが、新たなマーケットを開拓した同氏の功績は大きい。同社はアンプ、CDプレーヤーといった自社製品で国際的な評価を受けるとともに。英国スペンドールやカナダのクロノスなど海外の高級オーディオ・ブランドの輸入代理店業務も行なっている。

巨大な212真空管。妖艶に光るその偉容は美しく、極めて重厚かつ上質な音質を生み出す。

真空管の300Bを手にする寺島氏。真空管の世界的名球として名高いWESTERN ELECTRIC社が製造したオリジナルをトライオードで忠実に再現したレプリカ・モデル。山崎氏はこの300Bの音に惚れ込んでトライオード・ブランドを立ち上げた。

● トライオード
TEL 048-940-3852
http://www.triode.co.jp

試聴したアルバム

①

②

③

①『For Sentimental Reasons／Linda Ronstadt』［LP］（Elektra / wea）
②『Art Attack／Madelin Eastman』（Mad-Kat）
③『Drü／Rosset Meyer Geiger』（Unit Records）

「DUG」の佇まいが物語る中平穂積という生き方

12

DUG ジャズ喫茶／ジャズ・バー（東京都新宿区）

日本一のジャズ喫茶は、と問われたら迷うことなく「ＤＩＧ」（現在は「ＤＵＧ」）を挙げる。

「俺の店はどうした?」との声も聞こえてくるが、やはり万人が認めるところ「ＤＵＧ」が正しいのではないか。

ジャズ喫茶は、店主そのものである、という言い方がある。ところがＤＵＧの中平穂積さんは店主という感じがしない。

ジャズ喫茶は、大抵ジャズ・ファンが始めたものであるが、長年経営にたずさわるうちにいつの間にか経営者に変ぼうしてゆく。言い方は物凄く悪いが商人化するのである。そういえば昔、ジャズ・マーチャントという言葉があった。

しかし中平さんは今年82歳（２０１８年現在）になりながら商人然としたところがない。言ってみればアーティストのような風情を漂わせている。店を始める前はカメラマン志望であり、実際にジャズ・フォトグラファーとしても有名だ。

昔、ジャズ喫茶の店主たちが集まり論議したことがあった。ジャズ店店主は「ジャズに生きるのか」、「ジャズで生きるのか」。

集まった面々は皆ジャズに生きる方を望んだ。金もうけ主義で始めたのではないという気概。そうであるならキャバレーをやっているよと言った店主もいた。

ジャズに生きている店主の一等賞、それが中平さんだった。

１９７０年代、日本はオーディオ・ブームの真最中、各店が競い合って海外のアンプやスピーカーを導入、店勢の増加を計った。

ところが中平さんは、そんな風潮どこ吹く風。音楽は音を聴くものではないだろう。音楽は音楽を聴くものだろうと

「DUG」の店内。年輪を重ね豊かな時を過ごしてきた空間が醸し出す絶妙の空気感が心地よい。スピーカーやアンプといったオーディオ機器は、空間と音が一体となるようにとの中平氏の配慮からお客さんに見えないように隠されている。

いう正論主張のもと、自家製のアンプとごく普通のスピーカーで間に合わせた。その原理原則はいまに至るも変わっていない。

当時ジャズ喫茶はおしゃべり禁止。これがどうも性に合わない。考えた末、静かにしろという以前にもう一店作ったらいいんじゃないかの結論に達する。

お話のできる店を。NYの「トップ・オブ・ザ・ゲイト」へ行った。ビル・エバンス・トリオが演奏していた。驚いた。エバンスのプレイの最中さえ人々は会話をかわし、酒を楽しんでいる。

そうして出来上がったのが「DUG」だった。

ここから中平さんのサクセス・ストーリーが始まる。現在の靖国通りに面した一等地のビル、地下から3階まで全部DUG。引きも切らぬ客また客。60人ほどの従業員がいたという。飛ぶ鳥落とす勢い。私など後発店は指をくわえて見ているだけ。

もともとライヴ好きである。ひらめいた。ライヴハウスをやろう。一流のミュージシャンと一流のお客を呼ぶ一流のライヴハウスを作ろう。そうして出来上がったのがライヴハウス「DUG」である。別な場所に広い店を設えた。

ここで中平さんは、つまずいた。

もとより純粋な人である。ミュージシャンに敬意を払い、ギャラをふんだんに支払った。それはいいのだが、経営安定が授かった上での潤沢なギャランティが成立する。

恐ろしいくらいの赤字が発生し、蓄積されてゆく。銀行からの融資がストップ。にっちもさっちもゆかなくなり、遂に手放さざるを得なくなった。

莫大な借金を背負うことになった。私なら自殺を考えたかもしれないし、しかしここがアーティスト、中平穂積の中平穂積たるところである。なぁに出て行ったものはまた戻ってくるさ。ここはしばらく縮小再生産でゆこう。

3階ビルの地下一店のみを残し、ここに心機一転、ちからを注いだ。1961年に初めてジャズ喫茶「DIG」を開いた時のように。ジャズ喫茶は一店がいいのである。広げるものではない。特にこれからは。

すぐ横にある階段の昇り降りが激しい。いつの間にか満席になった。

借金を返し終え、店は現在順調に推移している。

ここで我々のインタビューにもう一人加わった。息子さんの塁さん。お父さんのたっての希望で参加することになった。愛情であり、禅譲の気分、満々だ。塁さんの名前の由来を推測できた方、大したものである。ルイ・アームストロングが亡くなった時に彼は生まれた。約半世紀前。

店へくる毎日がとにかく楽しい。雰囲気がいいからである。仕事はシビアだがあまり職場という感じがしない。一つには客筋がいいからである。店は客が作るものだという。お客は自分にふさわしい店を求める。いい客を集める。それは店の仕事であり、財産である。

フレンドリーな雰囲気、私がいつも「DUG」で感じる空気がそれだ。お客はその親しい空気を求めてやってくる。それを醸成しているのは塁さんであり、従

業員の方たちである。ちなみに従業員との関係性で言うと同級生みたいなものと。これが親密な雰囲気をかもしだしているのだろう。

さて二代目の塁さん。これからどのように店を運営してゆくのか。

初期型のジャズ喫茶は大抵店主の名前と権威性で店を持続させてきた。しかしこれからはオープンでフレンドリーな感覚が必要である。これまでとは異なるタイプのジャズ・ファンを作り育てる必要もある。

僭越ながら塁さん。このままのやり方で。

今回は、中平さんのお話が面白かったので、ルームとオーディオを超越した特別「人間編」といたしました。

①

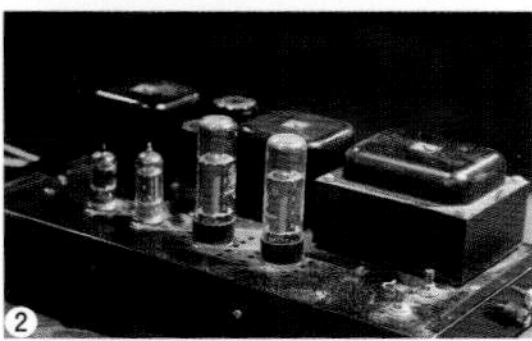

②

③

オーディオ・システム概要

スピーカー：
JBL C54 Trimline ①

プリメインアンプ：
ハンドメイドによるワンオフの真空管アンプ（カバーを外した状態）で、製作者は「DIG」の常連客だった小林重雄氏。真空管はドイツのTELEFUNKENを使用 ②

CDプレーヤー：
TASCAM CD-01U
下段にはカバーをつけた状態の真空管アンプが２機収められている ③

● DUG 東京都新宿区新宿3-15-12
TEL 03-3354-7776

中央が中平穂積氏、右端が中平塁氏。

試聴したアルバム

①

②

③

①『At The Jazz Workshop／Barry Harris』（Riverside）
②『Solo On Vogue／Thelonious Monk』（Vogue）
③『Gerry Mulligan Quartet』（Pacific Jazz）

MAYAの気っぷのよさが乗り移った300B真空管の音

13

MAYA ジャズ・シンガー

これまで何人かの女性を訪問したが、専用のオーディオ・ルームを設えた方はどなたもおられなかった。もしそういう方がおられ、たとえどんな美人であっても、またラブレターを何通いただいても私は交際をお断りするだろう。

オーディオ・ルームは男の特権である。男の城であり、生命をかける場所である。仮に家族から見放され、野たれ死んでもそれは名誉の戦死であり、男として最高に美しい。

こんな大層な書き出しで始めたのも、本日訪問のMAYAがオーディオ・ルームを万一こしらえなどしていたら困ることになるなと思ったからだが、当然のことながら、それは杞憂であった。

しかし案内されたリヴィング・ルーム、これ理想的なのである。オーディオは好きだが、正常な女性である。

なににかって、オーディオ・ルームにである。まず1階であること。1階は地球に直結している。揺れが少ない。2階はその点、実に不利。微細な揺れが音を損なう。地下の部屋は、地中の邪気が音に悪影響を。

部屋の広さがいい。これ以上大きくしても駄目だし、小さくしても駄目。床にはあたかもオーディオを意識したかのように等間隔的にじゅうたんが敷かれ、壁や天井も反射と吸音が奇跡的に一致している。

さて、部屋の話はこれくらいでやめよう。肝心のオーディオ装置にいかねばならない。

プリメインアンプはトライオードときたものである。あまり褒めたくないがこの選択は賞賛に値する。女子として非常に適切である。まず音と見場（みば）のよさが一致している。女子はすべからく、オーディオ機器というよりファニチャーとしてアンプを選ぶべきだ。聴いてよし、見てよしの家具的オーディオ・システム。トライオードは国産メーカーだが、

MAYA宅のオーディオ・システムはリヴィング・ルームの一角に配置される。TRIODEのアンプはMAYAが以前よりその音質やデザインに惚れ込み、自宅のリフォームに合わせて導入を決めていたという。このアンプを中心に、懇意にしているオーディオ評論家の林正儀氏にシステムのアドヴァイスをもらった。

国産にしては珍しくそのあたりの文化的側面を意識したメーカーだ。

真空管のほのかな光に惹かれたという。光というよりあかり。灯のイメージ。３００Ｂである。３００Ｂだから購入したのですと彼女。この真空管の球の銘柄、型番をなぜ知っているのか。彼女は日本「女子オーディオ」の会の会員、それもトップの役員クラスの人間だからである。評論家の林正儀さんが会長を務めており、いっとき私も参加していたがすぐにやめた。女子オーディオといいつつ、集まるのは男子ばかりでアホくさくなった。

余計なことを言った。次、スピーカー。これはいったいどうした。由緒正しく音のいいスペンドールにしては家具的な味わいがほとんどゼロではないか。色気を知らないうぶなオーディオ兄ちゃんならいざ知らず、完全成熟型女子のＭＡＹＡが選ぶスピーカーではあるまい。まあ一時の気の迷いだろう。次は球の淡い光に寄り添うほのかにセクシーな一品を。

さて音。どういう音が出ていたのか。この一瞬のために今日はやってきたのである。

驚嘆。これが優雅さ、たおやかさで鳴る３００Ｂの音なのか。私は見事に意表を突かれていた。

芯のある音。気骨を感じさせる音。そしてなにより人の奥深いところにある意志のちからを思わせる音が表現されている。

これって部屋のせいだろうか。部屋の条件のよさを味方につけて機器が実力以上のものを出し切ったのか。

それもあるだろう。**しかし私は、それに加えてもっとスピリチュアルなものを感じていた。ここはもう彼女の心情が機器に乗り移ったと言うしかない。**彼女は、心情、感情、人情、およそ人間的なるものをすべて第一義に考えて歌う歌手である。口先だけの「うまい」歌を嫌う。「うまいけどなんなの」。このあけすけな言い方、彼女の気っぷのよさを感じさせてやまない。

好きな楽器は何？　気分を変えて彼女に訊いてみた。テナーだという。誰が好き？　ボブ・キンドレッド、そしてデクスター・ゴードン。デクスターはともかくボブ・キンドレッドを諸君は知っているか。ジャズはヴォーカルを含め人間表出の音楽でしょう、と。ボブ・キンドレッドやデクスターを聴いていると彼らの胸の内がわかるという。彼らは、彼女の前では裸にならざるを得ないのである。

レスター・ヤングはどうだろう。訊きそびれたが、レスターはわかり憎いぞ。ひょうひょうとしていて胸の内をさらけ出さない。しかしビリー・ホリデイと共演すると少し趣は変わってくる。彼女への思慕が伝わってくる。私はビリーは苦手だが、今度レスターとビリーのコンビを聴いてみて下さい。ビリーの歌の境地へ近づくのも悪くないと思う。

部屋の奥に目をやるとそこはキッチンになっている。彼女は歌の他に料理に堪能な人。玄人はだしらしい。歌のある種の苦しさ、そして料理の楽しさ。この二つのバランスを自在に操って彼女のいまの生活、人生は成り立っている。

最近キッチンに入るのがいっそう楽しくなった。キッチン用のオーディオ・システムを導入したからである。なに、そんな大げさなものではない。写真でごらんのような小型でチャーミングな一品。これを彼女は「料理用スピーカー」と呼ぶ。スイッチを入れる。音楽が始まる。いきなり仕事の義務感が消え、幸福感が出現。すると味覚はたちまち味わい深いものになる。今度ぜひご相伴にあずかりたいものです、と佐藤編集員。

①

②

③

オーディオ・システム概要

スピーカー： SPENDOR Classic 3/1 ①
プリメインアンプ：TRIODE TRV-A300XR ②
マルチメディアプレーヤー：COCKTAIL AUDIO X35 ③

MAYAがキッチンで音楽を楽しむ際に最近愛用しているのがこのBluetoothスピーカーOLASONIC IA-BT7。ハイレゾ対応で小型ながらフルレンジ・ユニット2個とサブウーファーを備え驚くべき高音質を実現している（本体底に装着されたインシュレーターは別売）

マクロビオティック（穀物や野菜、海藻などを中心とする日本の伝統食をベースとした食事を摂ることにより自然と調和をとりながら健康な暮らしを実現する考え方）に共鳴するMAYAが調理してくれた料理の数々。どの皿もシンプルだが素人には真似できない玄人はだしの腕前。

『ジャズ・ジャパン・アワード』受賞楯、『スイングジャーナル』のブロンズ像が飾られたスペース。ブロンズ像の大きさに合わせて壁をくりぬいている。

リヴィングとつながるテラスで2ショット。

試聴したアルバム

①

②

③

①『Live MAYA』（Craftman Records）
②『Nights Of Boleros And Blues／Bob Kindred』（Venus）
③『Pinky／Pinky Winters』（Vantage Records）

14

松尾明を唸らせた小音量でも満足できる脱ボリューム再生術

松尾　明　ドラマー

ポストに手紙が入っていたそうだ。お隣さんからである。「音、静かにして下さい」。つい先月、このマンションに引っ越したばかりの松尾さん。すっと血の気が引いてゆくのを感じた。駅から約5分、格安でセキュリティ万全、10階でははるかに井之頭公園を望む眺めは抜群、すっかり気に入っていた矢先の出来事だった。松尾さんは特に立派なオーディオ・ファンというわけではない。こう言ってはなんだが、未来的大成の可能性を秘めつつも現在は初心者というところである。

こんなことがあった。以前のお住いに伺った折。「どうです、低音がよく出ているでしょう」。私の耳には出過ぎである。よく見るとアンプのラウドネス・コントロールがオンになっている。これは現在ではほとんどのアンプに装着されていない。意図的に低音を増幅するシステムで、全体の音のバランスを破綻させるからである。いや松尾さん、ごめんなさい。親しいのをいいことについ暴露的な記事を書いてしまった。

思い悩んだ松尾さん、ふと思いついてシンガーのMAYAに相談してみたという。「まかせて下さい」。こう大見栄を切ったらしい。MAYAといえば何か月か前にこのページに登場した（⑬参照）。その後アコースティックリバイブの協力を得て、自宅のオーディオ装置を大いに進化発展させた。以来オーディオの世界に入りびたり女子オーディオの会の要員になるやら、さまざまなオーディオ・フェスティバルに顔を出し、常連化して久しい。オーディオのノウハウにも熱心で、先輩の松尾さんを差し置いて一足先にオーディオ・マニアの仲間入りを果たしている。音の聴取能力にもすぐれ、この点については松尾さん、頭が上がらないのである。

お気に入りのアナログ盤をターンテーブルに乗せる松尾明。ケーブル、アクセサリー類の交換で、これまで音量を上げないと得られなかった満足感がボリュームを下げた状態でも得られるようになりご機嫌な様子。

上：『ワトキンス・アット・ラージ』『バーズ・アイズ・ビュー』の２枚のトランジション盤とプレスティッジ盤『カフェ・ボヘミアのジョージ・ウォリントン』。いずれもオリジナル盤で状態もすこぶる良い。
下：貴重な10インチ盤を入れた木箱。

「私の体験で言うと、**低音がバランス的に過ぎると、音はどうしても相対的に中・高域が聴こえづらくなるんですね。**サックスやトランペット、ピアノなどのメロディ楽器が聴感上、すっきりせず、どうしてもボリュームを上げたくなります」。MAYAはこう力説する。「自然、全体的な音が大きくなってしまう」。

では小さい音で満足できる音というのはどういう音なのか。

「それをこれから出してごらんにいれます」とまことに威勢がいい。

おいおい、本当に大丈夫か。オーディオは古来ぜったいに男の領域成分であるが、しかしごくまれに女子で天才的なオーディオ師が現れるという話は聞いたことがないが、果たしてMAYAがその第一号になれるのだろうか。

ケーブル、インシュレーターの類が揃えられた。当然勝手知ったるアコースティックリバイブ製品である。それらアコリバ製でMAYA宅のオーディオ・システムが発展を遂げたのは先述したとおり。

手さばきよくといっていいのかどうか、彼女の手で従来の電源ケーブルやオーディオ・ケーブルが外され、新しい製品にとって替わった。従来のケーブルとは、アンプやCDプレーヤーについてくる付属ケーブルのこと。ちなみにこれらを私は「猫またぎケーブル」と呼んでさげすんでいる。決してオーディオ用ではなく、音が出るかどうかの試験用ケーブルに過ぎない。これらの試験用ケーブルをきちんとした「製品」にとり換えることからオーディオの第一歩は始まるのである。

うーんと一声、唸り、松尾さんの顔面に朱色がさした。

「ケーブルの話はいろいろ聞いていたけどわからなかった。能書きだけでは駄目なんだね。自分の装置の音はよくわかっている。そのわかっている音が実際こうして目の前で変化すると納得しちゃうよね」。

ブルーノート盤のリー・モーガン『トム・キャット』。有名盤ではないが、彼の無上の好物。頻繁に聴いているとのこと。

「まず低音がすっきりした。でも量感が足りないわけじゃない。トランペットやサックスが各々目の前で吹いているのがわかる。全体のアンサンブルも今まではひとかたまりだったけど、一つひとつにほぐれて聴こえる。メロディ・ラインがはっきりするんだね」。

続いて直径1センチ、高さ3センチほどのインシュレーターをCDプレーヤーの下に敷く。CDは私の持参したアレッサンドロ・ガラティ・トリオの『シールズ』。アメリオ録音のせいもあるが、いきなりスピーカーの間に「空間感」が出現した。

私は欲しいぞ、このいかにも高そうなインシュレーター。**空間感とは空間にピアノ、ベース、ドラムスが一個一個きれいに分かれて浮かび上がること。楽器の像が確認できる。**目をつぶっていてはわからない。痛いほど目を見開いて凝視し、初めてしっかりと自分のものにすることができる。

「このドラムは〝空間を叩く、あるいはさするドラマー〟といわれてますが、いま松尾さんはどんな感じで聴きましたか」。

私の質問に対して「ちょっと漠然としたドラミングだなぁ。私の主義主張とは明らかに違う。これまでのドラムと別のことをやろうとしているのだろうけど、正直、なにをやろうとしているのかがわからない」

松尾さんのドラミングはライド・シンバル第一主義から出発している。スティックを替え、シンバルそのものを変更し、身体的強弱感含め、試行錯誤をくり返し、音の響きをいかによくするかに腐心する。

そうしたライド・シンバル命の松尾さんにとって空中浮遊的なガラティ・ドラマーは（正式名はステファノ・タンボリーノ）、違和感じっとりのドラマーなのだろう。

ちなみに松尾さんの好きなドラマーは『ナウ・ヒー・シングス・ナウ・ヒー・ソブス』のロイ・ヘインズ、『ワン・フット・イン・ザ・ガター』のデイブ・ベイリー、ソニー・スティット『チューン・アップ』のアラン・ドウソン。こういう頑固一徹のドラマーだ。

今回の結論。小音量で満足できる音が出現。お隣さん問題はひとまず解決か。

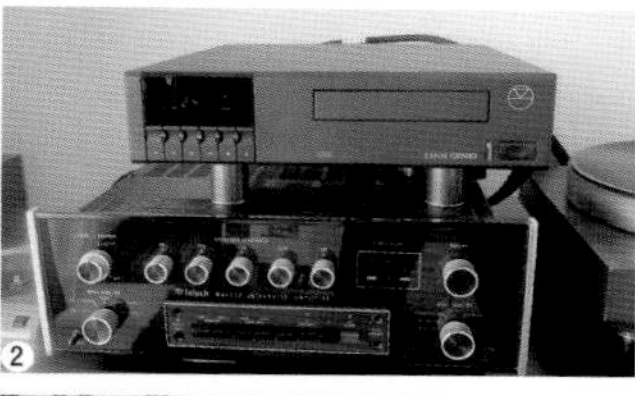

オーディオ・システム概要

スピーカー：ZINGALI 95-106 Control Monitor Ⅱ ①

プリメインアンプ：McINTOSH MA6200 ②下

CDプレーヤー：LINN Genki ②上

アナログプレーヤー：MICRO DQ-5 ③

CDプレーヤーを支えるインシュレーターはマグネット・フローティング・インシュレーター ACOUSTIC REVIVE RMF-1 ④

セッティングを終え、新たに生まれ変わった音で試聴する3人。効果抜群のインシュレーターは置く位置によって変化するサウンドの妙が楽しく、皆童心に帰ったように音の変化に一喜一憂していた。

試聴したアルバム

①

②

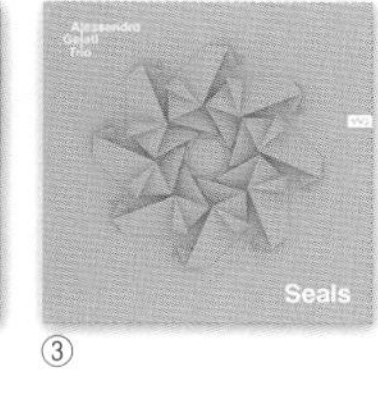

③

①『Now He Sings、Now He Sobs／Chick Corea』（Solid State）

②『One Foot in The Gutter／Dave Bailey』（Epic）

③『Seals／Alessandro Galati』（VVJ）

15 音だけでステージが〝見える〟三次元オーディオの離れ業

花村　圭　キャッツハウス 主宰

三重県の桑名に鬼が住んでいるという。オーディオの鬼。そういえば昔、『スイングジャーナル』という雑誌があったが、そこのオーディオ編集長は鬼と呼ばれていた。音にかける執念のすさまじさ。この世に音の他に大事なものはなしというスピリット。

花村圭さんはそういう人である。さっそく鬼の棲みかを訪ねた。花村さんはむろんオーディオだけではない。ジャズそのものも得手であり、一家言持っている。ジャズとオーディオについてしゃべり出したら止まらない。延々何コーラスもソロが続く。

花村さんの話し方には特徴がある。決して声高にならない。低い声で相手を諭すがごとく、滾々（こんこん）と話す。静かな物言いの中に、ほどよく寸鉄人を刺すの風があり、私は彼のこのあたりの気分が好きだ。「あれ、あの時の一言は俺をくさしたのかな」。後になって考え直し、口惜しい思いをしたことが何度かあった。得な人、である。その点、私などは人に追従的なジョークを言っても時に悪感情を与えてしまう。損な人間である。

花村さんのオーディオの音は、彼の話し方とよく似ていると思った。決してガンガンくる音ではない。静かに深く人の心に迫ってくる。どちらかというとこじんまりしており、その小さな世界の中に大きなリアリズムを内包している。そういう音である。

さてここでオーディオ・ファンを大きく二分してみよう。一つは花村さんのような「自作構成派」である。システムの一覧表を見ていただきたいが、5ウェイ、6スピーカーとある通り、大小六つのスピーカーを5種類のアンプを使っ

花村氏のシステム全容。スピーカーは全６種類、それぞれに５台のアンプを接続して鳴らすという凝りに凝った構成で、細部にわたり自身の手により綿密な調整がなされている。

真剣な表情で音に聴き入る花村氏と寺島氏。互いに理想のジャズ・サウンドを求めて意見をぶつけ合う。

て鳴らしている。マルチ・アンプ・システムといわれるこのオーディオの手法、複雑怪奇で、その手のこみ方は常軌を逸している。

もう一つは、一般の人、私のような「器材購入派」である。ウデに自信のない人が多い。ブランド志向が強かったりして、その点、構成派からあわれみ、あるいはサゲスミの目で見られたりもする。

そういえば、アヴァンギャルドというドイツのスピーカーがある。私は惚れていて、店でも使い、自宅にも置いている。

花村さんは珍しくストレートにこういうことを言った。「アヴァンギャルドのスピーカーそのものは悪くはないが、それを使用、愛用、珍重する人間は大嫌いだ」。

私は昔、アヴァンギャルド巡礼団というのを組んで全国の使用者宅を訪問する計画を立てたことがある。ひょっとして私に対し腹にいちもつあるのだろうか。

ヴォーカルを多く聴かせていただいた。ここでジャズ・ファンの皆さんには申しわけないが、少しむずかしい話をする。三次元オーディオというのがあり、花村さんはその権威なのだ。ご本人が言うんだから間違いない。

三次元が出現するとヴォーカリストがやせているか太っているか、ホホが丸いか四角いかまで識別できるという。音で、である。

普通はライヴやステージでしかわからないことを花村さんはオーディオで「見て」しまう。

私の家ではヴォーカリストはスピーカーの前面から一歩前へ出てくる。それが気持ちいいのだが花村さんはそれに異議を唱える。「ステージから出たらころげ落ちるでしょう。舞台にいるんだからステージの上で頑張りなさい。前へ出なくていい」。

そういう主義主張のもとにオーディオを調整するのが花村さんである。音像、つまりヴォーカリストを前へやったり後ろへやったりするのはむずかしい。最高の高等技術。

ソニア・スピネッロの〈フラジャイル〉では中央に位置する彼女が前へ出ず本当にピタリとスピーカーとスピーカーの間にいた。もちろん私には彼女の体型は不明である。

試しに持参したピアノ・トリオ、ジョルジュ・パッチンスキの『ジェネレーションズ』をかけていただく。必殺の7曲目〈パッチワーク〉。わが家ではベース、シンバル、ピアノが盛大に果敢に前へせり出すが、花村家ではなんともおらしい。借りてきたネコのようで、前へ出たいのに我慢している風情がしきりなのだ。

音をスピーカーの前面に出さない。これが花村式オーディオの重要なしきたりとわかった。普通のジャズ・ファンは浴びるように聴きたいのである。それがジャズという音楽の最もあらまほしき要件と思うのだが、いや実にガンコな方なのだ。

ガンコといえば私はオーディオの遊び道具を持って行った。アコースティックリバイブ製のケーブル・インシュレーター。ケーブルの下に敷くとうまくすると音がよくなる。

「音が綺麗になっちゃった。ジャズの音はいい意味で汚れていないといけない」。

私は全体像がスコンとまとまってよくなったと思ったが、どうも鬼に金棒とはいかなかったようである。

今回は花村さんのオーディオの執念に圧倒された。絞り気味の音量で私の好みではなかったが、音自体はすばらしいものと思った。**オーディオは誰にも媚びない「その人の音」が出ているのが最もすぐれた点なのである。**

※花村圭氏は２０２２年にご逝去されました。本稿はご遺族の意向を確認の上掲載させていただきました。

①

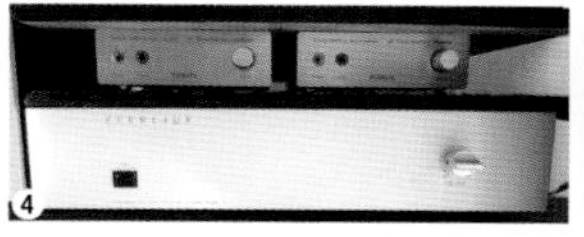
④

⑤

オーディオ・システム概要

スピーカー ①：TECHNICS EAS-46PL80（46cm/3D ウーファー）
〈エクスポーネンシャルホーン BOX 入り〉
MAXONIC L403EX（励磁型 38cm/ ウーファー）
〈MARTIN AUDIO フロントロードホーン：フロアー型〉
JBL 2441（2"/ ミッド）〈ONKEN セクトラルホーン Wood 砂入り〉
MAXONIC D511EX（励磁型 1" ドライバー / ミッドハイ）
JBL 075（改）〈ホーン部砲金削り出し〉（ハイ）
TOWNSHEND AUDIO MAXIMUM SUPER TWEETER（スーパーハイ）
アコースティックハーモネーター：FIDELIX AH-120K ②
アッテネーター：DISK SHOWA 製
チャンネルデバイダー：MEJOGRAN NF-4+YAMAHA EC-2（3D ポジション）
パワーアンプ：SONY SRP-P50（MONO/3D スーパーウーファー用）
DENTEC DZP-2.3（ウーファー用）
ALTES LA202（MONO）× 2（ミッド用）③
FIDELIX Cerebate × 2（ミッドハイ用）④上
PERREAUX E1（ハイ & スーパーハイ用）④下
CD トランスポート：DENTEC CD-PRO-TD ⑤
DA コンバーター：EASTERN ELECTRIC（DENTEC）MiniMax DAC Plus
ターンテーブル：LINN Sondek LP12 ⑥
アーム：SME 3009 ／カートリッジ：THORENS MCH-Ⅱ ⑥

②

③

6

MAXONIC D511EX や JBL 2441 のドライバーユニットが自作のマウントに装着されている。スピーカー裏側を覗くと、試行錯誤を重ねながらコツコツと理想の音づくりを行なってきた足跡が伺える。

花村氏の自宅は専門店も顔負けの蔵書と CD & レコード・コレクションでいっぱい。近年趣味と実益を兼ねてこれらのコレクションをネット通販で販売するビジネスを展開していた。

試聴したアルバム

①

②

③

① 『Live at The Gold Star ／ Stephanie Browning』（Herenow Records）
② 『Wonder Land ／ Sonia Spinello』（Abeat）
③ 『Generations ／ Georges Paczynski』（Arts&Spectacles）

16 ジャズの知性を引き出すオーディオ・システムとは

島田裕巳　宗教学者

お名前はもちろん承知していたがお会いするのは今回が初めてである。いや、違う。何度も顔を合わせている。島田さんは都立の西高に在学中、吉祥寺へ通い「ファンキー」や「メグ」に来店されたという。

「私、当時いましたか」とお尋ねすると

「いたようないないような」というニュートラルなお答え。「メグ」の名前は一応出たが、島田さん、大部分「ファンキー」の常連だったと私は推測した。他店に先がけＪＢＬの巨大スピーカー、パラゴンを導入した「ファンキー」の音にぞっこんだったという。この頃からジャズの、そしてオーディオのファンだったのである。

経堂の賑やかだが騒々しくない商店街を抜け、閑静な住宅街の一角に島田さんのお宅はあった。お家は大きいが、島田さんのお部屋はさほど広くない。聞けば書庫は別部屋にあるという。二つの窓からたっぷりの冬の陽が差し込み、いや居心地のいいのなんの。これならいい原稿が書けるなあと余計なことを考えた。

真っ先にスピーカーに目がゆく。オーディオの部屋はそうでなくてはいけない。オーディオはスピーカーが生命。アンプやプレーヤーはその次でいい。

スピーカーの色である。持ち主のセンスはスピーカーの色に現れる。ありきたりの茶や黒ではちょっとなあという感じ。**オーディオは音だけでなく、視覚で愛でる要素があって初めて完全なものになる。**その色とは赤の系列だが、茜色というか、飴色とエビ茶色が混じった、とにかく複雑で、複雑ゆえに魅力的な、そんじょそこらにあるスピーカーでは

島田裕巳氏と自室のオーディオ・システム。アンプとDAC、スピーカーが一体となったLINN EXACTシリーズを軸に、ネットワーク・オーディオとアナログ・レコードでジャズを愉しむ。

ない。

リン（ＬＩＮＮ）である。島田さんはリン・オーディオの熱烈な愛用者。そういうオーディオ・ファンが私のまわりに何人かいて、私は「リン党」と呼んでいるが、島田さんもその一人。スピーカーの名称は「アキュドリック」。本体を支えるという変わり種。ペアで２４０万。パワーアンプとＤＡＣが内蔵されているという太めのスタンドの中に、島田さんが本格オーディオを目指したのはちょうど著書の『葬式は、要らない』が大当たりをとった時のこと。30万部以上売れた。ふと印税を計算しようとして、やめた。口惜しいじゃないですか。

50歳の折、大病し、何か新しいことにチャレンジしよう。それがオーディオだった。いくつか出会いがあり、最終的にリンに行き着いた。なぜか。リンの音が性に合ったからである。どういう音か。すっきり、はっきり、クリア。これである。リン党の人々は、おしなべてこういう音を好む。そこに1ミリも揺らぎがない。

それでも島田さんは言う。

「リンの〝クライマックス〟（２００万）※は好きになれなかったです。最高峰の音といわれるが私はむしろ〝アキュレイト〟の音に吸い寄せられました」。アキュレイトは値段１００万である。オーディオ・マニアは普通２００万の音をよしとするだろう。

「クラシック・ファンにはいいかもしれないが、ジャズには１００万

※“クライマックス（KLIMAX）”及び“アキュレイト（AKULATE）”はともにLINNブランドのネットワーク・プレーヤー、パワーアンプなどを含むシリーズ名称。

円のアキュレイトがいい」。私は、いいお話だなと思った。いくらきれい好きとはいえ、ジャズは少しばかりの雑味が加わってジャズになる。と私は確信している。

さて、音である。島田さんが手塩にかけたリン・システムからいかなる音が飛び出すのか。LP棚から大好きな3枚を抜き出してその1枚目。ゲイリー・ピーコックの『イーストワード』を見て私は同行の佐藤編集員と顔を見合わせた。偶然である。ちょっと前にミュージックバードの番組で大好きな1枚として彼がかけている。『ジャズ批評』の星さんがもう一人のゲストだったが、聴取後の談話として、シンバルがうるさくて、がさつで、と苦言を呈した。

さあ、それがこちらでどう出るのか。いやもう優美にして繊細。気品があってなめらかでシンバルの材質金属が違うんじゃないか、と。**純金のシンバルを金の延べ棒で叩いている、そんな塩梅だ。**ミュージックバードのスタジオではトリオの三人が徒党を組んで出てきたが、島田さんのお部屋では三人がどこにいるのかがわかる。スピーカーとスピーカーの間に、ほらここに菊地雅章が、あそこにゲイリー・ピーコックが、あっちに村上寛が。そういう点在性、そして空間描写が手に取るようにはっきりする。「ぜんぜん別物になりましたね、『イーストワード』が。なにか足りなかったものが加わって、それで満足のゆくものになったというか」。「それが知性です」と島田さん。島田さんがジャズとオーディオに最も大きく求めるもの。それが知性だという。島田さんにとってジャズの知性を引き出す装置、それがリンということになるのだろうか。リンとは生涯別れられない、と。「リン党」より「リン教」がふさわしい。知性より情熱を求める私とは明らかに宗派が違うが、これはこれで一つの立派なジャズ・オーディオ・ファンの生き方だと思う。佐藤允彦の『パラジウム』がかかり、キース・ジャレットの『ソロ・コンサート』がそれに続くとますますその感を強くした。

お好きな楽器をお訊きした。①ピアノ　②ベース　③テナー。ピアノは特に知的なキースがお好みという。

私のベスト楽器、ドラムは苦手とおっしゃった。たしかにドラムは反知性的な楽器である。と、これは私の早とちり。オーディオでドラムの実相を再生すること自体が無理であり、ドラムは生で賞味するものだと。

今度ミュージックバードにお呼びします。楽しみにして下さい。

オーディオ・システム概要

スピーカー：LINN Akudorik Exakt ①
スピーカースタンドの部分にパワーアンプ、DACが内蔵されており、ヘッドユニットのAkurate DSMからLANケーブルで接続し、デジタル伝送される。

サブウーファー：LINN Sizmik10.25 ②

ヘッドユニット（ネットワーク・プレーヤー）：
LINN Akurate DSM ③

ターンテーブル：LINN Sondek LP12 ④上
及びLP12の電源部 LINN Radikal-AK（下の機器）⑤

「メグ」へは開店間もない頃から通い詰めていたという島田氏。吉祥寺をはじめ中央線沿線のジャズ文化を肌で知る二人に共通項は多く会話も弾む。最後は島田氏のレコード・コレクションをバックにツーショット。かつてはNHKの某テレビ番組でジャズ・レコードを紹介するコーナーなども担当しており、そのジャズに対する造詣の深さには驚くばかりだ。

試聴したアルバム

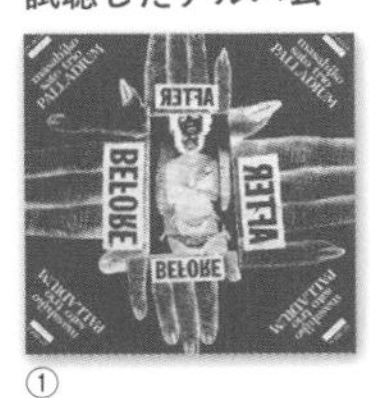
①

②

③

①『Palladium／佐藤允彦』（Toshiba）
②『Eastward／Gary Peacock』（Sony）
③『Solo-Concerts Bremen/Lausanne／Keith Jarrett』（ECM）

17 ヴィーナス・サウンドのジャズ的快楽を再検証する

原 哲夫 ヴィーナスレコード 代表

あまり表立って褒めたくはない。しかし久しぶりにお会いする原さんを見ての第一印象は、やはり風格があるな、であった。それとセンス。

口惜しい。男には男を見る目というのがあるだろう。俺はこの男に勝ったか負けたか。そういう視点で原さんを見た時、私はすかさず、いかんなと思ったのである。

しかし原さんのズボンを見て思わずのけ反りそうになったが寸前で抑える。ピンクである。赤である。紫である。それらが混じり合った形容し難い色彩感覚。私がはいたらたちまちピエロ化するだろう。

部屋のスピーカー。あたりを睥睨（へいげい）する巨大なスピーカーの色に、これまたパンツと同様のけ反りそうになった。バレンチノ・レッドというらしい。特別仕様色である。

つまり原さんは、なにかにつけ、普通、当たり前が好きではないらしい。

それは原さんが主宰するヴィーナスレコードにも表れている。特に、音である。ヴィーナス・サウンドが固有名詞として通用するくらいの独特な音作り。毀誉褒貶（きよほうへん）があることは事実だ。しかし好きな人は徹底的に好き。

私は以前〝ヴィーナスは現代のブルーノート・サウンド〟と言ったことがある。もちろん音の質は違うが、似ているのはポリシーであり、それは俺がこの音を好きなんだからそれでいいじゃないか。文句あるか。好きな奴だけ聴いてくれ、の精神だ。

ヴィーナスレコードのマスタリング・ルーム。左が同社代表の原哲夫氏。後ろに聳えるラージ・モニターは特注品で、バレンチノ・レッドのカラーが美しい。

私は、ここは買いだと思う。ジャズという音楽は個人の音楽だから、その音作りも個人の好み、考えで行なっていいのだ。**レーベルという言葉があるが私はレーベルはレコード会社のことでなく、それを作る人間のことだと思っている。**レーベルは人間。そのいい例がヴィーナスレコードなのである。

では原さんの音の好みとは。そして音作りとは。いきなり凄い言葉が原さんの口から飛び出した。「綺麗な音は好きじゃない。汚れた音が好きだ」。汚れた音といっても文字通りの汚れた音ではない。オーディオの方で言うところの「雑味」といった意味合いだが、50～60年代のジャズ・スピリットを音として現代に活かしたい。

「そういう意味で言うと寺島レコードの最近の音は堕落しているんじゃないか。以前のような泥臭さがなくなり、すいぶんと綺麗になっちゃったな」

いきなり空手チョップが飛んできた。お言葉ですが、と私は逆襲に出る。

「さきほど聴かせてもらったニッキ・パロット盤、

あれヴィーナスにしては随分綺麗ですよねえ。とてもヴィーナスとは思えない。無菌室で吹込んだように聴こえますけど」。

ここでお嬢さんの和加奈さんが登場する。「私もなにかいままでとは少し違うように感じていたんですけど」。

さあ、このニッキ・パロット盤、どういう音になって発売されてくるのだろう。原さんのサジ加減はいかに。

マッシモ・ファラオの『スウィンギン』がかかった。私が感想を述べる。「もう少しピアノが前へ出た方がいいんですが」。これ、オーディオ的な考え方なのである。ドラムとベースはピアノの後ろにいて遠近感を味わいたい。すると原さんは「いや、このくらいがいいんだ。もちろん遠近感は考えているが、ベースとドラムと同じようにピアノが聴こえてくるのがいいんだ」と。傍らの佐藤編集員、和加奈さんもそれに同調する。

実は私、かつてはそうだったのである。ドラムスとベースがドーンと出てきてのジャズだろうと。しかしこの頃オーディオにはまって、この点についてはジャズ度よりオーディオ度が高くなってしまったのだが、それは私の中の自然な流れだから致し方ないと思っているのだ。

家のスピーカーでコンラッド・パシュクデュスキ・トリオ『カム・ダンス・ウィズ・ミー』を聴いてみる。いつもの私の出している音とは別の音がする。これがヴィーナスの音だなと。**音が後方に定住するという言い方があるがヴィーナスの音はパーンと弾けて前へ出てくる。**なんの遠慮もいるものか。ジャズの音は前へ出るものだろうというゆるぎない信念を感ずる。

音色は確信犯的に50~60年代流だ。私はもう少しの新しさが欲しいがこれが原さんの求める音なのだ。シンバルは太く、重い。ブラシに毛羽が生えている。ベースがそこで弾いている感じがする。やや太めだが芯はしっかりと。芯をいかに出すかに腐心すると原さんは言っていた。

オーディオなどにかまけず、録音現場の音をそのまま出現させる。ミュージシャンの出す音をそのまま活かす。これが原さんの変わらぬ音作りの原点なのだ。

上左：ラック内最上段にはアナログ／デジタル・オーディオ・インターフェイスDAD AX32が入る。最近導入したところ劇的に音質が向上したという。下はESOTERICのユニバーサル・プレーヤー DV-60、その下はDATレコーダーTASCAM DA-30。
上中央：オープンリール・デッキのスチューダーC37 Valve Tape Machine。ちなみにヴィーナスではこのデッキを使用してオープンリールの2トラック38cm/sec（通称2トラサンパチ）アナログテープを受注販売している。ご興味のある方はヴィーナスレコードまで。
上右：ラージ・モニターはTAD TL-1601Bウーファー＋特注ホーン・トゥイーターのワンオフ・モデル。

モニタリング・ルームでヴィーナス最新録音を試聴しながら互いのサウンド哲学について激論を交わす二人。

ヴィーナス最新リリース作品

①

②

③

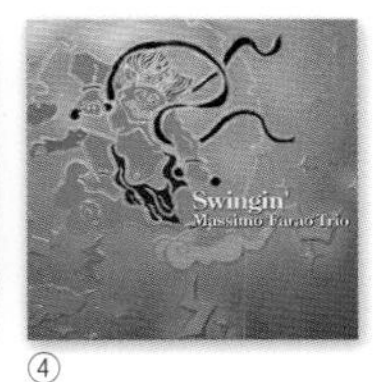

④

①『Come Dance With Me／Konrad Paszkudzki』（Venus）
②『Taking A Chance On Love／Konrad Paszkudzki』（Venus）
③『Just One Of Those Things／Eric Alexander』（Venus）
④『Swingin'／Massimo Farao』（Venus）

18 音の分離と躍動を引き出すアイソレーショントランスの底力

島元澄夫　出水電器 代表

出水電器の島元さんは近頃急速に有名になった人である。テレビで紹介されたらしい。オーディオはテレビとは関係なく存在し、そのマイナーなところがいいのだが、なんでも音をよくするために電柱を建てた人がいるという。つまり家庭用の電気とは別系統の電気を流すために大枚をはたいて東電まで動かし、庭先に電柱を建立した。

その酔狂ぶりをテレビが面白がって取材したというのだが、いまや島元さんといえば電柱、電柱といえば島元さんということになった。

などと人ごとのように書いたが、私も電柱組の一人である。十数年前の私のバブルの頃に島元さんに建てていただいた。近所の人が奇異の目で眺めていたっけ。

島元さんに久しぶりに会いたくなって西蒲田へ出掛けた。本性はわからないけれど無類の好人物である。優しい。そういえばこんな言葉がある。「こわい人は優しい。優しい人はこわい」。

待ちかまえたようにマンハッタン・ジャズ・クインテットがかかった。ＭＪＱは私は得意ではない。しかし音がいいのは承知していた。ふと見ると島元さんが部屋のカーテンを閉めている。オーディオの儀式が始まった。昼の光より夜の光でオーディオはよく聴こえる。

こんなきれいな音が出たっけ。いぶかるくらいの美しさである。それから楽器が飛び出す感覚が凄い。ルー・ソロフのトランペットがリズム・セクションから抜け出て、中空に響き渡る。「5分経って出てくるピアノがいいですよ」と島元さんはなかなかのジャズ・ファンぶりを披露するが、本当だ、ピアノが他のメンバーと少し離れたところで弾いて

出水電器試聴室のオーディオ機器全景。部屋は店舗を改造しているが、余計な柱を取り外し、音の反響・吸音にも細心の注意を払っている。

出水電器試聴室の外観。電流の改善により確実な音質向上を図るエキスパートだ。（※現在は移転。写真は旧試聴室）
● 出水電器（http://allion.jp）　TEL 055-944-1811

いるように聴こえる。耳を澄ますとデビッド・マシューズの指先が見えるようだ。少し、ほめ過ぎかな。

　こういう感覚、オーディオではセパレーションと言う。分離感。バンドが固（かたまり）にならない。**楽器がくっつかず各々一つひとつ活き活きと飛び跳ねる。**ジャズではこれを躍動感と言う。演奏のよしあしはこの躍動感のあるなしで決まってくるからオーディオもあだやおろそかにできない。

　島元さんは言う。「それもこれも電源のせいなんですよ」。電源とは何か。電源トランスのことで、これは簡単に言うと電流を綺麗にする器材。電流は人間の血液と同じである。きれいなのと汚いのと。私の血液は汚いから狭心症になった。ゴミがたまったのである。電源トランスはゴミを除去する役割を果たす。ゴミのことをオーディオではノイズと言う。出水電器の正式名称はアイソレーショントランスで、わかりやすく言えば電源ノイズ除去トランスとでも言おうか。

　この手のトランス類を以前はまったく信用していなかった。ジャズは汚れの音楽だ。きれいな音はジャズの音ではない。ブルーノートを見よ、プレスティッジを見よ。汚れが付着してジャズよりジャズらしく鳴るのだ。こういう論陣を張っていた。

　しかし年をとって私の中に変化が起きた。もっさりした音、まったりした音が嫌いになり、竹を割ったような音を好むようになった。自己弁護するとオーディオは変化なしには長続きしないのである。

　マンハッタン・ジャズ・クインテットは竹を割ったような音だった。**触れれば血が滲むような鋭利な音がする。こういう音なら嫌いなMJQも聴きたくなってくる。**

　私の愛聴試聴盤、ジョルジュ・パッチンスキの『ジェネレーション』、7曲目〈パッチワーク〉、リーダー、パッチンスキーのシンバル一発で聴くCDだが私の家ではシンバルに付帯音が付くのにここでは素のシンバルが聴こえてくる。本当のシンバルはこういう音だったのか。シンバルの内芯の音。ゴミの付着しない製造したてのシンバル。

　電源侮れずの感がひしひし、島元さんが追い打ちをかける。「お宅はLED照明を使っていますか」。LEDは電気代の節約になるという宣伝に踊らされ、我が家はすべてLED照明に変えた。LEDは蛍光灯より多くノイズを発生するという。オーディオの大敵らしい。

　私のオーディオ・ルームはLEDのノイズだらけなのか。シンバルの汚れはLEDのせいだったのか。

「売って下さい」。型番CT-0.2Ⅱ。98,000円。翌日、到着。とにかくシンバルだ。私のオーディオ・システムはアンプが3台あり、そのうちの1台がトゥイーターとスーパー・トゥイーターを専門に鳴らしている。迷わずそのアンプにトランスをつないだ。

　お、なんだ、これは。島元さんの部屋のように鳴らない。思い出した。電源はエイジングが大事と繰り返し語っていたではないか。ジリジリしながら20分待つ。やった。ノイズカット・トランス凄し。パッチンスキーのシンバルが歌うように鳴り出した。シンバルは歌うものなんだ。

　以前よりボリュームを上げなくても小さい音で満足できる。もやつきが取れ、芯の音がくっきり出ているからだろう。このCDの愛着が倍増した。高い買い物だがまた頑張って原稿を書けばいいのだ。

「P.S.」マユツバでお読みになった方もおられるでしょう。信じられないと。無理もない。しかしこういう飛び抜けた世界があることも知っていただきたかったのです。

オーディオ・システム概要

システム 1
スピーカー：B&W 803D ①
プリメインアンプ：ALLION A10（出水電器 ALLION 10周年記念モデル）②
CDプレイヤー：ESOTERIC K-03X ③

システム 2
スピーカー：SONY SEM-1W ④
パワーアンプ：ALLION S-200 Ⅱ（ドライバー用）⑤
ALLION S-200（ウーファー用）
デジタルプロセッサー：DEQX HDP-4 ⑥
サーバー及びメモリー再生機：DPAT ⑦
アナログプレーヤー：サウンドパーツ（松本市）限定品 ⑧

左：出水電器製アイソレーショントランス CT-0.2。CDプレーヤーをはじめデジタル機器に接続するとその効果は絶大。
右：寺島氏が購入を決めたトランス CT-0.2 Ⅱ。2電源化し部品の変更などで低価格を実現している。

試聴しながらオーディオにおける電流・電源の重要性について説明する島元氏。

試聴したアルバム

①

②

③

①『Manhattan Jazz Quintet』(King)
②『Generations ／ Georges Paczynski』(Art&Spectacles)
③『But Beautiful ／後藤輝夫 & 佐津間純』(Kamekichi Record)

19 音の消え方に見る匠のセンシティブな音づくり

木村準二　四十七研究所 代表

私の家から歩いて10分ほどの吉祥寺東町に住む木村準二さんは四十七研究所の主宰者。家は近いが、音の出し方、聴き方、オーディオ観がこれほど遠いところにいる人はいない。

昔であればとっくに喧嘩別れしているところである。そういえばオーディオ界の仲違いは実に日常的であり、あの人とあの人が、いや今度はこっちの人がと、目まぐるしかったこと。

有名なところでは——いや、やめておこう。本日はそういう趣旨ではない。いつかやらかそう。

なにが原因か。音である。他人の音にケチをつける。自分の音が正しく、それを人に押しつける。けなされた方はたまったものではない。たちまち争いに発展する。

おや、なにやらジャズ界に似ているではないか。かつてのジャズ・ファン同士。ジャズ喫茶店主同士。評論家同士。有名なのは岩浪洋三さんと大和明さん。いや、これもいずれ。

こうした争いごとは現在は沙汰やみになっている。理由は文化が成熟したからである。というのは表向きの言い方で、本当は対象へのファンの興味や情熱が薄れたからなのだ。実に残念なことである。熱意余っての争いごとほど面白いことはない。面白い上に競争心が生じて買い物現象などが起こり、業界が発展すればめでたし、めでたしなのだが。

マクラが長くなった。木村さんと私は正反対の聴き手にもかかわらず、争いごとにならない。なぜかと考えてみたらオーディオに対して純粋にして熱心な彼の生き方が好きだからである。ということは先方も同じ志を持つ私を嫌いではないということになる。

四十七研究所工房内のシステムはすべて同社の製品。コンパクトながらインパクトのあるデザインと繊細な音づくりはすべて代表の木村準二氏によるもの。

いやこれはこっちの勝手な思い込みで先さんはそうじゃなかったりして。

もう長い付き合いになる。バブルの頃、四十七研究所製の300万ほどもするCDプレーヤーを買ったことがある。実にセンシティブな音がした。**繊細で音の内心が細やか、美音を蓄え、シンバルなど黄金のスティックで叩いたかのよう**で、それはそれで申し分ないのだが、私には合わなかった。

でもこういう音もあるのかと大いに勉強になったのである。

「とにかく大げさな音が嫌いなんだよ」と昼間のビールで早くもいささかきこしめした木村さんは生来のきっぷのよさがさらに向上、演説を始めた。木村さんの酒豪ぶりはオーディオ界で有名であり、のむと言語がスムーズに誘発されるタイプ。

「金持ちが大きな部屋ででっかいスピーカーで大出力のアンプでぶっといケーブルでガンガン鳴らしているだろう。ああいうのを見ると虫酸が走るんだ」。

でっかいスピーカー、ぶっといケーブル、大出力のアンプ、金持ち以外は全部私に当てはまる。ケンカを売り始めたんじゃあないだろうな。おミキが入ると議論好き、批判好きの木村さんである。危ない、危ない。

さっそく持参のCDをかけてもらう。主に女性ヴォーカルを選んだ。ノルウェーのスールバイク・シュレッタイエル。「ヤクやってるような歌い方じゃないか」。この感想には一驚した。私には清楚に聴こえるが、そういえば木村さんのメインはクラシック。クラシック・ファンからすると清楚歌手も一転ヤク中毒者か。

歌の語尾の倍音、スーと消えてゆく消え方でシステムの優劣がわかるという。いつまでも聴こえているような消え方がいい。途中で余韻のブツッと切れるのは駄目。そういう繊細な神経は持ち合わせていない。あとは息づかい。唇をなめる微かな音まで聴こえたら最高。そうした音の出るオーディオ製品の製造を心掛けているという。

再び本音が出た。「とにかく大げさが駄目なんだ。小げさがいいんだ」。そういう日本語あったっけ？　木村さんが発すると立派な日本語に聴こえるから不思議だ。

ピアノ・トリオの『ヴァーグ・ホテルズ』。これならクラシック・ファンにも全然いけるという。いまこの手がはやりと言うとジャズもダラクしたものだな、と。痛いところを突かれた。本来クラシック・ファンに愛想を尽かされるようなものでなくてはいけないんだ。

先日私の店のジャズ・オーディオ愛好会でケーブル特集があり、四十七研究所のケーブルも出品された。20本近いケーブルが次々と鳴らされ、お客さんの拍手の大きさによって優劣が決まるが相当大きく鳴り響いたのが木村さんの自作ピン・ケーブルだった。

このページは商品宣伝が本意ではないが、これはお薦めだ。秋葉原のオヤイデ電気で購入できる。ペアで1万円くらいという。ジャズ・ファンの諸君、むずかしい顔をしていないでたまには遊んでみないか。ご自分のオーディオのケーブルを交換してみる。歌手の舌なめずりする音が聴こえるかもしれないのだよ。木村さんに直接当たってみてもいい。優しく応えてくれるはずだ。

美人姉妹が経営するという酒場に誘われたが、残念ながら辞退した。

四十七研究所を主宰する木村準二氏と寺島氏。真逆のオーディオ観を持つ二人だが、そこが却って友情を深め互いのオーディオ熱を一層高めている。

オーディオ・システム概要

スピーカー：4737 "Lens"① ※販売終了品
パワーアンプ：4739 "Fudou"②
プリアンプ：4740 "Kaname"③
CDプレイヤー：4741 ④
ターンテーブル：4724 "Koma"⑤／アーム：4725 "Tsurube"⑤

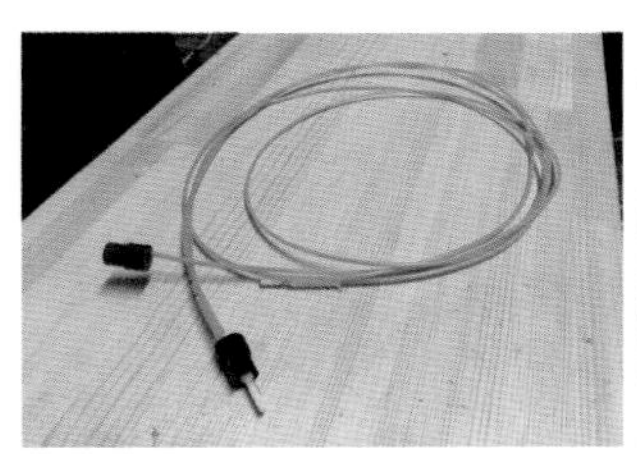

左：これが「メグ・オーディオの会」でも注目の的となった4708ピン・ケーブル"OTA kit"。銅線の直径はわずか0.4mm。木村氏によればこれが聴感上、低音から高音までの音のスピードが揃いうる最大の直径という。中央：実家の医院を改造したという四十七研究所の外観。吉祥寺駅からわずか徒歩５分という好立地だが、この小さな工房から世界的なオーディオ製品が生み出されていることに感慨を覚える。

● 四十七研究所（http://www.47labs.co.jp/）TEL 0422-77-6281

四十七研究所のロゴは三角定規と47の数字をモチーフにしたもの。ここにも木村氏のデザイン・センスが活かされている。

試聴したアルバム

①

②

③

①『Silver ／ Solveig Slettahjell』(ACT)
②『Vague Hotels ／ Simon Fisk』(Plunge Records)
③『The Love I'm In ／ Kate Reid』※ Self Release

20 川上さとみの音楽とライフ・スタイルが重なる〝特別な場所〟

川上さとみ　ピアニスト

本日のヒロイン、川上さとみさん。言わずと知れた女流ピアニスト、日本を代表するトップ・ピアニストの一人である。それにしてもオーディオにこれほど熱心な女性に会ったことがない。古来、そして全世界的に女性とオーディオほど無縁なものはなく、特に奥さま方はオーディオを憎んでいるというのが定説になっている。

ケーブルを持って行ったが、川上さん、いきなり興味を示してきた。私が「三陸のケーブル」と呼んでいる宮城県のオーディオ・マニアが秘かに作っている逸品。

取り付けて下さいと。じっと聴き耳を立てている。女性とケーブル。これほどの異質感がこの世にあろうか。しばらくして前のケーブル（ご自分の）に戻して欲しいと。聴き比べているのである。

アンプの背後は狭い。懐中電灯の光を頼りに悪戦苦闘する佐藤編集員、薄っすらと汗のにじんだ表情がかすかにゆがんで見える。俺はいつからケーブル交換手になったんだ。

スピーカーはKEFである。KEFと聞いて頷いた人、相当のオーディオ・ファンである。このイギリス産のスピーカー、言ってみれば個性のないのが個性で、自分で音を作らず、アンプやプレーヤーの音を正直に、円満に再生する。

スピーカーが棚のやや奥まったところに置かれているのが気になった。ケーブルで音がよくなったのをいいことに5センチほど前へ出してみたらどうかと進言する。

試聴曲はご本人のCD『スウィートネス』からタイトル曲の〈スウィートネス〉。

「一人だけど、一人じゃないみたい」。

自宅リヴィングで寛ぐ川上さとみ。オーディオ・システムはKEFのスピーカーをはじめ部屋の雰囲気と完全に一体化し違和感なくインテリアに溶け込んでいる。

虚をつかれるとはこういう発言をいうのだろう。音が部屋の中央部に進み出て、彼女の周囲に漂い出していた。

よくジャズ喫茶などで壁に埋め込まれたスピーカーを見るでしょう。スピーカーは自由を失い、自発的な音を出す勢いをなくし、音が後方にまわり込み、オーディオにとってはいいことなし。ちなみに頑丈なラックにぎっしり詰め込まれたアンプやプレーヤー類も同じ原理で悲劇的だ。

もう一つ、インシュレーターを試した。スピーカーやアンプの下に敷いて音の向上を図る器材。

最初スピーカー後部に2個、前部に1個の状態で聴いてみる。私の家ではこれがベストだ。しかしこちらではいま一つ。後部に1個、前部に2個、これで聴いてみると一挙に音が踊り出す。

しかしケーブルはともかくインシュレーターを愛でる女性とはいったいどういう人なのだろう。

さて、部屋である。入った瞬間聴こえてきたのがパーカーの『ウィズ・ストリングス』だった。**パーカーの音が異様になまめかしい。恋するパーカーの音。ま**

オーディオ上部の戸棚を開けるとCDやアナログLPがぎっしり。
モダン・ジャズを中心に幅広く聴き込んでいる様子が伺える。

るで宮廷音楽師。オーディオのせいではなさそうだ。明らかに部屋の雰囲気がパーカーを変えてしまっている。

フランスから抱えて帰ってきたという高価なアンティーク・ランプ類がここかしこに置かれ、それぞれが怪しい光を放っている。

部屋はほの暗い。昼なのに夜のムード。いい生地の黒いカーテンがどっしりと厚い。三重という。カーテン屋さんも驚いたらしい。

すき間を完全になくし、陽の光はいっさい入り込んでこない。たまに開けて気分転換をはかるが普段は閉めっぱなし。昼も夜もない生活。暗闇に咲き誇る隠花植物、川上さとみさん。自分と対話する川上さとみさん。「犬も人間も飼っていない」との名フレーズを再び吐く。

川上さんの近作のライナーノートを書かせていただいた。その時のある種のもどかしさを覚えている。音楽の本質がいま一つ摑み切れない。

いまようやくわかったのは川上さんの音楽はこの部屋から生まれ出たものだということだ。

危ういムードに飲み込まれ、つい三陸製ケーブルを献上してしまった。

オーディオ・システム概要

スピーカー：KEF iQ3 SP3500 ①
ヘッドフォン：SENNHEISER HD700 ②
プリメインアンプ：MARANTZ PM8004 ③
CDプレイヤー：MARANTZ SA8001（SACD PLAYER）④
DENON DCD-1550AR
※こちらはピッチコントロール付なので解析などに重宝するそう
アナログプレーヤー：Technics SL-1200 MK3D

美味しい食事とワイン、そして音楽。思わぬ歓待に時間を忘れて寛いでしまう。

部屋を訪れて彼女の音楽の本質が摑めたという寺島氏の言葉のとおり、インテリアから調度品、オーディオに至るまで、川上さとみのMY ROOMはその人物像を端的に反映していた。さりげなく置かれるアンティークのランプや鏡といった調度品が部屋の雰囲気を大いに高めている。

試聴したアルバム

①

②

③

①『Charlie Parker with Strings：The Master Takes』（Verve）
②『Sweetness ／川上さとみ』（M&I）
③『Ballerina ／川上さとみ』（M&I）

21

新旧オーディオの融合が化学変化を生む〝ジャズらしい音〟

小菅雅巳　不動産鑑定士

小菅さんのオーディオ・ルームに入る。いきなり目に飛び込んできたのがスピーカーだった。やはりオーディオ器材で王様的存在はスピーカーだ。それを実感した。

しかしこのアルテックの巨大スピーカー、あたりを払う風格はあるものの、なんとも古臭い。古色蒼然という言葉がぴったりで、塗装ははげかかり、大きく揺れでもしたらたちまち崩落しそうな塩梅。そういう物理的な古さもさることながら、アルテックのスピーカー、私にとっては精神的にも古いんだ。かつてJBLなどヴィンテージ物に惚れ込んだ時期もあったがいまは近代型スピーカーにべったりで、要するに悪いがアルテックA-5は私には前世紀の遺物なのだ。

えらいお宅へ来ちゃったな。

と、やおら鳴り出したのがマーク・マーフィーとラテン系パーカッション奏者、シンガーのエステル・ゴディネスとのデュオ・ヴォーカル。たまげた。のけぞった。なんという生々しい声帯なのだ。生でもこうはゆくまい。**天才的な耳鼻咽喉科の医師が二人ののどに透明型ろ過器を埋め込み、光沢剤をまぶしたのではといぶかるくらいの代物。**

私は居ずまいを正した。この方はあなどれない。いや敬服すべきオーディオ・ファンだ。

しかし音はCD1枚1曲で計れるものではない。邪推すればこの盤はこちらで特別によく鳴るんだろう。どなたのお宅へ伺ってもそうしたCDが最初にかかるのはよくあること。ECMの音などは弱いんじゃないかな。さっそくボロを出したりして。内心ホクそ笑みながら「シンプル・アコースティック・トリオ」を取り出した。7曲目、出だしの大小シンバルの強烈な乱れ打ち。我が家でも得意の一曲である。

小菅氏のオーディオルームで圧倒的な存在感を放つALTEC A-5。A-5の内側に設置されたTANNOYはジャズを聴く際には鳴らさないが、音の反響を整える上でその位置になくてはならないという。中央のSALOGIC製の音響パネルもその効果は絶大。

ガーンと一発、アタマを思い切りはたかれた思いがした。いろいろいちゃもんつけたがことここに至ればもう認めざるを得ない。平伏するしかない。たいしたものです、小菅さん。

ＥＣＭがブルーノートに聴こえたのである。ジャズ・ファンはおわかりだろう、この境地。激変という言葉をこのくらい明確に伝えるすべが他にあろうか。繊細さをもって鳴るＥＣＭサウンドが超現代的な様相を帯びたブルーノート・サウンドに変貌したのだ。なんという力強い繊細さ。それに生々しさが加わるのだから、もうたまらない。

この音、一人スピーカーのせいではあるまい。改めて広い部屋、隅々まで眺める。アンプが目に留まった。日立Ｌｏ－Ｄのパワーとアキュフェーズのプリ。特別、音的に異彩を放つラインナップではない。ごく普通、ノーマル。

ＣＤプレーヤー、これか。そうだ、これに違いない。四十七研究所の「ＩＺＵＭＩ」。思い当たるふしがある。以前この会社のＣＤプレーヤーを使っていた。繊細、デリケート、優美を絵に描いたようなプレーヤーで、しかし当時の私には使いこなす力量がなかった。乱雑な音でないとジャズを聴いた気がしなかったのだ。

「最近この機械を購入したんですが、これに変えてからこの音が出るようになりました。してやったりです」。

よく言われるようにオーディオは組み合わせのアートである。機器同士、相性というものがあり、ファンは各々ためつすがめつして相性のよさを見出そうと躍起になる。それがオーディオ・ファンの生きる道なのだ。

小菅さんは一山当てたのである。金鉱を掘り当てたのだ。

「IZUMI」とアルテックA-5、断言するが、こんな組み合わせ、世界中探してもここにしかない。繰り返すが四十七研製品の持つセンシティブとアルテックの有する豪気が混ざり合い化学変化を起こしてこの音を出現させたのだろう。

そうか、そういう手があったのか、膝を叩いた読者諸賢もおられるだろう。組み合わせか。いかにもジャズらしい音のする組み方。入り口に現代オーディオ製品を配し、出口に往年のヴィンテージ・スピーカーを持ってくる。これである。私も思いつかなかった。この手の古いスピーカーは銘器といわれながら現在比較的安価で手に入る。多少場所はとるが、なに、狭い部屋に大きなスピーカーを入れるのが私の理想である。ジャズ・ファンはそうでなくちゃあ。小さいスピーカーなど女子供のすること。特に歳のいったファンは大口径スピーカーとともに暮らす。これである。

さて、先程、「ジャズらしい音」と言った。どういう音を言うのだろう。私を含め現代のハイエンド・オーディオ・ファンはジャズらしくない音で聴いて悦に入っている人が少なくない。チマチマした音、箱庭のような小さい世界の細かい音。針の先のような音。典型的なECMサウンドだ。

「ほとんど病気ですね」と小菅さんはおっしゃる。**小菅さんの音は先述したようにブルーノート的野人の音だ。私に言わせればこれこそがジャズ・サウンドなのである。**なぜ、こういう音が出せるのか。口惜しまぎれに言うが一つの要素として「音量」がある。小菅さんの部屋は大きい音が出せる。私の家は出せない。するとどうしてもチマチマ・オーディオ、箱庭オーディオに向かわざるを得ないのである。想像で補って聴くしかない。

では小菅さんのような環境に移るか。野中の一軒家に引っ越してガンガンやるか。人間がひとまわりもふたまわりも大きくなるだろう。しかし現実にそれはかなわない。複雑な気持ちで帰路についた。

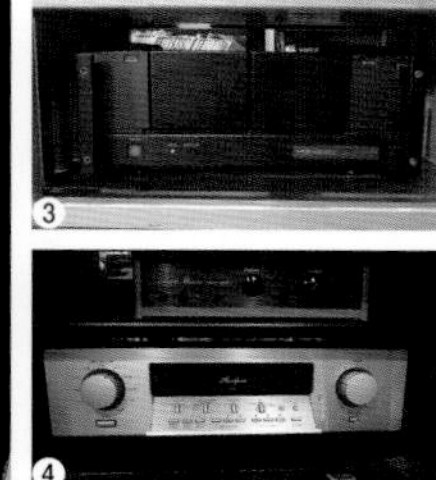

試聴したオーディオ・システム概要

スピーカー：ALTEC A-5 ①／YAMAHA JA-0506（トゥイーター）②
FOSTEX T90A（スーパートゥイーター）②
パワーアンプ：HITACHI（Lo-D）MHA-9500 × 2 ③
プリアンプ：ACCUPHASE C-290V ④
CD プレーヤー：47 LABORATORY Model 4741G “IZUMI” ⑤

こちらは本文に登場しないがやはり小菅氏のお気に入り、47Laboのフォノイコライザー4712 Phono Cube。これも年代物のターンテーブルとの組み合わせで化学変化を起こす秘密兵器だ。

小菅氏のコレクションはCDが中心で新旧のジャズ作品がバランスよく揃う。

試聴中の小菅氏と寺島氏。アルテックと聞いて想像していたサウンドとのあまりの違いに驚愕する。最近の傾向としてあまりヴィンテージ・オーディオを好まない寺島氏だが、新旧機器の組み合わせ次第で生まれ変わることを実感、認識を新たにした様子。

試聴したアルバム

①

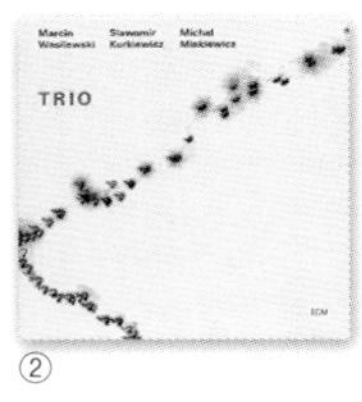

②

③

①『The Latin Porter／Mark Murphy feat. Tom Harrell』（Go Jazz）
②『Trio／Marcin Wasilewski Simple Acoustic Trio』（ECM）
③『Slow Motion Orchestra／Solveig Slettahjell』（Curling Legs）

22

部屋もオーディオも妹尾美里のカラーに染まる清澄な個性

妹尾美里　ピアニスト

今日はデスマス調でゆきます。なにかその方が妹尾美里の音楽、部屋、そしてオーディオに合うような気がしました。まず音楽ですが、彼女の音楽、ジャズというには余りにも美し過ぎる。いま淡麗、秀麗という言葉が思い浮かびました。これは妹尾美里本人に当てはまる言葉なのです。

ちょっとほめ過ぎかもしれません。しかし、これって凄く説得力のある現象ではないでしょうか。

例えば、ビル・エバンス、それからセロニアス・モンクは人が音楽を表している。音楽が人を表している。つまり私にいわせれば、妹尾美里の音楽は簡単にジャズといえるものではなく、妹尾自身が作った音楽なのです。作為的に作ろうとして作られた音楽ではなく、妹尾が音楽をやるなら、このようになって当然という必然性のある音楽なのです。非常に彼女独自のもの。

独特のものと考えると、**ジャズがどうしたこうしたという次元をはるかに超えたものに昇華しているんでしょう。**

妹尾の音楽がジャズか否かというのはこの世で最も愚問の類に属するものです。

いや、知ったようなことをいいましたが、実は彼女に会うまでずっとこの愚問を抱えこんでいました。

しかし現実に彼女に会い、話を聞いて氷解したわけです。よかった、です。

有名な伝説話。ソニー・ロリンズが言ったという。日本のファンはレコードのみを聴いて音楽を評価する。そうではなく本当はライヴを観て決めなければいけない。

たしかにミュージシャンに会って、人や人柄を確認することが正しい。

ピアノとともに佇む妹尾美里。棚に立て掛けられている絵は、彼女の最新作のジャケット画も描いている宇野亜喜良氏の作品で、リヴィング他、至るところに飾られている。

妹尾美里のオーディオシステム。機器はシンプルだがその空間に静かに響く透明感のある音は、彼女の醸し出す雰囲気と無縁ではあるまい。

音楽鑑賞、人鑑賞を同時に行なうことにより、さらに鑑賞の度合いが深まってゆく。ライヴへ行く、そして話す。大事です。

スタンダードを演奏しません。彼女はこれまでのすべての作品でオリジナル曲のみをプレイしています。音楽が彼女自身という考え方をすればこれは当たり前のことでしょう。人が作った曲ではなく、自身の中から自然に湧き起こってきた旋律を信じる。演奏する。

同行の本誌・佐藤編集員が雑談中、たわむれにこう言った。「寺島レコードでやってみませんか」。それを受けて私が「『妹尾美里プレイズ・スタンダード』ならやってみたい」。

答えはまったくありません。沈黙が支配します。なんともいえない会話上の失策。

さて、部屋。白一色の、メルヘン仕様の、これが果たして人間の部屋なのでしょうか。生活感というのがまるでない。

妙な言い方ながら、ニンフないしはフェアリーの部屋とでも言ってみたいような。

この部屋に妹尾美里を置くとまるでそのように見えるのです。**彼女自身が部屋であり、部屋が彼女みたいな。**

音楽と同様、人と部屋が一体化している。この部屋には彼女以外適格居住者はいません。誰を持ってきても無理。

オーディオは、そういう意味では少し違う。JBLの小型スピーカーは彼女のイメージと明らかに異なります。私に言わせれば、この部屋には、そして彼女の持ち物としては、白いスピーカーが欲しかった。昔、父上が選んでくれたものらしい。

ちょっと文句をつけましたが、鳴らされた音を聴いてみると、これがまた妹尾美里の音なのです。透明度が高く、清澄そのもの。JBLは普通そのような音は発しません。きっと妹尾ナイズされたんでしょう。

猫が大好きで数匹いて、家族化しているのがわかりました。しかし、姿を見せず。妹尾化した猫が見たかった。

一つ驚いたことがあって、それは彼女の耳の鋭さ。これまでずいぶん耳のいい人に会ってきましたが、彼女の場合はミュージシャン的耳のよさで、これは一般のオーディオ・マニアとは少し趣が違う。例えばピアノの音の固まりが散っているから遠くに聞こえる、など困難な表現でむずかしかった。

もしオーディオに興味を持ったら、そっちの方面で卓越した人になるでしょう。でもよくしたもので、オーディオにはとんと興味はありません。それが、女性というものです。

今日は、いい一日でした。

妹尾美里、発見せり！　です。

オーディオ・ルームの奥にあるピアノ・ルームは防音が施され、置かれる調度品も含めてとても居心地のいい空間。

オーディオ・システム概要
スピーカー：JBL 4312M Ⅱ ①
プリメインアンプ：DENON PMA 1500-AE ②
CDプレーヤー：DENON DCD 1500-AE ③
アナログプレーヤー：REGA RP6 ④

上：猫ジャケの本を見ながらダイニングで寛ぐ二人。妹尾の音楽にまだ触れたことのない方は、ぜひアルバムやライヴで彼女ならではの美的センスや世界観を体感して欲しい。
右上：ダイニングの天上付近にオブジェのように吊るされた丸い木製の輪は、大好きな猫が通ったり、遊んだりするためのもの。
右下：ダイニングルームに飾られるCDからは、e.s.t.やティグラン・ハマシアン、ロバート・グラスパーなど現代的なジャズ・ピアノを幅広く聴き込んでいる様子が伺える。

試聴したアルバム

①

②

③

①『HANA〜Chatte Tricolore／妹尾美里』（Diw the Grace）
②『The Bowie Variations for Piano／Mike Garson』（Reference Recordings）
③『Dance on Deep Waters／Edgar Knecht』（Ozella Music）

レコード本来の音を引き出し最高峰の音にする技

23

前園俊彦　前園サウンドラボ「ゾノトーン」会長

大変な音を聴いてしまった。長生きしてよかったというのが正直なところだ。そんな最上級の賛辞を呈してしまっていいのかどうか、私自身にもわからない。

前園俊彦さんの沼袋のお宅を訪問した。前園さんはご存知の方も多いだろう。オルトフォンのSPUカートリッジを愛用している人は少なくない。オルトフォンで長年社長を務めておられた。現在はゾノトーンなるオーディオ会社を設立、主としてケーブルを作っている。電源ケーブル、スピーカー・ケーブルなど各品目がオーディオ・マニアに評判がいい。特にメインにジャズを聴く人に。前園さんが作るとジャズの音がするのだ。私も電源ケーブルを使っているが、こういうジャズの濃いフレイバーを主に秘めながら一般オーディオ・ファンも使えるケーブル作りをしているメーカーは他にあまりない。要するにジャズ・ファンが作るケーブル。

さて紹介が長くなった。さっそく音の詳細をご報告したい。

いまでも耳に鮮烈に残っているのはヴァーヴ盤の『マリガン・ミーツ・ホッジス』である。まず感じたのは二本のサックス、三つのリズムがスピーカーとスピーカーの間に横一列に並んだこと。一瞬やばいなと思ったのである。ありがちなのだ。しかし、そのうちマリガンのソロに入ると急にマリガンが一歩前進してきたのである。まるでライヴを観ているようだ。横の平面から縦の構図が出現したのである。オーディオで言うところのステージ感。オーディオでこの舞台感覚を出すには手間がかかる。音を聴くというより「見る」操作が必要だからである。前園さんは独自のマルチ・チャンネル・アンプ・システムを使い、さらにご自分の耳の修練によって、このスキルを獲得したのだろう。

前園氏のオーディオ・ルーム。25,000枚に及ぶアナログ・レコードのコレクションとともに、同氏のオーディオ哲学が染み渡った空間に圧倒される。

サイン入りのジャケットを手に笑顔を見せる前園俊彦氏。山水電気を経てオルトフォン ジャパンの社長を務めた後、2007年にオーディオ・ケーブルのブランド「ゾノトーン」を立ち上げ現在は同社会長。北村英治、五十嵐明要など歴代日本人ジャズメンとの親交も深い。

さらにゾクッときたのはマリガンの音だった。バリトンの生の音より生々しい。こんな音、初めて聴いた。木管楽器らしい柔和でほぐれた音。こいつは凄い。よし聴き比べてみよう。チェット・ベイカーのリヴァーサイド盤『チェット』。ここにはペッパー・アダムスがバリトンで入ってくる。ペッパー・アダムスはほぐれない。柔和でもない。頑固一徹に鳴る。マリガンはマリガンらしく、アダムスはアダムスらしく鳴るのが前園さんのオーディオなのである。**レコードに本来入っている音を素直に引き出して最高峰の音にする**のが前園さんのやり方だ。

前園さんは次々とレコードを変えてゆく。プログラムが決まっているらしい。カバンの中のCDをとり出すチャンスはない。CDはほとんど聴いていないそうだ。LPの人なのである。

コロンビア盤、エリントン～ベイシーの『ファースト・タイム』がかかる。これは鮮烈、強烈だ。ミュート・トランペットやテナー・サックスが勢い込んで前へ飛び出してくる。張り出すちからが目覚しい。目を射られるようで思わず両眼を閉じてしまう瞬間もある。マリガン～ホッジス盤はゆったりと鮮烈だったがこちらは短兵急に鮮烈だ。横を見ると前園さんがリズムに合わせて小刻みに身体を動かしている。踊っているのだ。ふとセロニアス・モンクを思い出した。ビデオで観たのだが舞台で小さく踊っていた。前園さんの動きはもう少し大きめ。

マンハッタン・ジャズ・クインテットがかかった。前園さんはこういうのも聴くのか。私は未だにこのグループを信じていない。なにやら作り物めいて見えるのである。ミュージシャン性よりショーマンシップを優先しているようで、どうもいけ好かない。音で聴く方法もあったのか。ジャズ観とかいろいろしち面倒臭いことを取り払って音で聴くＭＪＱはなかなかのものなのである。音楽ではなく音で聴くグループだったのだ。ベースの音。シンバルの音、耳をつんざくミュート・トランペットの音。ＭＪＱは音楽ではなく音で聴くグループだったのだ。それぞれが未知の体験で、これはそんじょそこいらの音ではないなと思った。なにかが乗り移った音と言うしかない。つまり、前園さんの音に対する情熱であり、心意気であり、さらに言うなら執念、怨念の類いのものだろう。

ここでわかったのである。**音はつきつめてゆくと最後には「人」が出てくるのである。**その点で言うと私の音はまだ機械の音だ。前園さんは人の音なのである。全身全霊という言葉が浮かんできた。

オーディオ・ファンには二種の人がいる。次々と機器を変えていく人。ドン・ファンなどと呼ばれるが私は特に悪いとは思っていない。それからこれと定めたシステムを永続的に磨いてゆく人。

前園さんは明らかに後者である。そうだ、もう一つ言いたい。前園さんのシステムは１９７０～80年代の、いわばネオ・ヴィンテージ物で占められている。にもかかわらず、これらを接続するケーブルはすべて自社物、ゾノトーンの製品だ。新しい。古いものには同じ年代のものを、というのが一般的なオーディオ界の定説になっているが、その点、前園さんはある種おきて破りの手法をとっている。

これが逆に功を奏しているんじゃないのか。この年代物システムから浸み出すエロスを感じさせる新鮮ななまめかしさはどうだろう。

２年ほど前、前園さんは体調を崩した。会長となり、息子の力さんが社長に任命された。いまは音を聴いて踊り出すほど健康になった。何よりも音が前園さんを元気にさせるのである。

※前園俊彦氏は２０１８年にご逝去されました。本稿はご遺族の意向を確認の上掲載させていただきました。

前園力氏（前園サウンドラボ［Zonotone］社長）、前園俊彦氏、寺島氏との３ショット。前園氏の情熱と心意気、さらに執念が生む音の凄みは彼の生き様そのものを映し出していた。

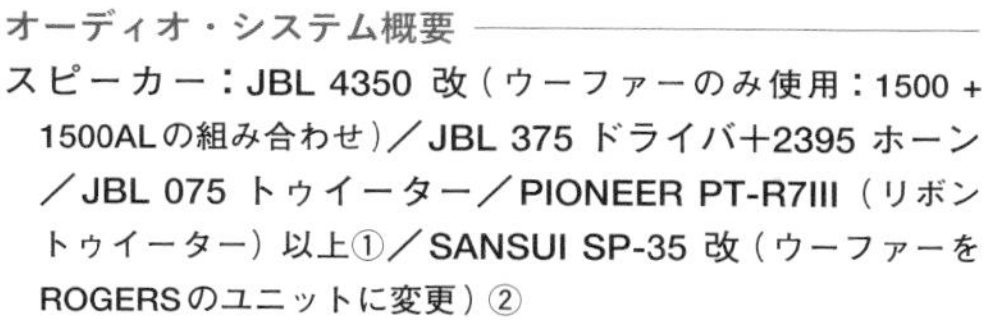

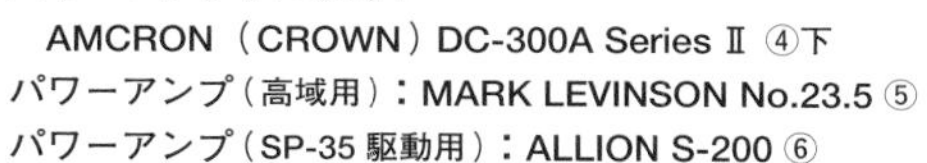

オーディオ・システム概要

スピーカー：JBL 4350 改（ウーファーのみ使用：1500 + 1500ALの組み合わせ）／JBL 375 ドライバ+2395 ホーン／JBL 075 トゥイーター／PIONEER PT-R7III（リボントゥイーター）以上①／SANSUI SP-35 改（ウーファーをROGERSのユニットに変更）②
パワーアンプ（低域用）：CROWN DC-300A ③ 2台
チャンネルディバイダー：SONY TA-D900 ④上
パワーアンプ（中域用）：
AMCRON（CROWN）DC-300A Series Ⅱ ④下
パワーアンプ（高域用）：MARK LEVINSON No.23.5 ⑤
パワーアンプ（SP-35 駆動用）：ALLION S-200 ⑥
プリアンプ：CROWN IC150
アナログプレーヤー：THORENS Prestige ⑦
トーンアーム：SME 3012 ⑦

ゾノトーンの電源ボックス［ZPS-6000］、電源ケーブルは7NPS-Shupreme 1、6NPS-Neo Grandio 5.5Hi、6NPS-3.5 Meister、6NPS-3.0 Meisterを使用。

試聴したアルバム

①

②

③

④

①「Gerry Mulligan Meets Johnny Hodges」（Verve）
②「Chet／Chet Baker」（Riverside）
③「First Time!／Duke Ellington & Count Basie」（Columbia）
④「Live At Pit Inn／Manhattan Jazz Quintet」（Paddle Wheel）

CD、7インチ、10インチ、12インチと『死刑台のエレベーター』のジャケが並ぶレコード棚。前園氏本人はスイングからモダンまで大編成のジャズが好みという。

24 リッピング音源をヴィンテージで味わう粋な〝折衷オーディオ〟

竹田響子 「サウンドクリエイト」店長

ジャズ・ファンの皆さんに伺う。デューク・エリントンを好み、語る女性をどう思いますか。

「うーん、どちらかといえば避けたいところだなぁ」。

そうでしょう。私もそう思う。しかし今日登場の女性がそのエリントン・ファンなのである。どうする？

竹田響子さん。本職はオーディオ店の店長。詳しくは「ジャズジャパン」Vol.85「オーディオ・ショールームの楽しみ方」をごらんいただきたい。銀座の「サウンドクリエイト　レガート／ラウンジ」というのがそのオーディオ店だ。お宅へ伺った。お店とは違う裏の顔、という言い方は違うな、プライベートの竹田さんを探求しようと試みたわけである。

「家ではゆったりした音で聴きたいです」が彼女の第一声だった。

よくわかる。私も昔ジャズ喫茶に詰めていた頃、一日中轟音に苛(さい)なまれ、もうジャズ要らない、オーディオもけっこうと思ったものである。

「例えばですけど、デューク・エリントン楽団、特にアルトのジョニー・ホッジスなどを聴くと安らぐんですね」

ここでエリントンの名前が彼女の口をついて出たわけだ。

ではというので早速『バック・トゥ・バック』を聴かせていただく。もちろんCDではなくLPのプレーヤーはリンの名器LP-12。

「いや、これは」。同行の佐藤編集員がうめきに近い声を上げた。近頃とみに耳の腕を上げている。

竹田響子氏と彼女のオーディオ・システム。ご覧のとおり、ヴィンテージと現代モデルを組み合わせたシンプルなもので、CDプレーヤーはなく、リッピングしてネットワークプレーヤーに取り込む。アナログ音源とリッピング音源のみという潔さにオーディオに対する新しい価値観が垣間見える。

なんというなまめかしさ。ホッジスは一般に〝クリーミー〟という言葉でその音色を謳われている。しかし今日のホッジスはそういう通常言語では間に合わない。

クリーミーやなまめかしさを数段飛び超えたあでやかさ、婀娜（あだ）っぽさ。そんな境地。うむ婀娜っぽさか。ふと本日のヒロイン、竹田さんとの近似性を感じたが、それはさておき、ホッジスの次に出たトランペッターがバック・クレイトンだったかクーティ・ウィリアムスだったか。

「ハリー・エディソンです」

もうおわかりだろう。ジャズにも詳しいのである。

これまで私は長い人生、ジャズに詳細な女性に何人も会っている。オーディオに堪能な女性しかり。しかし両方にすぐれた女人は恐らく初めてだ。貴重な方に本日お会いしたのである。

さて、いかなる手段で彼女はこの音をものにしたのか。彼女の使っているスピーカーはタンノイのコーナー・カンタベリー。いわゆるヴィンテージ物である。私はこういうのを古代オーディオのスピーカーと呼んでいる。いやおとしめているのではない。尊敬している。使わないだけ。

アンプもイギリスの古代物、リークでこれも相当ヴィンテージだ。私はこのプリアンプのデザインが好きで以前に購入、いまは見物用に使用している。いや見下げているのではない。デザインのよさに敬意を払っている。

スピーカーとアンプがヴィンテージ。対して入口部分が最新オーディオというのが彼女の選んだオーディオ・システムだ。CDプレーヤーは使っていない。CDプレーヤーを超越し、さらに最新式にしたリンのネットワークプレーヤーでDSM方式を採用しているのだ。リッピング方式。レコードプレーヤーはヴィンテージに見えるが、息の長い現行モデルだ。オール・ヴィンテージにすればゆったりする。ひねもす、のたりのたりかなの世界を演出できる。しかしそうすると真空管アンプを基本にした古代オーディオに生きる昔ながらの〝オーディオおじさん〟になってしまう。

現代に生きる若い女性としては〝新しさ〟も欲しい。かといって解像度やシャープさをメインの要素にとり入れた現代オーディオ一辺倒にもしたくない。

私に言わせれば彼女の行き方は〝折衷オーディオ〟である。ハイブリッド方式。両方のほどよいところをとって好みの音を作ってゆく。いろいろ試行錯誤を重ねて——先のジョニー・ホッジスのような妙なる音が出現した。

古代だ現代だと区分けする時代ではないのかもしれない。そういう現代のあり方を提唱する彼女のような人が必要な時代なのかもしれない。新しいオーディオ観の人。とぐろを巻いたエリントン・サウンドを鮮やかな現代音で聴く。そういう新しい聴き方を体験的に提案するのが竹田響子さんだ。

彼女の部屋は居間兼オーディオ・ルームである。そのような部屋の場合、スピーカーの大きさが大事だと彼女は主張する。それはその人のセンスや感性にかかわってくる。いたずらに大きいのを入れればいいというものではない、と。

またしても私は自分の部屋を思い出していた。言ってみればスピーカーだらけ。部屋全体がスピーカー化の態。

彼女の部屋とスピーカーのサイズはバランス的にばっちり。だからスピーカーというよりファニチャーとして部屋を引き立てている。

でもいいのである。いかにアンバランスであろうと、センスがなかろうと、私はスピーカー命で生きているのだから。

オーディオ・システム概要

スピーカー：TANNOY Corner Canterbury ①
パワーアンプ：LEAK Stereo 50 ②
プリアンプ：LEAK Point One ③
ネットワークプレーヤー：LINN Majik DSM ④
アナログプレーヤー：LINN Majik LP12 ⑤

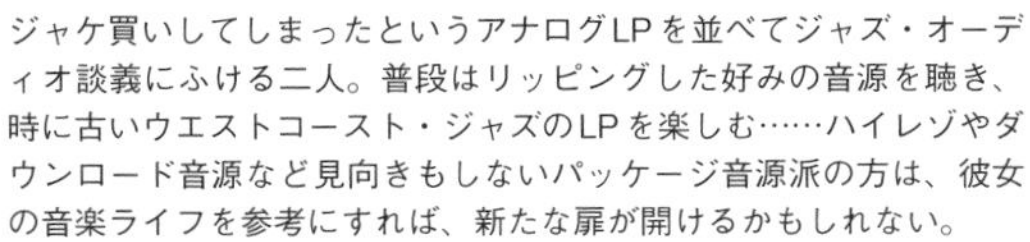

ジャケ買いしてしまったというアナログLPを並べてジャズ・オーディオ談義にふける二人。普段はリッピングした好みの音源を聴き、時に古いウエストコースト・ジャズのLPを楽しむ……ハイレゾやダウンロード音源など見向きもしないパッケージ音源派の方は、彼女の音楽ライフを参考にすれば、新たな扉が開けるかもしれない。

家具や小物類、アートと一体化するように違和感なくヴィンテージ・スピーカーが溶け込む。ベッドサイドに対角線上に収まるセカンド・スピーカーはJBL Aquariusだ。

試聴したアルバム

①

②

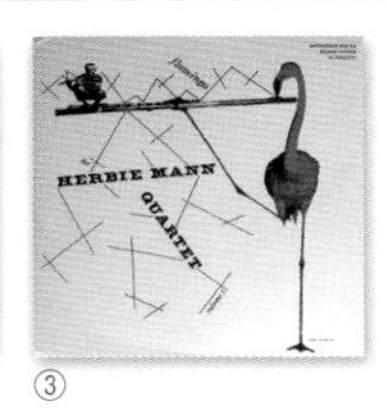

③

①『Back To Back／Duke Ellington & Johnny Hodges』(Verve)
②『West Coasting／Conte Candoli/Stan Levey』(Bethlehem)
③『Flamingo／Herbie Mann』(Bethlehem)

25 山岡未樹に聞くセンシティブな耳を満たすヴォーカルの極意

山岡未樹 ジャズ・シンガー

最近出した『ジャズ・ヴォーカル・ファンズ・オンリー Vol.2』をおみやげに持っていった。それと近所のコンビニで買ったビールを数本。CDを目にするなり「あなたが歌ったの?」ときたものである。私を歌手と誤認したのは山岡未樹さんをもって嚆矢(こうし)とする。美人に似合わず面白い方だなと思った。

筆もにぶり、店も傾き、どうだろう、このあたりで人生を変え、歌手として再起してみようか。スタンダードならよく知っているし、声も渋り気味だからちょうどいい。衰えぎみのトニー・ベネットの向こうを張ってみるのも悪くない。そういえば山岡さんは以前からヴォーカル教室の教師を務めている。高年男性を笑顔で引き受けてくれるといいが。ちょっと脱線するが、ヴォーカル教室といえば前から若干の疑問を持っている。バークリー式ジャズ教育メソッドに対する疑念と同じで、技術でヴォーカリストを育てられるのか。現代の西洋医療にも通じるが、人を見ているのだろうか。人を見るヴォーカル教室。歌だけではなく、現代のライヴ舞台は人柄が大事である。いや人柄は少しオーバーだ。その人が持ついちばんいいところをステージで発揮する。チャーム・ポイントを見抜く。そういうヒューマン・メソッドを教えるヴォーカル教室なら私は大賛成である。私も人間が変わるだろう。

ビールとチーズで寛ぎつつ、山岡さんにいいヴォーカルとはどういうヴォーカルかを伺った。

「やはり第一にリズム感です。ジャズ的感覚。それと歌の起伏が大事ですね。聴く人の気持ちに揺さぶりをかけて感動へ持ってゆく。均一平坦ではムリ」。

「そうするとオーバー・シンギングになりませんか。私は昔のエラ、サラ、カーメンらの大仰な歌が駄目なんですが」。

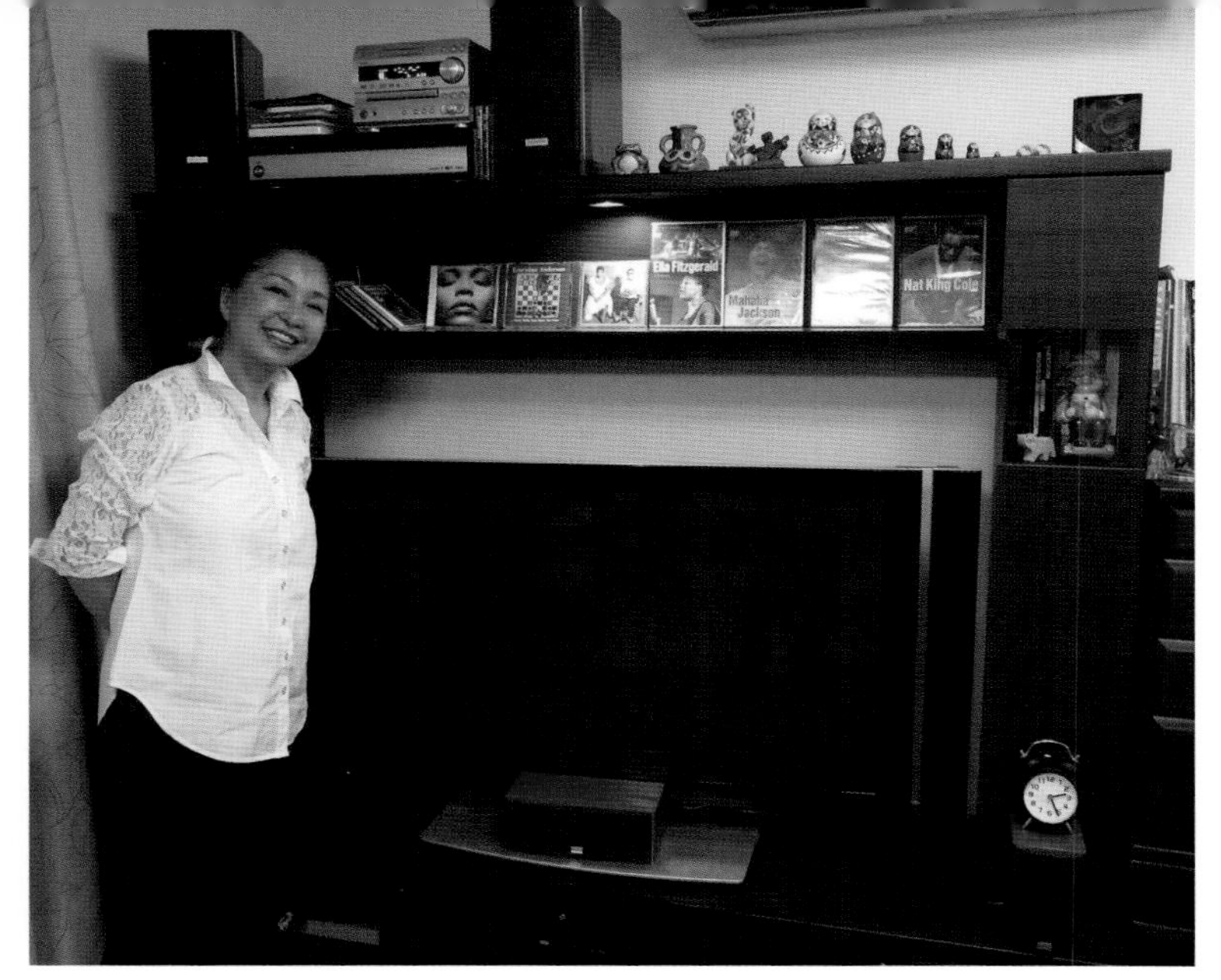

山岡未樹の自宅のシステムはオンキョー製のミニコンポと、それに組み合わせるサラウンドスピーカー、サブウーファーなどで構成。普段はインストからヴォーカルまで幅広く楽しむ。

「そこが腕の見せどころでしょう。一つの音や声の中に微細な波長があって、それが大きな揺らぎになって伝わって初めてああいいなあと思わせることができるのです」。

それと曲が重要だという。これは、我が意を得たりである。

「スタンダードはアメリカの偉大な文化ですが、私というフィルターを通して、こんなにいい曲があるからぜひ聴いて欲しいという意欲と情熱が一般的な意味でもすぐれた歌唱を生むんじゃんないでしょうか」。

近頃はCDが安直に作られるせいかたくさんの歌手が出現する。中には玉も含まれるからそれはいいんだが、どうにも困ったことが一つあって、それは少なからずの人がオリジナルを作って歌うことである。反論もあるだろうが、オリジナルはインストのもので、ヴォーカルのためのものではない、というのが私の意見。

歌の話はわかった。オーディオはどうした。ジャズ・ファンはともかく、オーディオ・ファンは切歯扼腕（せっしやくわん）の態であろう。わかっているんだが、なかなかそこへ進まない。いや進めない。苦しい。

ごめんなさい。山岡さん。素直に謝ってしまいます。私の言うオーディオはもうちょっとハイ・レベルなものなのです。

いやハイ・レベルはよくない。もう少し趣味的なもの。

山岡さんは実践として使っている。持主に似て、おおらかで性格温厚な音だし、それでぜんぜん構わないのだが、どうでしょう、これを機会にオーディオというものに興味を持ってみては。唐突ながら私に100万預けて下さい。50万でもいい。いっぱしの音の出るオーディオ装置を仕上げてごらんにいれる。山岡さんの力説する歌の奥行き、起伏、波長、揺らぎなど微妙なところがたちまち出現すること請け合いである。さらにオーディオ・ファンになってヴォーカル界だけではなく、オーディオ界に打って出るのはどうだろう。いまオーディオの世界に足りないのは女性のパワーである。

この間山岡さんは私の店へいらした。ちょうど土曜日で、教室の帰りにかけつけて下さったが、ジャズ・オーディオ愛好会の真最中だった。全員男性客。会長の栗山さんと山岡さんは同郷（小樽）で、その縁での来店だった。ノアという輸入商社が販売するアメリカの高級アンプ、オーディオ・リサーチの比較試聴が行われていた。山岡さんが立ち上がり、2台のアンプの特徴をがっちり掴んだマニア顔負けの発言をした。一同びっくり。オーディオ用語を使わない日常言葉だから余計に説得力があった。

いまオーディオ界に必要なのはオーディオ語を使用しない製品解説である。それによって女性を少しでもオーディオ界に吸引できそうな気がする。

女性の大半はオーディオを敵視している。いやオーディオを行なう男子を。アンプを買うと車の中に隠し、奥さんのいない間を狙って部屋へ運び込む。村上春樹さんが何十万かのカートリッジを買った。奥さんに見とがめられ、いやこれ小さいから安いんだで難を逃れた。

等しく男も女もオーディオという一生ものの快楽ホビーを楽しめればいいなと思う。そのためにもパワフル・ウーマン山岡さんの決起、奮起を願うものである。

［P.S.］写真のCD、アンヌ・デュクロは山岡さんが最近購入。なかなかよかったと。偶然である。『ジャズ・ヴォーカル・ファンズ・オンリー Vol.2』の11曲目に〈ムーン・アンド・サンド〉を収録した。

オーディオ・システム概要

スピーカー：ONKYO DN-9 ①
3.1chオプションスピーカーシステム：ONKYO UWA-9 ②
DVD/CD/SA-CD/MDプレーヤー／チューナー／アンプ：
ONKYO FR-UN9 ③

上：ビールを片手に語り合う二人。オーディオ機器そのものにはあまりこだわりを持たない彼女だが、音に対する感性の鋭さは"メグ オーディオの会"でも実証済み。オーディオ好きの仲間も増え始めたなかで、これからの展開が楽しみなところ。
左上：山岡の自宅は都内有数の人気エリアにありアクセスもいいが普段の移動にはガレージに収まるメルセデスを利用するらしい。
左下：いいヴォーカルとは？ との質問に、自身の思いを熱く語る山岡。その眼差しは真剣そのもの。

試聴したアルバム

①

②

③

①『PIANO, piano／Anne Ducros』（Dreyfus）
②『Terra Brasilis／Antonio Carlos Jobim』（Warner Bros.）
③『One Day, Forever／山岡未樹 & Benny Golson』（Somethin'Cool）

真空管アンプのイメージを覆すブラシ音の生々しさ

26

サンバレー オーディオメーカー

今日は真空管に憑かれた男の話をしよう。まずその前に真空管とは何ぞや。辞書にはこうある。「真空にしたガラス管に電極を入れたもの。増幅、発振、検波などに使う。」

普通アンプに使われるがだいぶ前、北海道に不時着したソ連のミグ25戦闘機に搭載されていたという。一挙に古さをさらけ出してしまった。ことほど左様に真空管には古いというイメージがついてまわる。こういう例えもなんだが、ジャズで言うとブルーノートやプレスティッジのイメージではないか。こうした名門レーベルを愛するファンがたくさん現存するようにオーディオ界にも真空管を大事にするマニアが未だにあちらにもこちらにも。それが証拠に真空管オーディオ・フェアは輸入オーディオ・フェアなどの新しい催し会場より人が多いという。どの顔も輝いているらしい。真空管をメインの記事にした「管球王国」や「無線と実験」も確実なファンを摑んでおり、すたれない。

こうした独特の世界で特別の光彩を放っている男がサンバレーの大橋慎氏である。大橋さんとは以前ちょっともめたことがある。原因は私にあり、真空管の「古いよさ」がわからず苦言を呈したら、それが彼の逆鱗にふれた。この方、普段はにこやかながら、いったん怒りのモードに入るとその舌鋒はすさまじい。なにしろ弁が立つから言葉が次々と口をついて出る。ちなみにこれ、オーディオを商いにする場合、相手（買い手）を説得するために絶対に必要な要素なのだ。黙っていてはオーディオは売れない。

そんないきさつもあったが、懐かしさも手伝い、久方ぶりに大橋さんの謦咳に接したいと思い連絡すると、私の心配をよそに、おぉぜひいらっしゃいと。人間には一度まずく相対するとそのまま駄目になるケースとめでたく復活するタ

サンバレー・ショールーム内の試聴室。展示されるアンプ、スピーカー、DAコンバーターに至るまで基本的にすべて自社製品だが、その独自の存在感を放つフォルムと音に思わずうっとりさせられる。この空間で真空管の音を聴けば誰もが欲しくなること請け合い。

イプがありそうだ。

愛知県の刈谷市。サンバレー。豊田自動織機の子会社。リスニング・ルームはオーディオ音再生にちょうどいい大きさ。これ以上でも以下でもよくない。私もこれくらいの部屋が欲しい。

音である。印象。それを最初にお伝えしたい。先ほどブルーノート、プレスティッジと言ったが、まさにこれらのレーベルが最初に産出したレコード、つまり**オリジナル盤が当時の最新鋭オーディオ機器で鳴らされ出現したような音**と言ったらどうだろう。

もちろん私の想像の上に描かれた音である。要は古いとか新しいとかそういうことが問題にならない、新旧の境地をとうの昔に超越し、簡単に脱出した生々しさが大橋アンプの真骨頂なのだ。真空管から生々しさが出る。これが私には少なからず理解できない。300BやKT-88といった著名な真空管から出る音のイメージはいわゆるカマボコ型、低音、高音の両極がなで肩状にたれ下がり、優しい中域のみが突出するパターン。あくまで耳に心地よく響くがブルーノート系のある種猛々しい音源ではもの足りないだろう。しかし、それらが大橋さん設計のオーディオ装置から高域も低域も伴って生々しく出現している。

ここで大橋さんは「スコピック・オーディオ」という耳慣れない言葉を出してきた。ん、なにそれ、である。Ｓｃｏｐｅ、つまり「見るオーディオ」。

オーディオには小学・中学・高校・大学・大学院の5クラスのファンがいる。小学・中学級ではスピーカーの箱から音が聴こえる。大学クラスになるとスピーカーから音が離れ、スピーカーとスピーカーの間に音が浮くようになる。大学院生ではその浮遊する音が目で見えるようになる。ここに至ってオーディオは完成型を見るという。

大橋さんの音は「見える音」だったのだ。各楽器が一つの物体としてとらえられる。楽器がくっついていない。すると音に付着していた余計なモヤモヤが消え、芯が現われ、遂には生々しさやつやっぽさが現われ出るというわけなのだ。

持参したデビッド・ヘイゼルタインの『アフター・アワーズ』。ここでドラムを叩いているのが、あまり知られていないが、一度聴けばやみつきになるケニー・ホルスト。10曲目ゴードン・ジェンキンスの〈グッドバイ〉。さあブラシで聴くこの一曲が大橋さんのシステムでどう出るか。生々しい。ブラシが実に生々しいのである。「倍音が出ているからだ」と大橋さんは言う。倍音とはブラシの先端音がシューンと言ったらわかりやすいか。倍音は真空管で出やすく、トランジスターでは出にくいんだ、と。私はブラシ大好き人間だが、大橋さんに言わせると「中域的ブラシ」がいちばん美味しいんだと。シューンという繊細な音ではなく、いっそ「ゾリッッ」とした音。毛羽の生えた音。たしかにこれがジャズの音に違いない。トランジスターではこれが「ツルン」となりやすい。真空管はトランジスターの倍出るとのこと。ドラム・ファンは真空管、ということなのか。

大橋さんの能弁ぶりには限界がない。いつの間にか大橋さんのアンプを使ってみようかという気にさせられている。教祖的資質がありそうだ。教祖の言うことは聞いていて飽きない。飽きるのは唯の駄弁。教祖の言葉を聞きたかったらミュージックバード、大橋さんの番組「真空管・オーディオ大放談」のチャンネル・ボタンを押すべし。オーディオのベスト人気番組という。

オーディオ・システム概要

スピーカー：SUNVALLEY LM69 ①／SUNVALLEY LM755A ②
パワーアンプ：SUNVALLEY SV-91B ③
ブースターアンプ：SUNVALLEY SV-284D ④
プリアンプ：SUNVALLEY SV-310 ⑤
DAコンバーター：SUNVALLEY SV-192PRO ⑥下
CDプレーヤー：CEC TL3 3.0 ⑥上

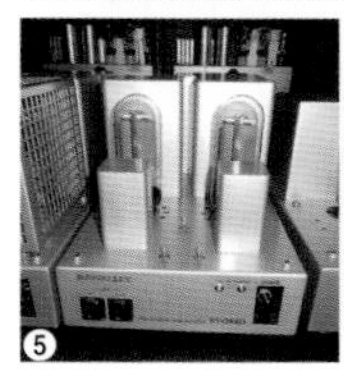

右：こちらは同社パワーアンプのフラッグシップモデルSV-8800SE。その重厚な佇まいと豊かな音色に魅了される。

サンバレー・ショールームの外観。同社は豊田自動織機の子会社で98年に真空管アンプ事業に参入、インターネットを使ったキット販売が中心だが、問い合わせから購入後のアフターサービスまできめの細かい丁寧な対応でオーディオ・ファンから厚い信頼を得ている。ご興味のある方はぜひウェブサイト www.kit-ya.jp をご覧いただきたい。

サンバレーの大橋慎氏と寺島氏。両氏のオーディオ観は異なるが、その音に対する情熱とこだわりが白熱の議論を経て共感に変わっていく。たしかに真空管アンプには、新旧や音の好みを超越した普遍的な魅力が備わっている。

試聴したアルバム

①

②

③

①『85 Candles-Live In New York／Marian McPartland & Friends』(Concord)
②『After Hours／David Hazeltine』(Go Jazz)
③『Road Story／Igor Gehenot』(Igloo)

27 現場の雰囲気を味わえるライヴ会場をイメージした音作り

柳本信一　メグ・ジャズ・オーディオ愛好会副会長

知ったようなことを言うが人との出会いはさまざまである。

本日の主人公、柳本さんとキャバレーで出会ったといえば最高のイントロになるが、私はキャバレーへ行ったことがない。ただの吉祥寺の「ディスクユニオン」である。ディスクユニオン怒るなかれ。この場合は、特定の〝ただ〟ではなく、普通のレコード店という意味合いだ。

柳本さんと初顔合わせ、オーディオもよくするジャズ・ファンとわかり、毎月第四土曜日に開催される「ジャズ・オーディオ愛好会」にお誘いした時から小ドラマは展開してゆく。

自分より他人を大事と思うような方で、開催日には早くからつめかけ、メーカーが持ち込んだスピーカーやアンプを率先して店へ運び入れる。その功績が認められ、とうとう副会長の高位に昇りつめた。

時折小さなつぶやきが聞こえてくる。「副会長はただの運び屋だから」。でもまんざらでもなさそうだ。

一度、柳本さんのお宅へオーディオ誌の取材でお邪魔した。相当値の張ったオーディオ装置だったが、全体いい音は出ていたけれど、惜しむらくは、私には「美音」に過ぎた。美音は読んで字のごとく、あらゆる楽器が美しい音、美しい響きを伴って鳴る。いいじゃないか、の声も出そうだが、私に言わせれば、ジャズは美音はいけない。ある種の雑味、雑感が加味されてジャズの音になるというのが私の意見。

「愛好会」の席上、「美音の柳本さん」なる愛称が一時流布し、かなり気にされたようである。

それと低音。ケニー・バロンの『ザ・モーメント』2曲目の〈フラジャイル〉は格好な低音テスト盤だが、ルーファ

柳本信一氏のオーディオ・システム全景。高、中、低の各音域を別々のアンプ、スピーカーで鳴らす凝ったシステムで各音域の立体感が際立つ。より生に近い音を目指しシステムの追加や変更は常時行なうという研究熱心な方。

ス・リードの、どこのお宅でも出やすい大柄の低い音が柳本さん宅では出現しない。

当時柳本さんとは心が通じ合っていると思い込んでいた私は、まあいいだろうとそれらのことを正直に雑誌に書いた。ご立腹の柳本さん。すべからく真実を述べるのはご法度。それがオーディオの世の中というもの。

さて、本日。なんという変わりようなのだ。かなり広大な部屋が「低音部屋」と化している。これからは「低音の柳本さん」呼ばわりされそうだ。

成功の原因は何？　すばやく部屋を見渡した。スーパーウーファーだ。メーカーはベロダイン。私は知らない。スーパーウーファーを使ったことがないからである。オーディオ器材の中で一種の劇（毒）薬であり少し加減を誤ると「スーパーウーファー臭い」音になり音全体を滅ぼしやすい。**毒を薬に変えるいい耳を持っている。私も欲しくなった。**中古で7～8万で買えるという。

先の〈フラジャイル〉。低音の海の中をピアノとドラムスが遊弋（ゆうよく）する趣。そんな光景を頭に描きながら聴いて楽しい一曲である。

ご近所の人がコンサート会場で聴いているみたいだと。ライヴが好きでライヴ盤が好みで、自分のオーディオをコンサート会場的オーディオにしつらえようと試みる柳本さんにとってベストの賛辞だろう。

余計なことを一つ。私はコンサート・オーディオを目指していない。小さい部屋で目の前2メートルのスピーカー2個とリスニング・チェアの三角点。その一点でしかいい音が聴けない。そういう音を好んでいる。完全なワン・ポイント・リスニング方式。人それぞれでいいのである。

まさしく『ライヴ・アット・ダグ』、エバンス『ワルツ・フォー・デビイ』など目を閉じると現場に参加した雰囲気だ。ちょっとほめ過ぎか。そういえば『ワルツ・フォー・デビイ』のポール・モチアンのブラッシングが以前よく聞こえなかった。今度はばっちり。富士通のエクリプスなる中域用スピーカーをふん発、追加した。これが20万。

ベースのめりはり感が出現し、同時にブラッシングのザワザワ感が現れてもうワクワクものだという。『ワルツ・フォー・デビイ』はピアノとベースのラファロには耳をとがらすがどうしても反動でブラッシングがお留守になる。オーディオの音でブラッシングの音楽性を増強してやる。これは『ワルツ・フォー・デビイ』の新しい聴き方だと思った。実際、音楽が違って聞こえるのである。**こうした耳慣れた「名盤」を別な視点で聴く。**今後のファンの新たな鑑賞志向を示唆していた。

いい音には違いないが私の近頃の耳の耐用時間はせいぜい1時間。疲れた。柳本さんのジャズ歴を訊く。最初はアール・クルーだった。フュージョン時代にジャズの洗礼を受ける。しかし『バラッド』以外のコルトレーンがわからない。アーチー・シェップも理解不能。

苦しむ。楽しいだけではいけない。「何か」が存在しているように思えるジャズ。その何かが摑めなければ、正しいジャズ・ファンになれないのか。

柳本さん。その悩み、きれいさっぱり捨てて下さい。「何か」は一部の識者にまかせましょう。われわれファンはその苦しみ、悩みから逃れたところで一人前のジャズ・ファンになれると私は信じています。

試聴したオーディオ・システム概要

スピーカー：MOSQUITO Neo ①
ECLIPSE TD-M1 ②／Super Tweeter×12 ③
VELODYNE Super Woofer ×2 ④

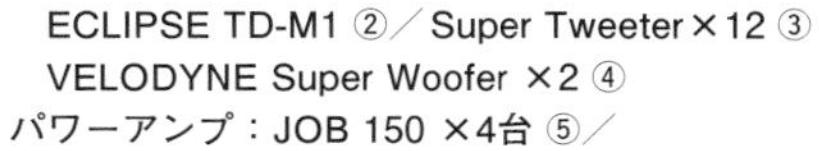

パワーアンプ：JOB 150 ×4台 ⑤／
ROTEL RMB-1506
マルチプロセッサー：DBX DriveRack PA ×2 ⑥
ステレオ サウンド エンハンスメント プロセッサー：
BEHRINGER Sonic Exciter SX3040

CDトランスポート：OPPO BDP-105 ⑦
ポータブルプレーヤー：ASTELL&KERN 380 ⑧
ターンテーブル：HANSS ACOUSTICS
T-60 Refference ⑨
光カートリッジ：DS AUDIO DS 002
光フォノイコライザー：DS AUDIO
電源部：NVS SSS1／ISOTEK Evo3 Aquarius
（電源コンディショナー）ほか

寺島氏とのツーショット。複数のスピーカーで立体的に音を鳴らす試みや、アクセサリー類へのこだわりなど、寺島氏のオーディオに対する姿勢との共通点も多いが、出てくるサウンドはまったく異なり、その人の個性が如実に現れる。そこがオーディオの面白さだ。

上：ソファーの背後にはアコースティックリバイブの超低周波発生装置が置かれる。理想の音場作りにも余念がない。
左上下：ケーブル類、インシュレーター（ローゼン・クランツの製品。ウーファーの下に取り付けられている）などアクセサリー類へのこだわりも音質の向上に欠かせない。

試聴したアルバム

①

②

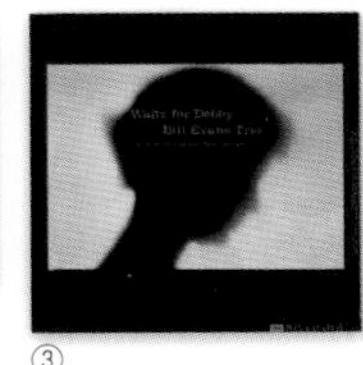

③

①『The Moment／Kenny Barron』（Reservoir）
②『Last Live At DUG／Grace Mahya』（Village Music）
③『Waltz For Debby／Bill Evans』（Riverside）

28 メンタルを癒す憩いの空間とナチュラル・ジャズ・サウンド

JAZZ UNION ジャズ喫茶（東京都渋谷区）

メンタル・クリニックのお医者さんがジャズ喫茶を開いた話を書けばダルな諸君も少しはシャンとするのではないか。諸賢の中には、そうか医者よりジャズ喫茶がもうかるのかと早トチリする方もおられようが、もとよりそんなことはなく、メンタル・クリニックは今日も安泰である。

先日マイルス・デイヴィスとチェット・ベイカーの映画試写会に赴いたのだが、その席で本日の主人公、桑崎彰嗣さんにばったり久しぶりにお会いしたのである。

私はだいぶ前に桑崎さんの患者だった。その頃私は精神を病み（なんという格好いい書き方だろう）彼の「原宿メンタルクリニック」を訪れている。

で、その試写会で桑崎さんから「最近ジャズ喫茶を開店したんですよ」というお話を伺い、ネタ不足に悩む私は欣喜雀躍、すかさずそれに飛びついたというわけなのだ。

桑崎さんは以前から熱心なジャズ・ファン、オーディオ・マニアである。

さて桑崎さんが店を開くに至ったいきさつを書くことにしよう。私がクリニックを訪れた時も院内は暗いムードに包まれていたが、患者は皆、それぞれの心の悩みを打ち明けにくるのである。患者は発散できるからいいが、受け手はどうだろう。人のマイナスのエネルギーを無意識のうちに吸い込んでいるのだという。何時間も患者に接し、ふと自分の顔を鏡で見ると顔が変わっている。生気を吸い取られてしまうんだ、と。

ジャズ喫茶しかない。かつて自分がことあるごとに癒されたジャズ喫茶。それを自分でやってしまえばいいんだ。ち

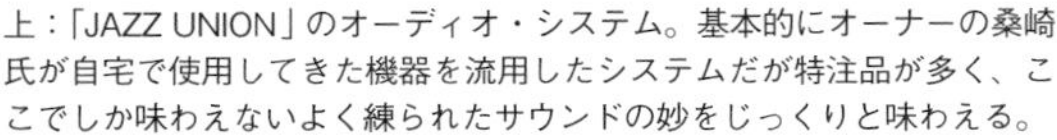

上：「JAZZ UNION」のオーディオ・システム。基本的にオーナーの桑崎氏が自宅で使用してきた機器を流用したシステムだが特注品が多く、ここでしか味わえないよく練られたサウンドの妙をじっくりと味わえる。

上右：店の外観と看板。白十字のマークが示すように1階はメンタル・クリニックとなっており、店は蔦の絡まるらせん階段を上がった2階にある。
左：店内ではギター＆ヴォーカルのデュオなど不定期でライヴも行なわれる。ヴィンテージのギターアンプ、ギブソンのGA-50Tや通称「ランドセル」と呼ばれるウェスタンエレクトリック製のスピーカーがいい雰囲気。オーナー自らがレコーディングし、「JAZZ UNION」レーベルとしてCDのリリースも行なっている。こちらも要注目。
●JAZZ UNION　東京都渋谷区神宮前4-28-8　TEL 03-5770-5472
http://jazzunion.jp

ょうど診療室の2階が遊んでいるではないか。

そうして出来上がったのがジャズ喫茶「JAZZ UNION」である。

お客？　来ても来なくてもいい。なにしろ自分の精神を回復維持させるところだから。

とまあ何とも格好よく、いちいち納得の歯切れのよいお話なのだが、私の見るところ「営業」方面にも抜かりはないようであった。

女性である。お店を預かる女性の方。洒落たらせん階段を上がって扉を開けた瞬間、目の前に現れた、歳の頃は28歳見当の女性、ただ者ではなかった。後で伺ったら女優、ジャズ・シンガーということだったが、なにかを持っており、そのなにかが深い。

熊田千穂さんである。美形でもちろんジャズ・ファン。ちなみにこの日桑崎さんが選んだ女性歌手のティアニー・サットンは、彼女のコメントを借りると「リアル・タイムを生きるレジェンド・シンガー」であり、やはり桑崎さんが好むテナーのジョージ・ガゾーンは「ゴッド・ファーザー・オブ・ジャズ」ということになる。

さっそく聴かせていただいた。私に言わせれば、いささか異形のシンガー、ティアニー・サットンが文字通り浮世離れした歌唱をいかに嫌味なくニュートラルに出没させるかが試聴のかんどころなのだが、それがそのまま現れたのだから、素直にまいりましたと言うしかあるまい。

オーディオのちからである。〝ちから〟というとオカネがからむ気配が感じられる。お医者さんだし。しかし桑崎さんの休憩室のオーディオ装置は贅を尽くしたものではない。ほとんど以前ご自分の使用していたもので、高級品といえばCECのCDプレーヤーぐらいであとは普通のオーディオ・ファンでも頑張ればなんとかなろうというものがほとんどだ。

オリンパスにしろ、マッキンのアンプにしろ、いまは中古で安く購入できるのである。私の推測だが、桑崎さんはご自分の療養も含め、いかにもジャズ喫茶らしい鬼面人を驚かす音の出現を避けたのだろう。

自然な音。人の心を癒す音。普通の上質な音。

そのような音づくりを目指した桑崎オーディオだからこそティアニー・サットンの自然感を表出できたのだろう。これならいささか苦手だった彼女のファンになってもいいなと。

桑崎さんのご自宅のオーディオを聴いた。ヴィンテージだがこちらは本格的である。持参した大橋祐子トリオのホール録音のベースの音。天上の音とはこのベースの音を言う。ホールでなければ採音できず、再生もできない低音の境地をいかんなく発動。

オーディオで、生よりいい音を出せる楽器はベースと言われるが、それは滅多にないことながら、私は桑崎家でしかとこの耳で捕獲してしまったのだ。

［P.S.］帰りがけにふと案内していただいた葉巻室。数百本の葉巻が空調完備の部屋の中で色とりどりに自己主張に余念がない。主としてキューバ産という。

原宿のヘミングウェイか、桑崎さんは。

オーディオ・システム概要

スピーカー：JBL Olympus ①／WESTERN ELECTRIC 755 ②
パワーアンプ：McINTOSH 275 ③／浅野アンプ 改造版 ④
プリアンプ：JAZZ工房の特注品（KUWASAKI-AMP）⑤
DAコンバーター：ヒノオーディオ 特注品 ⑥
CDプレーヤー：CEC TLO-X ⑦
ターンテーブル：LINN Sondek ⑧
アーム：SME 300／カートリッジ AUDIO-TECHNICA AT33ML 特注品 ⑧

左：左からオーナーで医学博士でもある桑崎彰嗣氏、同店スタッフの熊田千穂氏、そして寺島氏。ちなみに今回のティアニー・サットンとジョージ・ガゾーンは同店の特集アーティストとしてヘヴィー・ローテーションで選曲されている。この特集アーティストは桑崎氏の選定により定期的に変わり、ポーランドや中央ヨーロッパなど通好みの特集で来訪者を楽しませている。

右２点：こちらは店からほど近い桑崎氏の自宅オーディオルーム。地下２階にあり、部屋の構造から音響、電源、機材まで徹底的に拘り抜いた異次元ともいえる空間。

試聴したアルバム

①

②

③

①『Paris Sessions／Tierney Sutton』（BFM Jazz）
②『Dazzling／森山威男 feat. George Garzone』（F.S.L.）
③『Entre Elle et Lui／Natalie Dessay, Michel Legrand』（Erato）

29

見ても聴いてもめっぽう楽しいファニチャー・オーディオ

オーディオみじんこ　オーディオショップ（東京都千代田区）

オーディオの店で私たちはアンプやスピーカーを買う。その時いちばん大事なのは、製品ではなく、販売する店の人である。特に高い商品の場合、長いつき合いになるケースが多いから信頼というのが凄く大切になってくる。信頼に足る人物かどうかの見極めが必要ということだ。

その人に惚れて購入する場合がままあるが、あとあと悔いを残さないようである。

私の場合、能弁の人よりむしろ無口の人を買う。誠実さがあるように感じられるからである。

能弁と誠実さ。このなかなか繋がりにくい二つの要素を合わせ持った人がオーディオ界にいる。

それが今回訪問の荒川敬さんである。荒川さんからこれまでに店のものを含め、ケーブルをはじめとしてさまざまなオーディオ製品を購入した。アフターサービスなどなに一つ不自由はない。

荒川さんはさるオーディオの会社に勤めていたがこの度退職した。その後どうするか見守っていたが、なんと独立したのである。私は彼に意気軒昂さを感じた。ほっそりとした身体つきながら、精神の中に強いものを持っている証拠である。

オーディオ製品を商う専門店を出店した。普通だとそれまでの経験を活かしてハイエンドのマニア向け商品を扱う道を選ぶだろう。現代のオーディオ界はハイエンド向け製品が主流であり、そういうごく一部のエンドユーザーで成り立っているところがある。金満家オーディオ界。

荒川さんはそうした世の中の傾向に背いた。

「オーディオみじんこ」の店内。店内はアンティーク調でオーディオ・ショップというより、インテリア・ショップを彷彿させる。ヴィンテージのALTECの上に乗る小さな木目調のスピーカーがこの店の目玉製品である「花蓮」（右）。さまざまな表情を見せるちりめん柄のグリルネットは付け替えが可能で、フルレンジユニットで低域から高域までメリハリの効いた驚くべき音質を誇る。

まず出店した立地というのがふるっている。秋葉原には間違いないが、いわゆるオーディオ店が軒を連ねる電気街ではない。皆さんご存知だろうか。秋葉原と御徒町を結ぶ高架線の下にできた極めて現代風の洒落た小店が並ぶプロムナード。アンティーク店や女性ソックス専門店、レザー・グッズやジュエリー、ガラス細工店などが林立、いやもうあちこち目移りし、楽しく疲れるそういう小路。通りの名は2k540 AKI-OKA ARTISAN（ニーケーゴーヨンマル・アキオカ・アルチザン）。

その中の一軒が荒川さんのお店。JRの厳重な審査を通り、唯一のオーディオ商品を扱う店として認定された。

さて、そういう立地でどういう商品を商うか。思いついたのがリヴィング・オーディオというテーマである。**生活に直結したオーディオ。ファニチャー・オーディオ。家具の一つとしてオーディオがあるという考え方。**女性にもターゲットを定め、新しいオーディオの層を開拓したい。

男性に少ない、女性の傑出した能力の一つに美意識がある。音さえよければよいという、美意識の欠如したこれまでのオーディオ界。見よ、あの無骨にしてデザイン性の薄い黒や茶色のスピーカーを。

荒川さんはスピーカーのグリルネットに目を付けた。あれを別のものにすればスピーカーの無機質のイメージを立派に変えられる。布だ。色とりどりのチリメンという布地。思いついたのがこれだった。

実際私もお店に入り、最初に目を奪われたのがチリメン布地の小型スピーカー。**もはやスピーカーというより家具としての小箱のようだ。**

出店に際し、JRから要請があった。中で作業している様子を通る人に見せてくれないか。荒川さんは大きな作業台を入り口付近に据えた。お伺いした日は、たまたま係の方がお休みだったが、いつもはここでイヤフォン・ケーブルを作っている。イヤフォン・ケーブル。初めて聞く言葉である。しかしすぐに察しがついた。たしかにイヤフォンのケーブルを良質のものに変えれば音はよくなるだろう。庶民的で販路が開ける可能性が高い。それでなくても荒川さんはケーブル作りの専門家。量産型ではなく職人技で売っていく。お客の要望を吸収した手作りのケーブル。そういうイヤフォン・ケーブルの専門店として名を成す。そういう手もありそうである。実際、現在のところ、イヤフォン・ケーブルが売り上げの第1位を示している。

お客さんが三人ほど見え、一緒に音を聴くことにした。スピーカーはオーディオ評論家の炭山アキラさんが設計したバックロードホーン型「ヒシクイ」。このスピーカー、音楽の核心をさらけ出す逸品と聞いた。持参のハン・ベニンク、ミケル・ボルストラップ、エルンスト・グレラムの『3』が鳴った時である。私の横で聴いていた方が「ドラマーが目の前で叩いているようだ」とうめくように言った。まさにその一言に尽き、それ以外のなにものでもなかった。

店内に陳列してあるいろいろな商品を見てまわる。真空管アンプが目に付いた。これ、欲しいと思った。私はこの第一願望精神を大事にする。迷ったものは買わない。瞬間性がすべて。店長の平野さんが丁寧に荷造りしてくださる。重いが、重くない。早く帰って部屋に飾りたい。そうです。聴きたい、ではなく飾りたい。

これぞファニチャー・オーディオ。見て楽しむオーディオ。ブルーともつかぬ、インディゴともつかぬ、何とも形容しがたい青色を帯びた真空管アンプ。幸せの種が一つ増えた。

①この店の主力商品であるイヤフォン／ヘッドフォンのリケーブル製品。選りすぐられた素材を用いて一つひとつ手作業で製作された高品質なリケーブルは見た目も美しく大人気。
②こちらは手作りのライン・ケーブル類。
③オリジナル・スピーカーの「花蓮」と交換用のグリルネット。季節に合わせて四季折々の柄をチョイスするのも楽しい。価格は49,800円（税込）。
④道ゆく人々が見学できるように通りに面して配置されるケーブル製作用のデスク。

「オーディオみじんこ」の代表、荒川敬氏と寺島氏。荒川氏が手にしている極太のケーブルは寺島氏の来訪に合わせて前日に突貫で製作した１点モノ。ちなみに「オーディオみじんこ」は荒川氏のブログにおけるハンドルネームがそのまま店名になったものでオーディオ好きの間でその知名度は抜群。衛星デジタルラジオのミュージックバードで炭山アキラ氏とともにパーソナリティを務める番組「オーディオ実験工房」でも人気を集めている。

「オーディオみじんこ」は、現在は秋葉原駅から徒歩3分のJR山手線高架下、SEEKBASE AKI-OKA MANUFACTUREに移転している（写真は旧店舗）。

● オーディオみじんこ
〒110-0005　東京都千代田区神田練塀町13-1
SEEKBASE 1-7
TEL 03-6284-2927　URL http://mijinko.jp
E-Mail shop@audiomijinko.jp

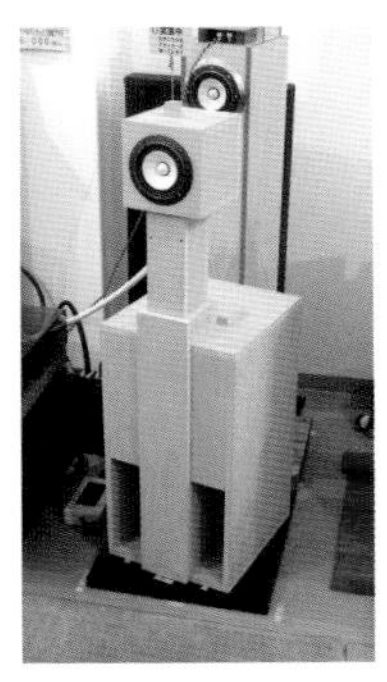

著名なオーディオ評論家の炭山アキラ氏が設計したオリジナル・スピーカー「ヒシクイ」。今回のケーブル聴き比べで使用したが、極めてクリアかつ厚みのあるサウンドが印象的で、そのナチュラルな音質はケーブルのリファレンス用としてもベスト。

試聴したアルバム

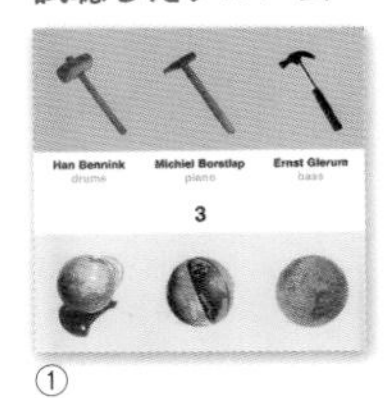

①

②

③

①『3／Han Bennink, Michiel Borstlap, Ernst Glerum』（VIA Records）
②『Jazz for a Rainy Afternoon／V.A.』（32 Jazz）
③『Fortune／Ingrid Lucia』（Ingrid Lucia）

30

ジャズ・ライヴの殿堂「J」をオーディオ目線で紐解く

ジャズスポットJ　ライヴハウス（東京都新宿区）

日陰者という言葉がある。辞書によると「公然と世間に立ちまじわることのできない身の上の人」とある。えーい、面倒臭くさい。私に言わせれば単に日の当たらない存在、それで充分ではないか。

オーディオで日の当たらない存在といったら、それはライヴハウスにおけるオーディオ機器である。どうです、皆さん、思いあたるところがあるでしょう。演奏が終わると、無音ではなんだからという感じでどこからともなくボソボソと音が鳴り出す。これくらい白け、かつつけ足し感最高のものはないだろう。そこへゆくとジャズ喫茶のスターは見てくれ感たっぷりのスピーカーであり、アンプである、というのは本日は余計な話。

ライヴハウスのオーディオ的実体を探る。そんな遠大なタイトルを抱え、本誌担当・佐藤編集員と私は新宿の靖国通りに面したジャズスポット「J」を訪れた。

ご主人のバードマン幸田さんを紹介しておこう。いやそんな必要はない。「J」の店名より幸田さんは有名と言ったら叱られるだろうが、特にライヴ音楽的な意味合いで日本ジャズ界の重要人物、40年間その発展に尽くしてこられた方。その割りには気さくな人物で、私の顔を見るたびに「やぁセンパイ、元気」と訊いてくる。早稲田のダンモ研出身だけあって先輩後輩意識が強い。

何回かライヴでは訪問しているが、そのたび、ついぞオーディオ関係に気を配ったことはなかった。そりゃそうだ、ライヴハウスのオーディオなど（しつこいのである、私は）。

「いま真ん中のスピーカーが鳴っています」と幸田さんが低い声でおごそかにおっしゃる。ということは別の箇所にも

「J」のカウンターで語り合うバードマン幸田氏と寺島氏。幸田氏は早大モダンジャズ研究会にてサックス奏者として活躍。10年の会社勤めの後に1978年にタレントのタモリ氏などジャズ研OBの共同出資で新宿のライヴスポット「J」を開店、店主となった。以後この店から巣立ったジャズメンは数知れず、ジャズ界屈指の名店として今日に至っている。

あるということか。

次に前方（ステージ方向）のスピーカーが音を出し始める。そして最後に入り口カウンター付近から。ジャズスポット「J」は八つのスピーカーを天井に設置、それらを同時に鳴らしているのである。カウンター奥のコンソール・ボックスを巧みに操り、四箇所の音量を調整する幸田さん。これほど音に対して気遣いの優秀なライヴハウスが世界にあるか。

幸田さんはサックス奏者である。残念ながら私はまだその腕前のほどを確認していないが、気が向くとご自分も出演するらしい。ロスの「シェリーズ・マンホール」でシェリー・マンがドラムを叩くようにである。

「バックのリズム隊がハーモニーして本気でかかってくると恐ろしいですね。一方で気持ちよさもあってそれがないまぜになる瞬間が最高です。ジャズは瞬間芸術といいますが、演奏していると音の渦の中にいるというか自分が渦の一つになってプレイしているようなんですね」。

こういう話を聞くと口惜しい。我々リスナーはこのような実体験をついに得られないまま死んでゆくのである。

やや牽強付会ながら私はこんなことを考えた。幸田さんは**ご自分の演奏中の幸せを我々におすそ分けしたいと思ったのではないか。**

持参のアーティ・ショウ楽団１９６８年録音〈朝日のようにさわやかに〉をかけていただいた。

「ひゃあ、いいなぁ」。まず幸田さんが第一声を。部屋の左側からサックス・セクション、右側からブラス・セクション、そして真中に御大ショウのクラリネット。これらの音がよってたかって部屋中を満たすのである。そのすさまじさ。まさしくフル・バンドの真中に身を置く趣だ。

「生、要らない」の声を上げたのは佐藤編集員である。いや、それは困ると幸田さん。

八つのスピーカーを使って部屋中を音で充満させ、**まるでオーケストラの中央にいるような塩梅で聴かせるのがジャズスポット「J」のオーディオ・サウンドである。**

よし、音の出方、出し方はわかった。では本家本元の音質はどのようなものかと諸氏はお思いだろう。

私のようなオーディオ・マニアが求めるハイファイ音ではない。シンバルが喜び勇んで究極まで延びてゆく音とは違う。ベースの底が見えるような音でもない。言ってみれば音の中核を大胆に表現した音。音楽にいちばん大事な「中音」をメインに据え、そこに少し高音、低音をまぶしたといったらいいのか、要はＳＰレコードの音に近い。

「オーディオ・マニアというのはいったいどういう人種なんですかね」。幸田さんは私の顔を見ながら問いかけた。「どうもそういう世界がよくわからないんですよ。オーディオの音を聴いて〝イエい〟なんて言っている。〝イエい〟はライヴ時に発する言葉なんだけど」。

言葉の飛礫（ツブテ）が私めがけて飛んできた。よし、チャンスだ。日頃感じていることをぶちまけてやれ、と。スピーカー８個など立派な装置を施しながらいわゆるオーディオが好きではないらしい。

「いや幸田さん、オーディオ的世界というのがあるんですよ。再生芸術というか、あくまで生の疑似体験とはわかりつつ、生とは別の音の境地を作り出したいのがオーディオ・ファンなのです」。

「音というのは一つなんです。生音が音なのです。そういえばオーディオの人でライヴを見にくる人ってめったにいない。いや、皆無。どうせやるなら生音に近づける。生に近い音を出したいというならわからないではないけれど」。

「いやその生音とは違う別次元の世界を……」。

やさしい物腰ながら経験に基づく確信に満ちた物言いにたじたじとなり、そうそうに退散した。

※「J」は2020年に閉店いたしました。

①

②

③

オーディオ・システム概要

スピーカー：エルシー電機（ELCY）が「J」向けに製作した特別仕様の6ウェイ・スピーカー。ステージ最前列の天井に吊り下げ　①
スピーカー2：エルシー電機（ELCY）の特製スピーカー
中・後列の天井に吊り下げられている　②
パワーアンプ：YAMAHA PC2002（最上段）
及びYAMAHA P2050（2段目以降の機器）③
アナログミキサー：MACKIE　2404VLZ4 ④

④

上：ピアノもYAMAHA G5をベースに「J」のためにカスタマイズされたスペシャル・モデル。
上右：幸田氏の宝物であるマイルスの10インチ盤。これは渡辺貞夫が最初に買ったLPそのもので、彼がバークリーに留学する前に幸田氏が譲り受けた。下に入るサインは《南郷サマージャズフェスティバル》で幸田氏が司会を担当した際に再会、本人に入れてもらったもの。
左上：「J」の店内。天井に吊り下げられたスピーカーにも注目。広い店内にまんべんなく音が伝わるよう、8台のスピーカーを配置し、位置や角度などにも細心の注意が払われている。
左下：エントランスを入ってすぐの壁にはタモリ氏の「J」におけるセッション写真やルパン三世のTVスペシャル版「天使の策略」で次元が「J」を訪れ、幸田氏と話すシーンのスチールなどが貼られていて興味津々。

試聴したアルバム

①

②

③

①『Re-creates His Great '38 Band／Artie Show』（EMI/Capitol）
②『Coast Concert／Bobby Hackett And His Jazz Band』（Capitol）
③『The Story Behind／栗林すみれ』（Somethin'cool）

31 店主とオーディオの素敵な関係が醸し出す親密な空気感

アディロンダック・カフェ　ジャズ喫茶／ライヴハウス（東京都千代田区）

ジャズ喫茶を流行らせるものはなにか。表には出ないが、昔から内部で囁かれていた話題である。新譜という説があった。ジャズとジャズ喫茶の絶頂期、『サキ・コロ』や『レフト・アローン』などが輸入盤で入ってきた時代。たしかに新譜狙いでジャズ喫茶を利用するファンが多かった。新宿の「ＤＩＧ」や「木馬」などがその急先鋒。

ウエイトレス次第というのがあった。核心をついており、わかりやすい。しかしジャズのスピリットに反するとして避ける店も多い中、中野の「クレセント」や私の店がこの女性頼みの手法を採用。

第三はオーディオ設備に金をかける。

以上、三点、いまはまったく通用しない。第二項はともかく、店をつぶす要因になりかねない。店では現在むずかしいといわれているジャズ喫茶を安定的に経営する方法はあるのか。自信を持って言うが、ある。店を閉じた私が言うのだから間違いない。私は生まれ変わったらこの手法をとる。「パパ・ママ・ジャズ喫茶」である。これが今後のジャズ喫茶の主流になるだろう。もしあなたがジャズ喫茶をやりたいと思うなら、いまから奥さんを説得することだ。人を使わず夫婦で商うジャズ喫茶、必ずやっていける。

典型的なパパ・ママ・ストアー、「アディロンダック・カフェ」を訪れた。扉を開けた瞬間、なにやら親密な空気が伝わってくる。店というより普通の家庭を訪れたというようなインティメイトな雰囲気。それはひとえに女性、つまり奥さんがかもし出すやさしい空気である。これからのジャズ喫茶、奥さんの存在は必要不可欠なものとなる。アディロ

アディロンダック・カフェのオーナー、滝沢理氏と寺島氏。写真でもわかるとおり、店内はアメリカで購入したジャズ小物やポスター、シングル盤ジャケットなど滝沢さんのお気に入りジャズグッズが飾られ、部屋でくつろぐような親近感に包まれる。

ンダックがそれを証明していた。奥さんが作る家庭料理的に美味なハンバーガーにもそれは表れていた。

ご主人はどうした。そう、店主の滝沢さんを忘れてはいけない。奥さんとコンビをなすホスピタリティが絶妙である。昔の店主は大概ジャズをかさに着ていばっていたが、そんなところはみじんもない。友達感覚がいいんだ。誰にも平等。これからの店主の鑑である。

苦労した方なのではないか。大学を出てすぐジャズ喫茶を始めた人間には出せない境地を出現させている。

アメリカに20数年いたという。夜はライヴ通いで昼は日本料理店の板前だった。まごまごすると包丁が飛んでくる。日本より日本的。人生のふきだまりだった。日本に帰り、中古レコード店を始めた。レンタカーを借り、買付中に全米をまわった。車は故障する。砂漠の道でタイヤが飛んでくる。死ぬ思いだったという。

そして最後に現在のジャズ喫茶経営に行き着く。奥さんのサジェスチョンだった。滝沢さんの顔を見ればわかる。いまが人生のいちばんいい時期なのだ。

「アディロンダック・カフェ」でもう一つ、親密な空気を演出しているもの、それがオーディオである。スピーカーがJBLのランサー99、JBLでも小型者。ヴィンテージ好きの普通のオーディオ・ファンが平気で持っている。従来のジャズ喫茶では考えられない。

しかし、レコード店時代から使用しており、すっかり居ついてしまって第二の主人顔でイバっている風情。これが実に微笑ましいのだ。この店には、このスピーカーしかない。幸せなランサー99。ちなみにJBLのランサーといえばマーブルトップの101が有名で、私は残念ながら99の存在を知らなかった。

アディロンダックは、いわゆるウナギの寝床的な細長い店。その両端つまり入り口と奥にスピーカーが設置されている。これは、オーディオ的には反則である。しかし滝沢さんは意に介さない。**並べて2個置く本筋だけがオーディオではなかろう。用途に従って自在に設置する。**私はこれに賛成である。大体オーディオは教条主義的にいろいろ言い過ぎるのだ。店のどこに座っても同じように聞こえるというメリットがある。CDによってはライヴのステージの真中で聴くような趣すらあって、この設置方法、ジャズ・ファンにも推めたいと思った。

ご主人の寵愛を得、店の空気に馴染んだランサー99、こういってはなんだが、態度が大きい。せっかく私の持参したCDが気に入らないのか、プイと横を向いたような音を出す。新参者は簡単に受け入れられないぞという強い意志を感じさせる。ご夫婦の親密感に比べ、このランサー99の一刻者ぶりには舌をまいた。しかしこれが本来のJBLの特性なのである。特にランサー99のような初期の作品はその傾向が強く、レコードの選り好みをする。私はそういうJBLが好きだが後期のものはやや軟化してJBLらしさを失った。人見知りをしてこそのJBLなのである。ヴォーカルのホリー・コール、ピアノ・トリオの近代型〈テネシー・ワルツ〉は無視された。それでけっこう。

次にかかった1枚。ここでランサー99は我が意を得たりとばかりに鳴りだした。まかせておけ、と。それがオルガンの土田晴信、ギターの木暮哲也、ドラムの二本松義史三人によるアディロンダック・レーベルの第3弾『サニー』。なんと滝沢さんはジャズ喫茶オーナーと同時にレーベルのオーナーでもあったのである。今日はジャズ喫茶経営志望者に告ぐみたいな話をしたが、どうです、ジャズ喫茶をやるとレーベルを立ち上げることができるのである。

最後に。ジャズ喫茶をやめたいま、私はジャズ喫茶がどしどし全国に増えていって欲しいと思う。しつこいが、出店の際はパパ・ママ・インティメイト・ジャズ喫茶ですぞ。「アディロンダック・カフェ」のような。

①

②

④

③

オーディオ・システム概要

スピーカー：JBL Lancer 99 ①
パワーアンプ：DYNACO ST-70 ③
プリアンプ：CROWN IC150 ②
アナログプレーヤー：GARRARD 401 ④
カートリッジ：GE Variable Reluctance（モノ）
SHURE M3D（ステレオ）

左：特製のハンバーガーはボリュームたっぷりで実に美味。これならジャズ・ファンならずとも自然に足が向く。
右：開店以来理氏と二人三脚で店を切り盛りしてきた奥様、聖子氏。

ご覧のように店内は奥に長く、スピーカーはエントランス横といちばん奥に設置される。壁に貼られたジャズ関係のポスター、看板類はほとんどが渡米時代に入手したもので雰囲気づくりに一役買っている。カウンター下にはCD、カウンター奥にはアナログLPが所狭しと並ぶ。

● The Adirondack Café（アディロンダック・カフェ）
東京都千代田区神保町1-2-9　ウエルスビル4F　TEL 03-5577-6811

試聴したアルバム

①

②

③

①『Sunny～Live at the Adironduck Café／Hal Tsuchida』(Adironduck Café/nob's disc)
②『Charade／Holly Cole』(EMI)
③『Six／Stevens, Siegel & Ferguson Trio』(Konnex Records)

秋田慎治の生ピアノが物語る音の真実とは

32

秋田慎治　ピアニスト

今回はピアニストの秋田慎治さんを訪ねた。お名前は存知上げているが、これまで面識がない。避けていたわけではないが、しかしなんとなく音楽観の違う方という認識があった。それと写真などで見る秋田慎治さん。ファッション雑誌に出てくるモデルさんのようだ。私は人に馬鹿にされようがアルマーニが好きでたった一着買っただけなのに伊勢丹から毎回美麗カタログが送られてくる。その中に出てくるモデルが髪型といい秋田さんにそっくりなのだ。

こういう人はむずかしいのではないか。面倒くさかったりするのではないか。そんな感慨を抱きつつお会いしてみた。

車で迎えにきて下さった。なんとアルファロメオである。私は若手の頃イタリア系デザインのいすゞ117クーペに乗っていたのでその頃は口惜しく憧れの目で見ていた。車体の色は黒である。カーマニアの最終選択色は黒であるという。秋田さんの本日のコスチュームは上から下まで黒一色。おぬし、やるなぁという感じ。ジャズ・ミュージシャンはその音楽同様に格好よくあるべしが私の長年の主張であり、秋田さんはそれになんなく合格。

車中の会話。いきなり、ある種のコンプレックスを抱いていると言う。ピアニストというと大体3歳とか5歳で始める人が多い。ピアノを弾くことが自分になっている。ところが秋田さんはその環境になかった。高校生の頃出発している。これでいいのかと。こうした話を初対面の人間にさらりと言ってのける。正直な人なんだなという印象を持った。リラックス感を与え、その点で気遣いの人である。

「コンプレックスといえば自分は楽器をやらなかった。それが一種の屈折感になっている」。これは秋田さんのコールに対する佐藤編集員のリスナーを代表するレスポンスである。告白は告白を呼ぶのであった。

秋田慎治の自室スタジオ兼リスニング・ルーム。グランドピアノ、キーボードとともに、3台のスピーカーでアナログやCD、リッピングなどさまざまな音楽ソースを聴き比べて音の違いを楽しんでいる。左上に写る『ケリー・ブルー』のアナログLPは、今話題の高音質レーベルAnalogue Productionsの45回転盤で目下のお気に入り。

秋田の愛車、アルファロメオ・ジュリアで送迎してもらう。彼の車好きは仲間内ではよく知られる。

お宅へ到着。美形の奥さまと二人のお嬢さんが出迎えて下さる。早速オーディオ室へ。いやこれはピアノ室だ。室内面積の8割近くをピアノが占有、あたりを睥睨しオーディオ機材類は部屋の一角で小さくなっている。小ぶりのリスニングチェアに座るがピアノが私の背中を押す。おい、邪魔だよ、と。

スピーカーは3機種セットされていた。オーディオ・マニアは一機種では間に合わない。JBLの4312。これは私の馴れ染めのスピーカーである。なつかしい。傍へ行ってちょっとなでた。やはりいにしえの音がする。その意味ではもう一つのスピーカー、エラックの持つ近代性音色が現在の私の感性に合う。

秋田さんは3機種のスピーカーを瞬時に切り変えては楽しんでいる。こうした**聴き比べこそがオーディオ・マニアの特質なのだ。**いい音が出たらそこでストップし、音楽をひたすら聴く人はオーディオの人ではない。音楽の人。

音は人なり、とはよく言ったもので秋田さんの演出する音は、格好いい。格好いいとはどういう音かの質問が出そうだが、適宜想像してくれや。

秋田さんの音楽。音同様、格好いい音楽というのが私の見立てである。格好よさの一つの要素として「変化」があると秋田さんは表明した。音楽は変化であるというのが彼の理想哲学である。人生が変わるのだから音楽も変わって当然と。最近の秋田さんの音楽について昔からのあるファンの方が「なにやっているんだい」みたいな言い方をした。信念を持ってやっているから痛痒を感じない。レコード会社などにやらされているわけでもない。柔和な口調がこの時ばかりは引き締まって聞こえた。本心である。

音に戻る。一つ愚かな質問をした。毎晩ライヴでいい音を聴いているのになぜわざわざオーディオをやるんですか。擬似行為ではないですか。

ぜんぜん別物と思っている。自分のピアノの音がオーディオからどのような音になって出るかの興味はあるが、それよりも**ライヴとは次元の異なる再生芸術とみなして楽しんでいると**。

この件について一つ面白い話がある。だいぶ前「レコード演奏家論」という記事がかなり大きく新聞紙上を賑わせた。当時のオーディオ評論の第一人者、菅野沖彦氏が提唱したもので、ミュージシャンが楽器を奏でるようにオーディオ・ファンはオーディオ装置でレコードを奏でるんだと。ファンにとってはレコードやCDは楽器であり、それをいかに美しく最上級に鳴らすかに腐心するのだと。私もそう思う。秋田さんが言うように生とは別種の芸術と考えている。生とは違う音が出たってそれがとり肌ものの音であれば一向に構わない。現に生よりいい音を出したい、と願って日夜音の調整にかまけているわけだ。

それが、である。かなわぬ夢ということが本日最後の最後にわかったのである。秋田さんが愛用のピアノをなにげなくポロッポロッと弾いた時、驚きが極限に達した。これは現実なのか。これくらい豊潤にして豊満な音は聴いたことがない。ピアノという楽器がこれほど深遠にお色気という要素を含んだものだったとは。音の美意識に定評のある秋田さんが弾いたからなのかもしれない。防音扉1枚に60万かけたという音響効果抜群の部屋のせいもあるだろう。しかし極めて至近距離で聴くピアノの生音は、世界最高級のオーディオ装置をもってしてもかなわないのだ。

生とオーディオは、これまで述べてきたようにまったく別物である。比較対象にはならない。それをとことんわかった上で、あえて感じたことを言わせていただいた。オーディオ・マニアの反感を意識しつつ。

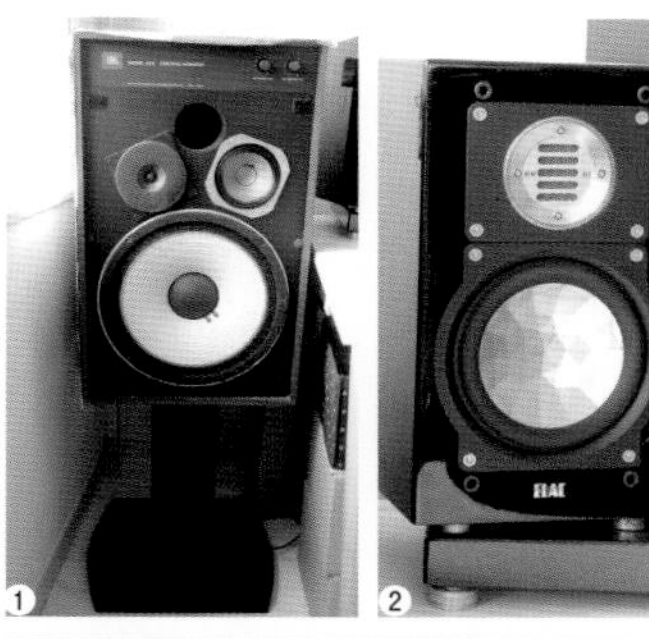

スピーカーボードやインシュレーターなど、アクセサリーによる音質向上にも余念がない。

オーディオ・システム概要

スピーカー：JBL 4312 ①／ELAC BS243 ②
ADAM A7X（パワード・スピーカー）③
プリメインアンプ：TRIODE TRV-35SE ④
※真空管（出力管）はKT88に変更
CDプレーヤー：MARANTZ CD6005
アナログプレーヤー：YAMAHA GT-2000L ⑤

予定時間を大幅にオーバーして互いのジャズ観やオーディオ観について論じ合う二人。時折演奏を交えながらオーディオによって培われた音色へのこだわりについて熱っぽく語る。彼の奏でる生ピアノの音色は強く印象に残った。寺島氏は取材後、彼の好漢ぶりと、音の説得力に感心することしきりだった。

試聴したアルバム

①

②

③

①『Time-10 ／秋田慎治』
(Pony Canyon)
②『Kelly Blue／Wynton Kelly』
(Riverside)
③『Seven Hills／Alexi Tuomarila』
(Edition Records)

33

ヴォーカリストの人間臭さを引き出すアナログ・サウンド

武田清一　「SINGS」（東京都国立市）オーナー

今日は国立の「SINGS」のオーナー、武田清一さんをお訪ねした。たったいま帰宅して、未だ興奮さめやらぬ、といった境地にいる。

もう長いお付き合いで、私の店で年に2回ヴォーカル講座を開いていただいたり、私がミュージックバードのラジオのゲストにお呼びしたりしてまあ、いい仲なのだ。いい仲ではあるけれど、音楽（特にヴォーカル）とオーディオに関しては好みがまったく違い、お互いにそれを遠慮なしに言い合うものだから時にマサツが生じたりする。

今日も一触即発の状況になった。いきなりそうなったワケではない。順序立ててお話しよう。

何年か前に訪問したが、その時武田さんはタンノイのスピーカーを使っていた。ところが今回はJBLのスピーカーにかわっていた。

タンノイからJBL。これは音的には180度の転換である。トロリと甘い音色、決してトゲトゲしてない音の出方。そういうタンノイに対してJBLは皆さんご存知のように、これくらいジャズに向いたスピーカーはないといわれるくらいの刺激感たっぷり（もちろんいい意味で）のサウンドで聴く人を圧倒する。

私は今回のJBLがいいと思った。タンノイはもともとクラシック・ファンが愛するスピーカーで、私にはもの足りなかったのだ。

まずヴィーナスのビル・チャーラップ・トリオを聴く。もちろんLPレコードである。CDプレーヤーも設置されているが部屋の隅に追いやられ、不遇をかこっているのがわかる。

武田氏のオーディオ・システムとアナログLPのコレクション。E.A.R製の真空管アンプや２台のターンテーブル、手製のフォノイコライザーなど、まさにアナログ・レコードを楽しむためのチョイスがなされている。10インチLPのコレクションも多数。ヴォーカル・ファン垂涎の貴重盤が並ぶ。

さすがＪＢＬである。ヴィーナス・レコードの特性と相俟って音全体が余すところなく出てくる。ピアノ、ベース、ドラムスが一体となって。

いや凄いですね、とそこでやめておけばいいのに私は余分の一言を加えてしまう男なのである。全部いっぺんに出てきてしまって音の前後感、ステージ感が少し足りない、と。**ステージ感というのは奥行感とも言い、ピアノが前にいてドラム、ベースが少し後ろに控えるという、そういう音のかたち。**

次にヴォーカルがかかった。武田さんはヴォーカルの泰斗といわれる方で、先日ヴォーカルの本を出版したばかり。泰斗が選んだのはマデリン・ペルーの『ハーフ・ザ・パーフェクト』。

悪くない、しかし私の耳には、音全体にモヤがかかっているように聴こえる。うーん、もう少し、すっきりしたらなあ。

ここで私は持参した電源ケーブルをカバンから取り出した。

「武田さん、これに変えると、もっと音がすっきり、はっきりしますよ。クリアーになります」。私にしてみれば持参したケーブルで武田さんをアッと言わせたい。「いいねぇ、そのケーブル。どこのケーブル？　俺も１本買おうかな」と言わせたくて仕方がない。それがオーディオ・ファンの生き甲斐、そして生きる道である。

武田さんはプリアンプからキャメロット・テクノロジーの電源ケーブルを外し、私の持参したヨルマ・デザインのケーブルと交換した。さて、音はどう変わったか。再びマデリン・ペルーを聴く。

とたんに武田さん「あぁ、これは駄目だ。ぜんぜん駄目。すっきりしたふうには聴こえるけどただ冷たくなっただけ。これはマデリン・ペルーの声じゃない。基本的に彼女は現代的でありながら古風な要素も持ち合わせていてそこが彼女の持ち味なのにあたたかさやまろやかさが消えて、現代性だけが突出しちゃった。せっかくＬＰレコード聴いているのにＣＤみたいな音になっちゃった」。

次、スティープルチェイス盤のシャーリー・ホーン。「なに、この軽さ。クリアな音にはなったけどリアル感がまるで出ていない。人間臭さがなくなった。それに、盛大に出ていたシンバルがすっかり聴こえなくなっちゃった」。

こんなふうに私と武田さんは音の好みがまったく違うのである。好みの違いは当然としても、私に対する言葉の勢いが激しい。自分のケーブルの肩を持つのはいい。**しかし私のケーブルを全否定するとは。ケーブルは私自身なのだ。**

結論。私はオーディオ訪問の初歩を誤ったのである。たくさんのお宅やお店を訪ねながら、ついこういう失敗を犯してしまう。

逆のことを考えてみろっていうんだ。人さまが私のところへきて、やれ前後感がどうした、音にモヤがかかっているなどとホザいたら怒り心頭に発してそいつをケトばすだろう。武田さんとは親しさ余って？　つい本音が出た。しかしそれは胸のうちにしまっておくべきだった。オーディオ・ファンの尊厳を汚した。武田さんはそれで言葉で私をケトばしたのだ。

オーディオのお宅訪問の鉄則を記しておこう。決してマイナス要素のことを言ってはならぬ。いい箇所を見つけ、ひたすらほめる。そうすれば主人は相好を崩して喜び、めでたし、めでたしで幸せな一日が終了という寸法。

今回はいつもと違い「異色編」になりましたが、次回からはきちんと。

上：オーディオ・ルームの全景。スピーカーは部屋の正面にあり、アンプ、プレーヤーなどは向かって右手側に位置している。ちなみに武田清一氏は1970年代に活動したフォーク・グループ「日暮し」の中心メンバーでギター、ヴォーカルを担当していた。

オーディオ・システム概要

スピーカー：JBL K2 S9800 ①
真空管パワーアンプ：E.A.R 534 ②
真空管プリアンプ：E.A.R 864 ③
※上の機器は手製のフォノイコライザー
アナログプレーヤー：THORENS TD520 ④
LINN Sondek LP12 ⑤

右：互いにお気に入りの電源ケーブルを持ってツーショット。武田氏は寺島氏の持ち込んだヨルマ・デザインのケーブルにダメ出しのポーズ。

試聴したアルバム

①

②

③

①『Always／Bill Carlap New York Trio』（Venus）［LP］
②『Half The Perfect／Madeleine Peyroux』（Rounder/Universal）［LP］
③『A Lazy Afternoon／Shirley Horn』（SteepleChase）［LP］

音が砲弾となって飛びかかるジャズ的エナジーに溢れた音

CASK　ライヴハウス（神奈川県横浜市）

34

「希望ヶ丘」って言われてわかる人います？　まあ近所に住んでいる人は別にして大抵の方はクエスチョン・マークだろう。私も知らなかった。横浜駅から相鉄線に乗り換え、急行で二つ目、時間にして30分ほどだが、その東京近郊の秘境（失礼！）にライヴハウスができたと聞きつけた私と本誌・佐藤編集員はさっそく駆けつけてみた。

嬉しいのである。閉店は悲しいが開店は嬉しい。私はいま、自分の店の経営にある種自信を失っているが、そんな折、新規の店ができたと聞き、よしぜひともその若々しいフロンティア・スピリットにあやかってみたい。こう思った次第である。

店主の関知一さんは60歳を超えた方だが、もちろんジャズ・ファン。20代の頃ジャズ喫茶をやろうと発奮、約40年の間、虎視眈々と開店の機会を伺っていた。その間書店経営などにも携わっていたインテリである。

希望ヶ丘にいい出ものがあった。広さもちょうどいい。約15坪。居抜きである。居抜きとは以前の室内・インテリアをそのまま引き継ぐ店舗の借り方。スナックだった。壁や床など若干の修正を施しただけ。

ライヴハウス風に全面改装する？　関さんは賢明だった。いま時何百万もかけて成り立つものではない。

ジャズライヴハウスを謳っているが、ライヴの日ばかりではないという。ライ

● ジャズライヴハウス　カスク
横浜市旭区中希望が丘101　よりずみビル102
TEL045-442-4690
http://jazzlivecask.wix.com/cask-kibougaoka

「カスク」の店内。ピアノ、ベース、ドラムスといった楽器の背後に写るのがJBLのホーンとアルテックのウーファーを組み合わせた特注スピーカー。ちなみに取材日は嵩田憲二(b)が岸淑香(p)、畠山尚久(per)のトリオで出演していた。

ヴのない日はジャズ喫茶化、ジャズ・バー化する。そういう日こそ店は関さんのジャズ・オーディオ・ルームとなる。カウンターで馴染みの客とジャズ談義にふける。関さんはそれがいやではないという。なぜそんなことを書いたかというと私にはできないからである。

カウンターの中と外はえらく違う。経験上、中は地獄であり外は天国というのが私の意見である。カウンターに座ると客は急にエラくなる。なったような気がする。一方、中の店主は一つへりくだった気持ちになる。ジャズ話もいいが私の場合、究極、ケンカになってしまう。関さんは見た目も話ぶりもおだやか、温厚そのもので、心配はご無用だ。

余計なことを書いた。

中央の左手にグランド・ピアノが設えられており、その横中央にＪＢＬのスピーカーが「当然のように」置かれている。普通ライヴハウスではあり得ないことだ。

スピーカーはＪＢＬとアルテックの混合型自家製である。**１９５０〜80年代のジャズ喫茶全盛時代、ジャズ喫茶といえばＪＢＬ、そしてアルテックだった。**ＪＢＬとアルテックがジャズ喫茶の象徴だった。

「なぜアヴァンギャルドにしなかったのですか？」

私は心根のよくない質問をする。昔がＪＢＬならいまはアヴァンギャルドである。そのように時代は変遷した。関さんはそれも考えたという。でも青春時代に憧れたＪＢＬをどうしても自分の店へ置きたかった。そして毎日眺めていたいと思ったのだという。そうなのである。スピーカーとは眺めるものなのである。聴くだけではない。そういう眺めて嬉しいという効用があるのがオーディオのスピーカーであり、アンプであるのだ。

ズート・シムズのベツレヘム盤がかかった時、私は一瞬にして関さんの心中を見抜いていた。関さんは自分のオーディオを見てよし、聴いてよし、にしたかったのだ。

まさしくＪＢＬの音がする。ジャズ・イコール・ＪＢＬだった時代を彷彿させる音が一つの砲弾になって聴き手目がけて飛びかかってくる。**面倒なことはいっさい抜き、ひたすらパワー全開で音楽の中核・真髄に迫る音。**

現代先端オーディオは面倒だ。もちろんそれなりの魅力はあるが、テナー・サックスが中央に立ち、そのうしろにベースやドラムが控えるというステージ的構図をオーディオに求める。どんどんそれを追ってゆくと特にリズム・セクションがひ弱になって、あげく全体がジャズ的エナジーを失ったものになってしまう。

その点〝カスク〟の音は――。もう一度言おう。昔のジャズ喫茶の迫力満点の音なのだ。ズートのテナーとダニー・リッチモンドのスティックが同時に聴こえ、お互い切った張ったのせめぎ合いを行なう。ジョージ・タッカーのベースがそこへしゃしゃり出て、火に油をそそぐがごとし。

こりゃ、ビールもう1本、となるわな。口の中がからからだ。

ケーブルは1メートル1000円のフォステクスだという。安値なケーブルほど力があることがわかる。高いケーブルの音は美しいがパワーがない。

さて、最後になったが奥さんのお出ましだ。佐藤くんはドライカレー、私はスパゲッティを注文したが、いやそのうまいのなんの。専門店もびっくり。こりゃ、遠方から足を運ぶ価値がある。〝カスク〟の宝は奥さんの料理にありといったらオレの音はどうなる、とご主人が怒り出しそうだが、そこはまぁなんとか。

オーディオ・システム概要

スピーカー：JBL 2402H（トゥイーター）／JBL2445J（ホーン）／JBL2385A（ホーン）／ALTEC 515-8GHP（ウーファー）
プリメインアンプ：ESOTERIC I-05
CDプレーヤー：ESOTERIC K-07 （右端）
アナログプレーヤー：MICRO BL-91

カウンターで店主の関氏と談笑する。ライヴがない日にオーディオに耳を傾けながらカウンターで静かに過ごす夜もいい。

店のセンターに座り、サウンド・チェックをする寺島氏。JBLとアルテックのコンビネーションは迫力満点。

左：CDのストックは1000枚以上。モダン・ジャズ作品のほか現代ピアノ・トリオ作品も多くを占める。
右：寺島氏の著作をはじめジャズ関連書籍も充実。一人で訪れても退屈することはない。ちなみに本誌も第２号からすべて揃っていた。

試聴したアルバム

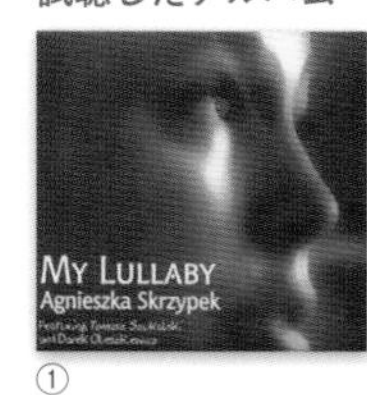

①

②

③

①『My Lullaby ／ Agnieszka Skrzypek』（Not Two）
②『Down Home ／ Zoot Sims』（Bethlehem）
③『Echoes ／ Stephan Noël Lang』（Nagel Heyer）

35 マスコミ界の重鎮が語る〝心のスイング〟とは

日枝　久　フジ・メディア・ホールディングス／フジテレビジョン 取締役相談役

私と日枝君は都立杉並高校の同級生である。いま日枝君と書いたが、どうも収まりが悪い。やはり日枝、がしっくりする。クラスメートはいくつになってもそういうものである。

ちなみに都立杉並高校（以下杉高）でジャズ関係者というとピアノの木住野佳子さんとベースのチンさん（鈴木良雄）が有名だ。

我々は第一期生である。たしか5月頃開校した。庭にがれきがころがっていて新築である。上級生はいない。ほぼ全員が落第生だった。そういう意味では落武者の収容校が杉高だった。一年三組に編入されたが二つ前の席に日枝がいた。その頃は男子はいがぐり頭が標準頭髪だったが日枝は坊ちゃん刈りだった。奇異な目で見られても平然としていた。小柄でやせていたから大きく目立たなかったが強情な男という印象を与えていた。

こんなことがあった。校庭に全員が集まり週番が伝達事項を発表する。日枝の番になった。すると、どこから出るんだろうという大きくてドスの効いた声が出て、その物怖じしない態度を校長がほめた。上原好一先生だった。

さて、**私ごとで申しわけないが、全校でジャズ通Ｎｏ．１といえば私だった。**その頃から才能に恵まれていたのである。まわりには当然知らない奴ばかりで、未開の野蛮人にジャズを伝える伝道師を任じていた。

「オマエはまったく、いやな奴だったな。だけど一言で言えば、『理由なき反抗』のジェームス・ディーンのような、青春の甘さみたいなものが、俺を引き付けていたな」と日枝は言う。そういう日枝もジャズが好きだった。もう一人、日本テレビへ行った山口という男がいて、こいつは後で出版部へ移り、ジャズ本を数冊リリースしたが、私と山口とで

日枝久氏。激務の中で少しでも潤いをもたらしてくれるジャズは執務中も欠かせないという。この部屋では「ジャズだけしか聴かない」と力強い言葉にしばし感動。

お台場のランドマークにもなっているフジテレビ本社ビル。

日枝をいじめたらしいのだ。俺たちとジャズの話をするのは10年早い、などとほざいたらしい。日枝はそれを根に持ってことあるごとにそれを話題にする。いつの世も加害者は忘れ、被害者は永遠に覚えているらしい。

本日の訪問、本当は自宅へ押しかけたかったが、オーディオの部屋が散らかっているということで会社で間に合わせることにした。

執務室のあるフロアのシンとした廊下を歩いていたら女性ヴォーカルが聴こえてきた。用意周到感があり、まずは安心する。なにしろ彼は忙しい。インタビューの時間も2時間。

部屋へ入るなり真っ先に目についたのが入り口付近にあるスピーカーだった。デンマーク製のディナウディオのトールボーイ。そして一体型アンプ組込式のCDプレーヤー。何枚かのCDが立てかけてある。先日私が進呈したアレッサンドロ・ガラティ・トリオの『シェイズ・オブ・サウンズ』もちゃんとあって、これもやれやれだ。

海の見える窓からの景色は最高だが、いやにいかめしい空気が張りつめる執務室。この一角だけは別天地。くつろいだ雰囲気をかもし出している。音はといえば、こわばった気持をときほぐすような柔和な音。

「癒やしという言葉は使いたくないんだが」と日枝は言う。「仕事は結構ハードで、一息つける要素が必要なんだ。それがジャズなんだな。でもふと気がつくと足がスイングしている。そうかといって気分が高揚するというところまではいかない」。

スイングという言葉がしきりに出てくる。これで3回目。彼にとってスイングはジャズと同義語なのだろう。

終戦後、レコードもオーディオも高嶺の花の時代、ジャズが聴こえてくるツールといえばラジオだけだった時代に我々は育った。帆足まり子、志摩夕起夫、三国一朗といったジャズ・アナウンサーの名前が口をついて出る。

その頃から約60年が過ぎ、日枝のジャズ度は進歩したのだろうか。何枚かのCDを持参したので聴いてもらい、ご意見拝聴といこう。

①ビル・エバンス『ワルツ・フォー・デビイ』(Riverside) から〈ワルツ・フォー・デビイ〉。

「持ってる。ビギナーに最初に進めるCDらしいね。だけど、どうかな。やさしいのは曲だけだ。アドリブ・ソロはけっこうむずかしい。未だによくわからない。ソロでいえばソニー・クラークやウィントン・ケリーの方がわかりやすい。曲のイメージをちゃんと維持しているからね」

②ジョン・コルトレーン『至上の愛』(Impulse)

「ジャズの代名詞みたいな人だね。音楽はどうあれ、そういうトップの地位に上り詰めたわけだから何かあるんだろう。だけどその何かがわからない。ジャズは心地よくて平易なだけでは駄目。難解さが加わってジャズが成立するのかな。その難解な部分を彼は狙ったというか、目指したんじゃないかな。いずれにしろこの部屋では違和感100%、まったくさまにならない」

③ヘイリー・ロレン『アフター・ダーク』(Victor) から〈クライ・ミー・ア・リバー〉

「こりゃなんだい。最近はこういう色っぽい歌手が流行っているのか。曲は好きだけど声の質感と歌いまわしが好きじゃない。下手じゃない。むしろうまい。だけどこういう歌い方、すぐあきられる」

④アート・ブレイキー『モーニン』(Blue Note) から〈モーニン〉

「早稲田の学生の頃、学生運動にのめり込んで帰りにジャズ喫茶へ行ってよくこれを聴いた。いまジャズ喫茶は行かないけど、こういうジャズが当時あったからジャズ喫茶がうまくやっていけたんじゃないか。オマエの店がなくなったのもそのせいだ。でもオマエが店をやめたのは本当に寂しいね」

⑤ズート・シムズ『クッキン！』(Fontana)から〈枯葉〉

「これだよ、これ。これが俺の言うスイング。〝心にスイング〟と言うとキザに聞こえるけど、**俺たち高齢者にいちばんダイレクトに必要なのは、こういう心のスイングなんだよね**」

久しく忘れているスイングという言葉だが、そうか、俺も一丁、スイングを復活させてみるか。

オーディオ・システム概要
スピーカー：
DYNAUDIO Excite X14 ①
スタンドはACOUSTIC REVIVE製
アンプ内蔵CDプレーヤー：
AURA note premier ②

昔話を交えながら熱を帯びるジャズ談義は尽きることがない。

1999年、高松宮殿下記念世界文化賞を受賞したオスカー・ピーターソンと懇談する日枝氏。「夢のようだった。あのピーターソンが受賞し、自分が賞を渡す側にいたことは本当に嬉しかった」と話してくれた。

試聴したアルバム

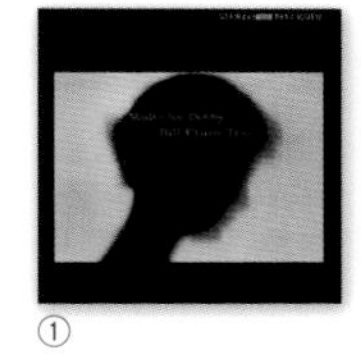

①

②

③

④

⑤

楽器が空間に浮かぶ!?　魔法のような音の立体感

岩出和美　『ｓｔｅｒｅｏ』編集顧問

36

ドキドキしていた。本日訪問の岩出和美さんはオーディオにおける私の大先輩にあたる方である。本来ならば私のような若輩にしてにわかオーディオ・ファンがずうずうしくお宅へ押しかけるなどもっての他という方である。

長くオーディオ専門誌の音元出版に勤められ、その後、音楽之友社『ｓｔｅｒｅｏ』編集長を拝命、現在はオーディオ銘器賞審査員の役を持たれている。数々のオーディオ製品に接してこられた。そしてそのつど気に入った製品を購入、家庭に導入、オーディオざんまいの日々を送ってこられた。

ちなみにスピーカーで言うとダイヤトーンＰ-６１０、ＪＢＬのＬ８８（Ｎｏｖａ）、ウィルソン・オーディオのＣＵＢなど。アンプは山水のプリメイン６０７プレミアム（ＳＡＮＳＵＩ　ＡＵ-α６０７　ＭＯＳ　Ｐｒｅｍｉｕｍ）マコーミックのプリとパワー、ＣＤプレーヤーはソニーの５５５ＥＳ（ＳＣＤ-５５５ＥＳ）、おなじくソニーの５４００ＥＳ（ＳＣＤ-ＸＡ５４００ＥＳ　以上ＳＡ-ＣＤ）などといった銘器の名前がすらすらと岩出さんの口をついて出る。

こうした銘器遍歴を重ねてこられた岩出さん、さてでは現在はいかなる機器を使っておられるのか。そしてどのような音を出しているのか。私の興味はその一点に集中していた。あくまで一般論としていうのだが、長く女性遍歴を続けた男性がどんな奥さんをめとったかという詮索に似ていなくもない。

オーディオ部屋兼仕事部屋には2台のスピーカーが置かれていた。１台はダイヤトーンのＲ３０５（以前使用していたダイヤトーンとは別種のもの）。そして小型者ながら俺が部屋の主という風情で異彩を放っているＫＥＦのＬＳ50。目が合った瞬間格好いいなぁ。いい色合いだなぁ。思わず吸い寄せられた。**格好いいスピーカーは格好いい音を出すの**

岩出氏のオーディオルーム。CD、アナログレコードなどの音源を聴くスピーカーは手前のKEF LS50で、ちょうど部屋の長さの1/3となる位置に置いているという。後方のダイヤトーン R305は主に仕事中にラジオを聴く際に使用している。かつて放送局用のモニター・スピーカーとして大活躍した名器だ。

だ。私はそのテーゼをずっと唱えてきたが果たして本日は通用するやいなや。

結論を急ごう。こんな音、聴いたことがない。一口でいって「面白い音」である。いい音ではないから面白い音と言ったんだな。このようにカンぐる人がいるだろう。違う。私に言わせれば面白い音がいい音なのである。

どのように面白いか。素直にいい音はスピーカーの前面あたりにバランスよくまとまって聴こえる。しかしこの岩出さんのKEFスピーカーは別々なところから音が聴こえてくるのである。わかりにくいかもしれない。最初に聴いた鈴木勲のTBM盤『ブロー・アップ』で説明しよう。左からピアノ、右からベース、ブラシが真ん中といった具合にそれぞれの楽器が空間に浮かんでいるのである。それもこれが大事なのだが同一線上に並ぶのではなく前後左右に点在するのだからこれを面白いと言わずしてなんと言うか。魔法を見ているようだ。

同行の佐藤俊太郎編集員が思わず口走る。「左スピーカーと右スピーカーで別のCDを鳴らしているようだ」

私の説明下手で読者諸氏にうまく伝わらないかもしれない。しかし実際にこの音を聴いたらどなたもそれを実感するだろう。音がいろんなところから聴こえてくる音。そうだこれはライヴハウスの音だ。広いスペースではなく小体なライヴハウス。

フィル・ウッズの〈若かりし日〉、リズム陣が前、ウッズのアルトが後ろ。特にベースが前へしゃしゃり出てそれが気持いいことおびただしい。普通はアルトを前面に求めるが岩出家では全然違和感なし。リズム特にベース最優先で聴く作品と納得する。そういえばリズム・マシーンのタイトルのＣＤじゃないか。

キャノンボールの『サムシン・エルス』。右のベースが巨大、左のマイルスむしろ小さい。普通のオーディオ・ファンはこれを嫌う。ウッズ同様マイルスを中央前面に立ててベースを後方に位置させる。これが優等生オーディオ。ところが岩出さんはとっくにその領域を卒業して久しい。**普遍的ないい音より異次元的ないい音を求めている。**

「オーディオ的には定位と言うけどぼくの場合はファントム定位。亡霊のようにそこにいるように見える。そこを狙っている。スピーカーを部屋の１／３の位置に置いているでしょう。それでスピーカーの背後にも音の像ができる。前にもできる。特にぼくは後ろの広がりが好きですね」

それともう一つ、この特別無比の岩出サウンドを形作っているもの。それが部屋の中央部に置かれたサブウーファーである。超低音部を受け持つ特殊スピーカーはエラックのＳＵＢ２０７０。

使い方で毒にも薬にもなる。効かせ過ぎだとお化けのような低音が出て聴けたものではない。極意はサブウーファーの音が聴こえないようにすること。唐突だがウィッグと同じ。毛量過多だと自然感が薄れる。適量使用がむずかしいサブウーファー。岩出さんはそのサジ加減が絶妙だ。サブウーファーの得手はオーディオの得手ということだろう。

スコット・ラファロでベース・サウンドを長年研究した。ベースの在り方しだいでエバンス・トリオはうまく聴こえたりそうでなかったり。空間をすばやく鋭く行きつ戻りつする岩出家のエバンス・トリオ。

「昔の音に戻れますか」。野暮天な質問をしてしまった。「いや戻れない。その時は別の人生を歩んでいるかもしれない。そうなったら年をとってしまうよ」

永遠のオーディオ青年岩出さん。私もあやかりたいものだ。

オーディオ・システム概要

スピーカー：KEF LS50 ①　DIATONE R305 ②
プリアンプ：HEGEL P20 ③
パワーアンプ：ACCUPHASE A-36 ④
CDプレーヤー：SCD-XA5400ES ⑤
ターンテーブル：NOTTINGHAM ANALOGUE STUDIO ⑥
サブウーファー：ELAC SUB2070 ⑦

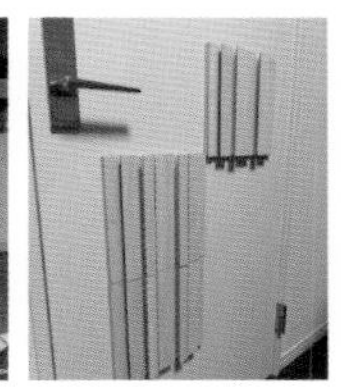

フロアやドア、そして壁に貼られたEscartの音響拡散パネルは音のエネルギーを損わずに音を整えるすぐれ物。

岩出氏は『stereo』で連載中の「テラシマ円盤堂」の編集担当を務めており、同連載は2018年２月に『レコード藝術』の連載と併せて『テラシマ円盤堂〜曰く因縁、音のよいJAZZ CDご紹介』（ONTOMO MOOK）として書籍化されている。

試聴したアルバム

①

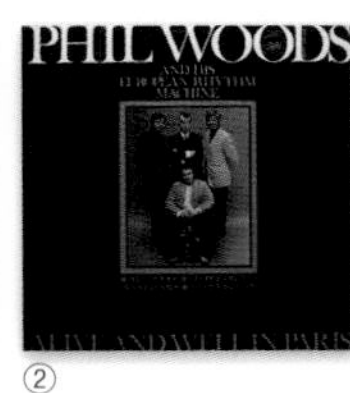

②

③

①『Blow Up／鈴木勲』（TBM）
②『Alive & Well In Paris／Phil Woods & His Europian Rhythm Machine』（Pathé）
③『Somethin'Else／Cannonball Adderley』（Blue Note）

37 屋根裏空間から広がるオーディオの愉しみ

岩崎育郎　衛星デジタルラジオ放送ミュージックバードプロデューサー

岩崎育郎さんのお宅を訪問した。岩崎さんはTOKYO FMの衛星デジタルラジオ「ミュージックバード」でプロデューサーの仕事をしている方である。

以前からジャズとオーディオが好きで、そのせいかジャズ番組やオーディオ番組をいろいろ立ち上げ、なんとこの春にはオーディオ専門チャンネルができることになった。この種のラジオ番組は日本では珍しく、オーディオ・ファンには朗報だろう。

仕事柄オーディオ評論家や関係者に接することが多く情報などたくさん摑んでいるが、さて、ご自分のオーディオ装置はどうなっているのか。興味をそそられたのである。

部屋に案内されると危うく天井に頭をぶつけるところであった。普通、部屋は四角ないし長方形だが、こちらは完璧な三角形で三角部屋というか、相当な圧迫感を感じる。広さは六畳くらいか。でもれっきとしたオーディオ部屋があるのだから文句は言えない。

スピーカーは海外品でアンソニー・ギャロ、リファレンスⅢ。パワーアンプは日本の出雲電機が発売するファストM300。プリアンプがプラチナム。CDプレーヤーは日本のマイナー会社ソウルノート。レコード・プレーヤーは同じく国産でサンバレー製品。というラインナップである。

買い方、揃え方に一貫した主張らしきものがない。普通はオーディオ雑誌などを熟読しアキュフェーズだ、エソテリックだというスタンダード銘柄品を並べるのが日本のオーディオ・ファンの常だが岩崎さんにそのあたりを尋ねるとオ

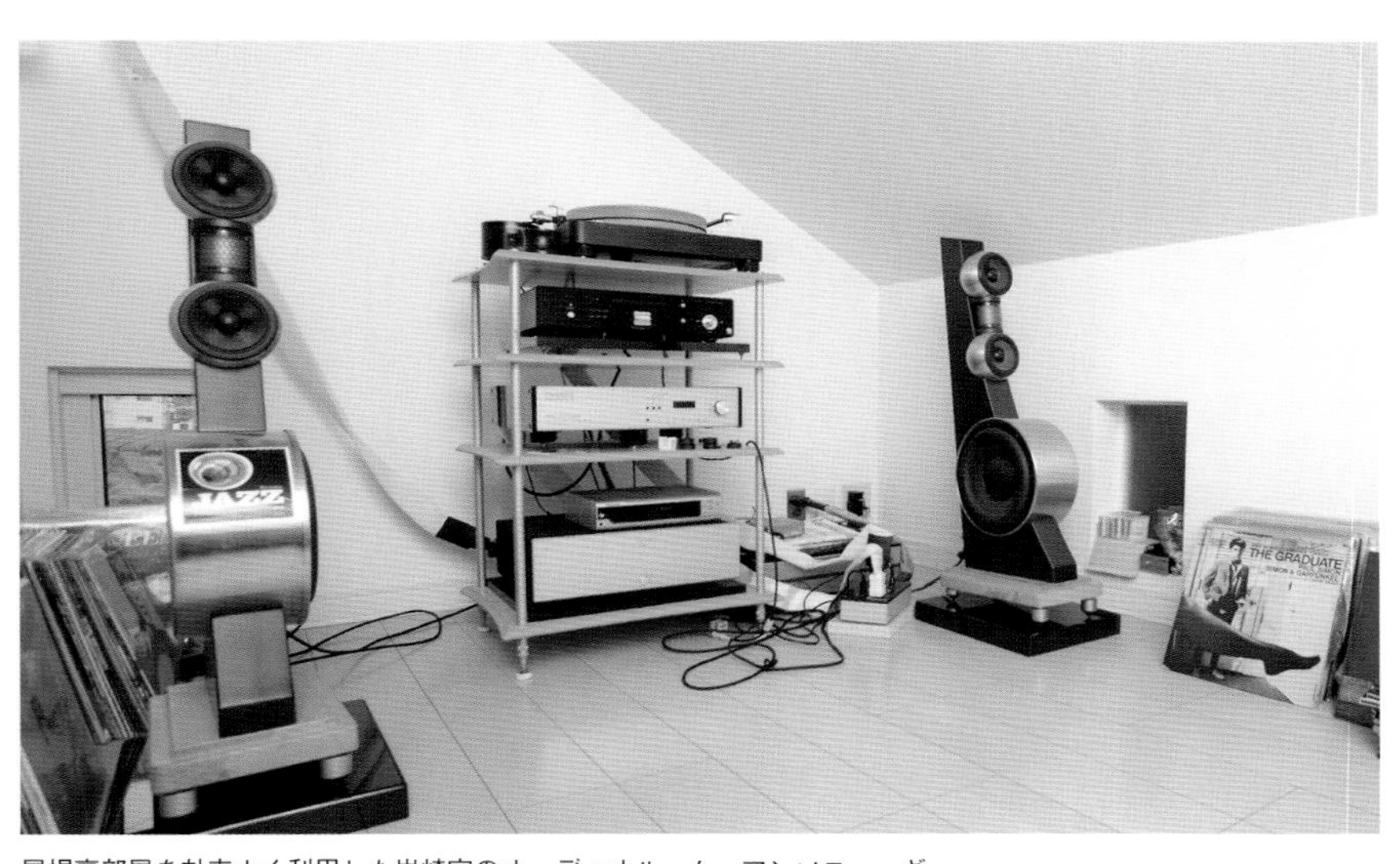

屋根裏部屋を効率よく利用した岩崎宅のオーディオルーム。アンソニー・ギャロのスピーカーの大きさも空間にぴったりと合っている。日本のマイナー・メーカーの製品も多く、そのセレクションには寺島氏も興味津々の様子。

ーディオ関係者と知り合った結果なのだという。つい人情が通じてその人から購入してしまうらしい。人情買いの名手。こうしたバランスも統一感もへったくれもないバラバラ選択オーディオ（失礼！）から、どういう音が出現するのか。最初に聴かせてもらったのがヘルゲ・リエンのDIW盤『トゥ・ザ・リトル・レディオ』である。私は私でカバンに持参したCDを忍ばせているが、こうした場合、まず主人側のチョイスを優先させるのがオーディオ訪問の第一項的事項となる。

思いもよらぬ「美音」が出てきたのである。それと同時に私の頭の中を「透明感」「静謐観」「良好空気感」などというオーディオのテクニカル・タームが駆けめぐった。「いや、いい音じゃないですか」。思わず私は主人の顔を仰ぎ賞賛の言葉を述べていた。いい音とは言ったが必ずしも私の好む音ではない。私の音はジャズで言えばハードバップ系、ドスン・バシンの支配する炸裂系世界。**でもこの世の中には「いい音」はいくつもあるのだ。**他人の好む音のよさもごく最近では理解できるようになってきた。

さて、岩崎さんはどのようなジャズをメインに聴いているのか。楽器で言うとトランペットがまず好き。しかしクリフォード・ブラウンなどの炸裂系ではなく、やわらかいチェット・ベイカー系。最近ではスイート・ジャズ・トリオのトランペット音が好みという。いわゆるスイート系に目がない。したがって、それらの音楽がベストに鳴るよう願っているが、といって特にオーディオに入れ込んでいるわけではないんですよ、とあくまでも控え目なのだ。なるほどアンプやCDプレーヤーの下にインシュレーターの類は見当たらない。

しかし、ある時ケーブルに目がいったらしい。部屋に入った時から気になっていたが相撲取りが腹に巻くまわしみたいな電源ケーブル。アメリカの個人のマニアが作ったものをネットで入手したという。それを聴いたとたんこれだと思った。これこそスイート系やECM系を再生するにふさわしいケーブルじゃないか。繊細で透明度に溢れていて。それからひとしきりケーブルに走った。しかしいまはやんでいる。

それならと私は持参のケーブルを取り出した。私がいまいちばん気に入っているサエクのPL-7000である。電源ケーブル。ちょっとこれをパワーアンプにつないでみて下さい。音が出た瞬間、ニコニコしていた岩崎さんが真顔になった。パワーアンプを外し、今度は相撲取りケーブルと交換する。これは全システムを支配している。岩崎さんの動きがせわしない。早く結果を見たいのだな。

岩崎さんの結論——これは、いい。またケーブル遊びが始まりそうだ。

同行の本誌佐藤編集員——低音が踊り出した。私——音が揃った。

ケーブル。私は自分で言うのもなんだがケーブル信者である。**ケーブルでオーディオを自分流に操りたい**。ケーブルで音が変わるわけはない。出発の頃はそう思っていた。しかしある時オーディオ店で、目の前で、音が変わるのを見てケーブルに目覚めた。人からいくら説かれても駄目。目の前で変わって初めてケーブルを信ずることができる。岩崎さんの第2期ケーブル巡りが始まりそうで嬉しくなった。

イーロ・ランタラ『マイ・ヒストリー・オブ・ジャズ』、イェスパー・ボディルセン『ショート・ストーリーズ・フォー・ドリーマーズ』などを聴かせていただいた。ドイツのOZELLAレーベルなど音のいいジャズ系レーベルが気に入っているという。但し、静かめに限ると。

オーディオ・システム概要

スピーカー：ANTHONY GALLO Reference Ⅲ ①
パワーアンプ：FAST M-300 ②
（上部に乗っているのはミュージックバードのチューナー）
プリアンプ＋DAC：MSB TECHNOLOGY Platinum DAC Ⅱ ③
CDプレイヤー：SOULNOTE ct1.0 CD Transport ④
アナログプレーヤー：SANVALLEY SV-A1 ⑤

岩崎育郎氏（右）と寺島氏。ご覧のように天井が屋根に合わせて斜めになっており多少圧迫感はあるものの座ってそのサウンドに身を委ねればエクスクルーシヴな自分だけのオーディオ空間が広がる。

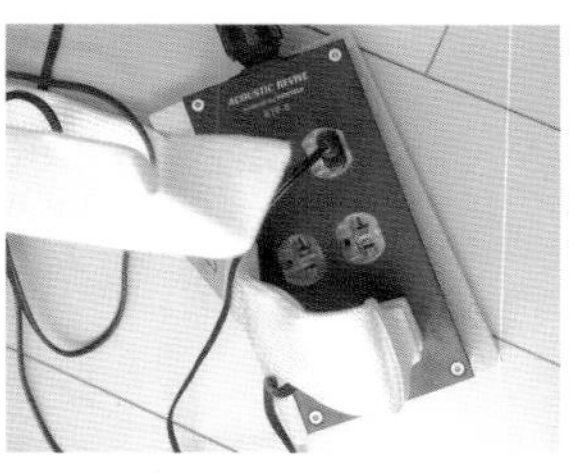

寺島氏が「相撲取りケーブル」と名付けた手前の幅広の２本の白い電源ケーブルはアメリカのマニアが作ったもの。上辺についた電源ケーブルは寺島氏が持ち込んだサエクPL-7000（上部についたケーブル）。

試聴したアルバム

①

②

③

①「To The little Radio／Helge Lien」（DIW）
②「My History Of Jazz／Iiro Rantala」（Act）
③「Short Stories For Dreamers／Jesper Bodisen」（Stunt）

38

300チャンネルの音が現出させるオーディオ異次元ゾーン

伊東理基　メグ・ジャズ・オーディオ愛好会副会長

あまりの音のよさに腰を抜かす人が続出。そのため玄関先に介護椅子を常設しているオーディオ・マニアがいる。10年ほど前からそんなオーディオ伝説が聞こえていた。

本日は伝説の主、伊東理基さんをお訪ねした。まず最初に玄関を確認する。おお、やっぱりきちんと救護チェアが置かれているではないか。これから約2時間のヒアリング、果たして無事に帰りつけるのか。

2階に案内された。十畳くらいのスペース。窓らしきものはない。窓なし部屋がオーディオ・マニアの鉄則である。外に気をとられては正しい音の鑑賞はおぼつかない。昼なお暗き、正しいオーディオ・ルーム。これまでの訪問先で部屋に入るなりカーテンをしめた人が何人かおられた。音は薄暗さを好む。ドラキュラ同様、太陽光の下にオーディオなし。

伊東さんにまず質問する。この頃、オーディオ・ファンを見るとすかさず発する質問。伊東さんが聴くのは音ですか、音楽ですか。まあ愚問の一種であろう。どちらかにきっぱり決められるものではない。たまに音だけの人がいる。しかしその人は音だけとは言わない。機関車とか花火の専門家だが、やはり音楽にコンプレックスを持っているらしい。オーディオ・ファンなのだから「音だけ」でもいいと思うのだが、なにかが邪魔するのだろう。

伊東さんは音楽が大事であると答えた。でもよくない音で聴く音楽は音楽ではない。いい音で聴いてこその音楽だ、と。私もそう思う。いい音というのはいい演奏のことであり、歌唱のことなのではないか。歌手の井筒香奈江さんの歌声を聴かせていただいてそれを実感した。オーディオ・マニアが声の試聴用に愛玩する作品。

なんというふくよかな声なのだろう。お色気、それも最も上質な部分のみをすくい上げた色香。彼女はこんな声帯を

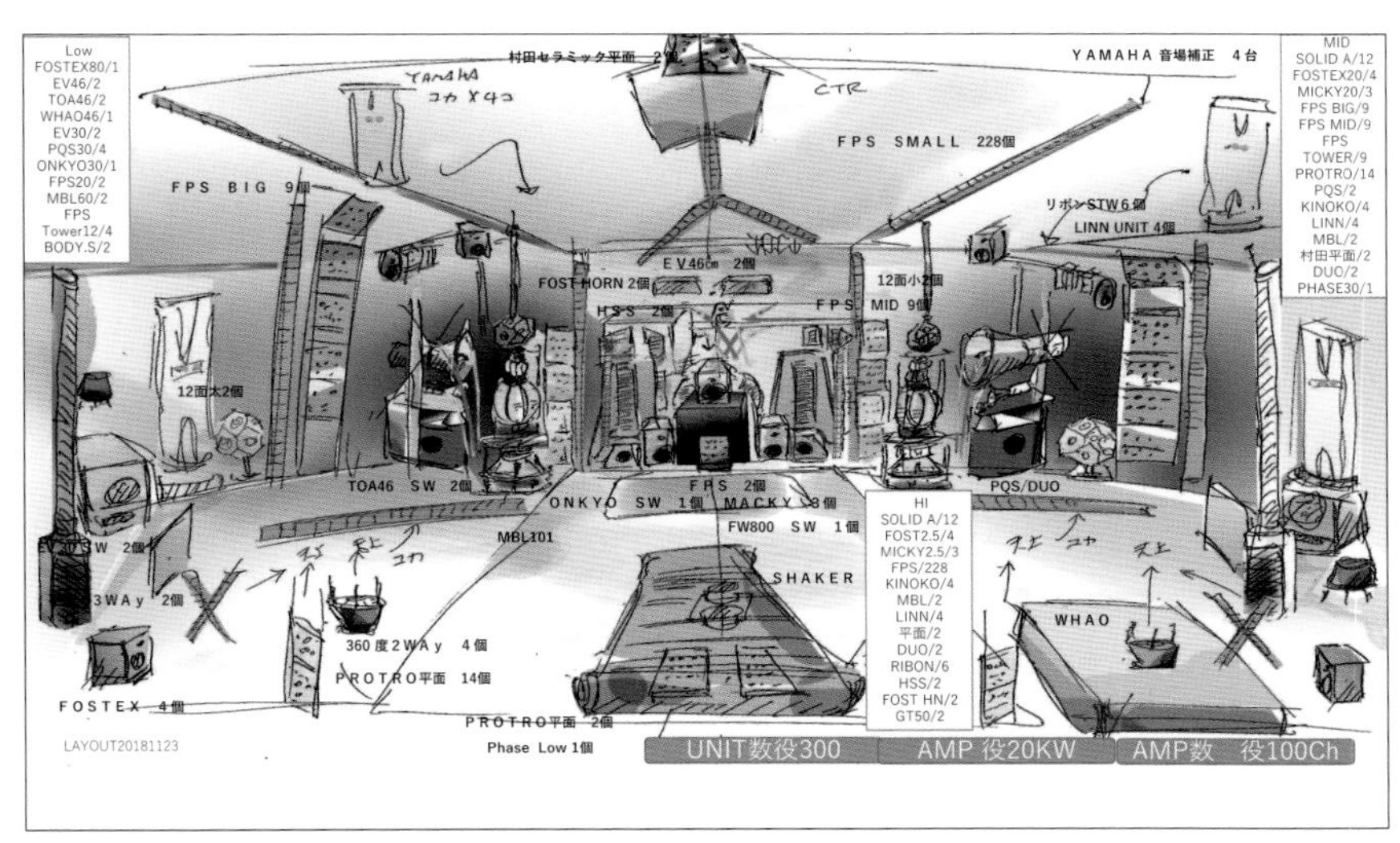

写真ではとても紹介し切れないのでお願いした伊東氏自筆による部屋全体のシステム見取り図。音の高域（HI）、中域（MID）、低域（LOW）に分けてスピーカー名が記載されている。伊東氏の職業は大手自動車メーカーに勤務するデザイナーというだけに、そのタッチは見事。

持っていたのか。歌唱力が数段アップして聴こえた。

ちょっと実験をしてみましょう、と伊東さん。「これからサブウーファーを切ってみます。4本外します。声がどんなふうに変わるかよく聴いてみて下さい」。サブウーファーとは超低音部を受け持つ特殊スピーカー。これを切ると普通の井筒さんだ。我々が普段耳にしている井筒さん。これが私よ。井筒さんは言うだろう。

伊東さんは有名な「サブウーファー遣い」である。伊東さんの薫陶を受け、サブウーファーを設置したファンが何人もいるらしい。逗子の元メグ・ジャズ・オーディオの会・会長の中塚さんもその一人。私にはまだ早い。もう少し先のことと考えていたが、この音を聴いては——。

さて私のリスニング・ポイント、写真に写っているだろうか。ベッドに横たわった形に近い。どうも落ちつかないのである。もう少し背中を立てたいが、この状態がベストのポジションという。なるほど、天井から降ってくる音を受けとめるにはこの姿勢が最高のアングルだ。いま、音が降ってくると言った。しかしながら音は頭上からだけではない。前から後ろから右から左から攻め立ててくる。音でがんじがらめの状態だ。

要するに伊東さんのオーディオ・ルームは一つの巨大なスピーカー・ボックスに例えられるだろう。スピーカーの中に閉じ込められる。オーディオ・マニアの最もあらまほしき姿の一つだろう。

十畳四方の壮大なスピーカー・ボックスをしつらえるため伊東さんは約３００個のスピーカーを調達した。ついでに言うとそれらを駆動するアンプの数といったら91個。気の遠くなるような話である。25年ほど前から「シンプル」に満足できなくなり、気がついたらこの有様。後悔はしていない。音に満ち溢れた生活を楽しんでいる。音に囲まれていないと落ちつかない。それはいいが、何百個というスピーカーやアンプを使ってそれをどう調整し、統率しているのか。疑問に思われる方もおられよう。オーディオは機種が増えるほど音が複雑化し、あちら立てればこちら立たずの状態になりがちだ。私などはアンプ4個で音を上げ、これ以上増えたら完ぺきにトータルの音がわからなくなる。

まずスピーカー一つひとつ、アンプ一つひとつの特性、気性、美質などを知ることだという。彼らは人間と同じであるらしい。性格を知って、今度はそれと相性のいい機器を見つけ、あてはめてゆく。会社の中の人事などと同じということか。オーディオには琴瑟相和（きんしつそうわ）という言葉が似合いそうだ。

感心したこと、もう一つ。伊東さんは高級品に手を出さない。高級オーディオとは違う分野を進んでいる。高級品になるほど音は「美音」化するという。美音オーディオはいまのオーディオの流行現象。それには与しない。**美音は演奏のパワー感をなくし、ジャズの男気や土性骨を削ぐもの。そう切って捨てる。**

ベッド式リスニング・チェアからよろよろと立ち上がった。なんとか介護椅子のお世話にならずに済みそうだ。しかし後遺症は残るだろう。

我が家に帰る。さっそく音を出す。なに負けるものかの気概がある。しかしわかっているのだ。間違いなく立ち直るのに2、3日はかかるはず。

［P.S.］同行の佐藤編集員いわく。「オカルト・オーディオだ」。さて。

ご覧の通りリスニング・チェアは浴びるように音を楽しむためかなり背を寝かせてあるが、音が鳴るたび、その迫力に思わず身を起こしてしまう寺島氏。

寺島氏とオーナー伊東氏のツーショット。このショット内に写るスピーカーの数だけでも数え切れない。後方はプロセッサー類、DAC、クロックなどがひしめいている。それらの機材が発する熱で室内は暖房なしでも暖かい。

①リスニング・チェアの頭上に覆いかぶさるように設置されたmuRataのセラミックス平面スピーカー。DBXのスピーカーマネジメントプロセッサで帯域カットとディレイをかけ、擬似的に7メーターの天井の高さからの音を再現するという。
②左側中段はマルチアンプを調整するdbx DriveRack4800ほか。左上段にはANTELOPE AUDIO Eclipse384のDAC、その隣はDSD音源の再生時に使用するDAC（ヘッドフォンアンプ）、SONY TA-ZH1ES。その右側の数字が画面に表示されている機器はANTELOPE AUDIOのマスタークロックIsochrone Trinity。デジタル音源の再生時に、より良い音で聴くためにDAC内蔵のクロックよりも高い精度の外部クロックを使用している。
③右奥の黒い板はFPSの平面スピーカー、その手前の円錐形のものとラグビーボールのような形状のものもスピーカーで、360度音を放射するmbl101とGERMAN PHYSIKS。mblの下は自作ウーファー。丸いホーンはAVANGARDEのduoで、mblの上の多面体のスピーカーと左のPROTRO平面ユニット.その外側に帯状に写る小さなFPSスピーカー群は主に高域に使用する。

試聴したアルバム

①

②

③

①『Triology Vol.2 ／Mario Nappi』(Skidoo Records)
②『時のまにまにⅢ ～ひこうき雲～／井筒香奈江』(Gumbo Records)
③『Live at Tsutenkaku／北川潔(DVD)』(Atelier Sawano)

39

現代ECMを最も活写的に鳴らす〝中期オーディオ〟の魅力

オーディオ・ドリッパー東京

オーディオショップ（東京都台東区）

取材先のオーディオ店でちょっと高級なアンプをつい買ってしまった。オーディオ評論家の林正儀さんがどこかに書いておられた。羨ましいなと思っていたのである。衝動買いはオーディオ・ファンの憧憬、そして特権である。一度あやかりたいと思っていた矢先、今回そのめったにない体験を得させていただいた。

不思議な空間である。変則的なのだ。店舗であるような、自宅リスニング・ルームであるような。両方なのだろう。日本では意外に少ないが欧米ではよくあるパターンという。洒落たインテリアのリッチな空間でじっくりと音質をためつすがめつできる。オーディオが熟成するにつれ、我が国でもこうした状況が増えそうな気がする。一般の販売店のように店主（あるいは店員さん）とお客のへだたりがきっちりとしない。簡単に言うといきなり友人関係が出現するのである。

オーディオ・ファンというのはオーディオについて話したくて仕方がない動物である。人の出入りの激しい販売店で、オーディオ・ファンはその目的を達成できない。もとより奥さん相手ではその欲望はまかなえない。そうした不遇のファンにとって「オーディオ・ドリッパー」は格好のパラダイスと言えるのではないか。

清田(せいだ)亮一さんと話していて気がついたことがある。清田さんは私のオーディオ論に一つとして反対のそぶりを見せないのである。私のオーディオについての考えは相当独特で、時にはほころびが生じたりもする。そうした私へのあしらい方が実にうまい。昔さる販売店で聞いた話。お客のどんなオーディオ暴論にも絶対に反対意見を述べてはいけない。そういうふうに新入社員はしつけられるという。清田さんの対応はそのような教育的、学習的なものではない。本能的、

オーディオ・ドリッパーのサロンはご覧のように一般住宅のオーディオ・ルーム的な快適空間。正面に鎮座する4台の弩級パワーアンプCELLO Performanceの存在感は圧倒的。整備＆オーバーホールは完璧で鳴りも最高だ。

本質的なものである。

ずいぶんほめるじゃないか。そうおっしゃる方、黙らっしゃい。私もこの年になればそのくらいの人間観察はお手のもの、とはいかないが、まあまあわかるのである。

自分の話はなるべくせず、人の話を聞くのをモットーとする。それを人生訓の一つに生きてきた私が清田さんを相手に長々としゃべり、気がつくとすっかりいい気分になっていた。いい気分になると人間はどうするか。

スピーカーを買うのである。

スピーカーはＪＢＬの有名な超弩級エベレスト（2台で700万）とボストン・アコースティックスの小型者（17万）を聴き比べた。

ここでＪＢＬについての清田さんの見解表明が興味深い。**「ＪＢＬは特性的に実質的であって、いわゆるオーディオ的ではない」**。しかし音はすさまじい。壮大にして沈着剛毅、聴く人を制圧してやまない。

いっぽうボストン・アコースティックスはＪＢＬから実質的オーディオ部分を取り除き、そこにオーディオ的要素を加えたと言ったらいいのか。無論、音楽の世界は矮小化する。しかしそれは規模的にであって、本質は見た目の大きさほどには変わらない。

私はボストン・アコースティックスという銘柄、名前の響きに惹かれた。それから手頃な値段にも思わず吸い寄せられた。「ボストン・アコースティックスをください」の一言を口にしていた。

今回はECMをメインに聴かせていただいた。ECMの2000年以降の現代録音盤。それがオーディオ・ドリッパーさんのシステムでどう鳴るのか。

ラインナップは年代的にいうと大概1970年代から1990年代の製品で覆われている。マークレビンソンやゴールドムンドのアンプ類、スチューダーやクレルのCDプレーヤーがそれに当たるが、それらはいわゆるヴィンテージと言われる「古代もの」と現代オーディオの中間地点に属するシステムだ。それがECMをどのように鳴らすのか。興味津々である。

ECMには約三人のエンジニアがいる。古くからのヤン・エリック・コングスハウク、近頃名声著しいステファノ・アメリオ、そして近年のペール・エスペン・ウーシュフィヨルド。この三人の特長が実に露わに飛び出したのには一驚した。清田さんがご用意したボボ・ステンソン。「滅茶苦茶いい」との第一声を発したのは同行の佐藤編集員である。現代オーディオで固めたわが家のシステムだとやや細身で華奢、詳細的に聴こえてくる。

しかしオーディオ・ドリッパーの試聴室ではそういうマイナス要素はいっさい感じさせない。神経質的傾向はどこかへ消えてしまった。「粒だちがいい。ピアノ、ベース、ドラムスが一つひとつ独立して聴こえる。それでいて全体のまとまりがいい」。佐藤編集員の第二声である。オーディオ訪問が続き、近頃、だいぶウデを上げている。

現代ECM録音を最もノーマルに活写的に鳴らすのがマークレビンソンなどの「中期オーディオ」だったのだ。逆にいうとアメリオ録音はオーディオ的に過ぎる部分があるのだろう。「アメリオのベース音はやや問題ありですね」と清田さん。それは私も感じていた。ジャズ・ファンからするともう少し締まってほしい。しかしアメリオのベース感覚はこれくらいのゆるさ加減が適切なのだろう。そういう意味では私はヤン・エリック・コングスハウクが最もジャズ録音らしいと思う。ベースは締まり、シンバルは強くさえずる。しかしそれだけにシンバルが前面に出てしまい、遠近感が損なわれてしまう。その点ではドラムを後方に置くアメリオにかなわないのである。だから私はアメリオが贔屓なのだ。あちらを立てればこちら立たず、がオーディオだ。

今日はいろいろ勉強になった。

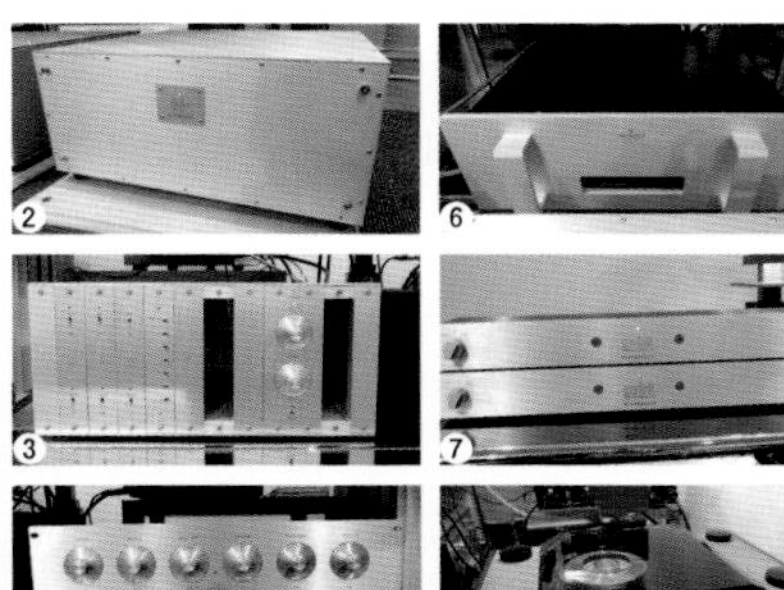

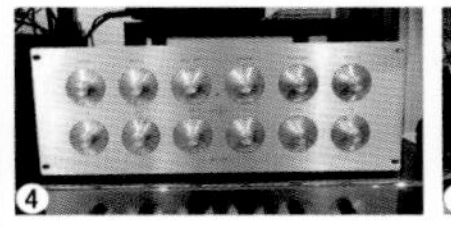

試聴したオーディオ・システム1

スピーカー：BOSTON ACOUSTICS ①手前 Lynnfield 300L
パワーアンプ：CELLO Performance ②
プリアンプ：CELLO Audio Suite ③
パラメトリック・イコライザー：CELLO Audio Palette ④
CDプレーヤー：STUDER D730 ⑤

試聴したオーディオ・システム2

スピーカー：JBL Project Everest DD66000 ①奥
パワーアンプ：GOLDMUND Mimesis 8.2 ⑥
プリアンプ：MARK LEVINSON ML-6 ⑦
DAC：AUDIO NOTE DAC1
CDトランスポート：KRELL MD-1 ⑧

寺島氏が購入したBOSTON ACOUSTICSのスピーカーは、そのシャープな鳴りとともに80年代らしいソリッドなデザインも魅力。

オーディオ・ドリッパーのオーナー清田亮一氏。

● Audio Dripper
（オーディオ・ドリッパー）
TEL03-5809-3401
https://audiodripper.jp
info@audiodripper.jp

試聴したアルバム

①

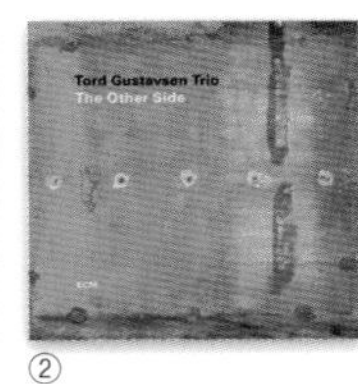

②

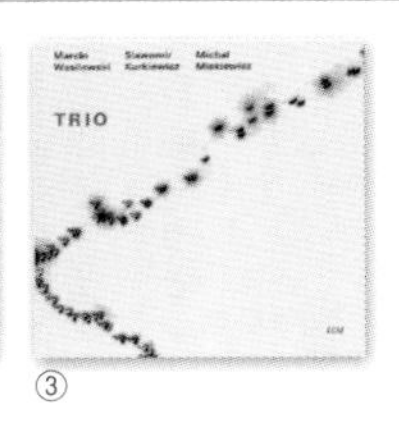

③

①『Contra la Indencisión／Bobo Stenson』（ECM）
Engineer：Stefano Amerio
②『The Other Side／Tord Gustavsen』（ECM）
Engineer：Peer Espen Ursfjord
③『Trio／Marcin Wasilewski』（ECM）
Engineer：Jan Erik Kongshaug

40

広大な試聴室でいい響きを浴び、遊ぶ。気ままな音旅へ

オーディオ・ドリッパー甲府アネックス　オーディオショップ（山梨県甲府市）

前回清田さんから山梨のほうにもお店があると伺っていた。山梨か、いいなあ。20年ほど前、私には忘れられない思い出がある。そんな話をするうち、どうですか甲府へ行ってみませんかというような塩梅になっていた。そしてお伺いしたのが甲府駅から車で10分ほどの「オーディオ・ドリッパー」甲府アネックスである。ビルの2階にある試聴室、なんという広さだろう。柳橋試聴室（東京）のざっと3倍はありそうだ。ＪＢＬの巨大なハーツフィールドがいやに小さく見える。ひょっとしてミニチュア？

私はちょっといい気分になっていた。柳橋試聴室ではさんざいい音を聴かされたが、ここ甲府ではそれほどうまくはゆかないだろう。そうふんだからである。なぜなら部屋が広過ぎる。ジャズは狭い部屋の音楽である。大ホールでピアノ・トリオを聴いても全然面白くないではないか。部屋もその例にもれないだろう。

さっそく来た。思うツボだ。ピアノ・トリオ。ＡＣＴ盤２００８年吹込みアルボラン・トリオの『ニア・ゲール』。これほど美しく見事に期待を裏切られた経験は私の人生であまりない。小さいピアノ・トリオが部屋全体に充満したのである。ピアノ・トリオはこんなに大きいものだったのか。ではなぜ大ホールで聴くピアノ・トリオが小さいのか。鳴らし方にあるんだろう。拡声装置やつくりに不備があるに違いない。

清田さんの鳴らし方はこうだ。なによりも「響き」を重視する。響きのよさが優先的に音楽の美しさを誇示する。無駄な反響を避けるため計算を重ね、自作の音響パネルをオーディオ装置の背後に設置、柱の裏側に断熱用のグラスウールを二重にして貼付したり。時間とお金をかけた。「音響」という言葉がある。音というのはひっきょう響きなのである。

Audio Dripper甲府ANNEXの室内全景。１フロア丸ごと１部屋のオーディオ・ルームとなっており、奥に写るJBL HartsfieldやTHIELの大型スピーカーが小さく見えるほど広大なスペース。

響きのよさ、大きさがピアノ・トリオを大きく見せるのだろう。

私の部屋のピアノ・トリオは小さい。その音に慣れ不思議を感じなくなったが清田さん自作の響きを聴き、こりゃなんとかしなくてはと。しかしいかんせん部屋が狭い。音響パネルやグラスウールを持ち込めばさらに狭隘化するのは避けられない。

オーディオとは運命なのである。部屋はその最たるもので私の見るところ全オーディオ・ファンの５%ほどの人が部屋的なオーディオ快楽を味わっているんだろう。

本日勉強になったことその①、**音楽の聴き方には二種類あり、その一つは私のようにスピーカーの直前でダイレクトに聴取するやり方、そして清田さんのように大部屋で音に包まれて聴く方法。**

その②先述のアルボラン・トリオである。知らなかった。一刻も早く入手しなくてはいけない。ドイツのＡＣＴレーベルは時にとんがったものがあり注意が必要だがこの『ニア・ゲール』は私好みの旋律が全編を支配し、リズミカルな要素もおこたらない。「テラシマさんがお好きだろうと用意しておきました」と清田さん。なにやら見抜かれている気配がある。

１時間ほど美麗かつスインギーな音に包まれ、やや疲れた。お話を伺うことにする。私はお客さん、つまりオーディオ・ファンに興味がある。清田さんの前で見せるそのありのままの姿、生態について聞きただしたい。例えば現代オーディオなるものにへきえきしている人が少なくないという。購入してみたものの音があまりにも綺麗過ぎる。特にジャズを聴く人にそういう方が多い。最先端の音を知っておきたい気持ちがあるが、現代オーディオは美音オーディオである。**美音はそれほど悪者ではない。悪いのは美音を作る際にエネルギー感を失ってしまうことである。エネルギーは美だけではなく、いい意味で雑味を含んでこそのエネルギーである。**

美音に悩むオーディオ・マニアの駆け込み寺が清田さんのオーディオ・ドリッパーではないのか。

美音患者に清田さんが勧めるのは中期オーディオである。これは前回で詳しく述べたが、例えばマークレビンソン１９７０～80年代のアンプ。これを1台システムに混入させることで簡単に解決できる。完成されたシステムの中に1箇所別のものを入れると音はその音になる。これオーディオ七不思議の一つ。私も美音では悩んだ。バブルの頃１００万のアンプを購入する。するとこれが美音アンプ。大体１００万を超えるアンプは美音だからその値段なのである。で、いまはクレルのＫＳＡ－１００という「中期もの」をシステムに組み入れ、いい意味での雑味が出るようになった。スネアのザラザラ感やスティックのカツーンはクレルのおかげである。

最後に清田さんに質問を投げた。「清田さんにとっていい音とはどういう音ですか」。

「そこで鳴っている状態の音」という明解な答えが返ってきた。「よくない音というのはイメージで補わなくてはいけない。それでは１００％オーディオに満足できないでしょう。私は常に１００％満足できる音を心がけています」。

甲府にいい思い出がある。私は先程そのように書いた。いい女がいて彼女と甲府旅行と洒落込んだ。

……私はこういう立派な行為ができない。身延線である。大昔、吉村昭の小説で身延線が出てきて、20年ほど前に乗ったことがある。その時、いつかまた乗りたいな、と。それが実現したのである。担当編集者の佐藤俊太郎と甲府駅で別れ、私は再び身延線上の人になった。車窓をこすりそうな木の枝を振り払うようにして列車は進む。やがて雪の残る富士山が等身大で見えてくる。諸君、一日遊んでみたらどうだろう。清田さんのところでいい響きを浴び、身延線で富士に出、こだまで帰ってくる。

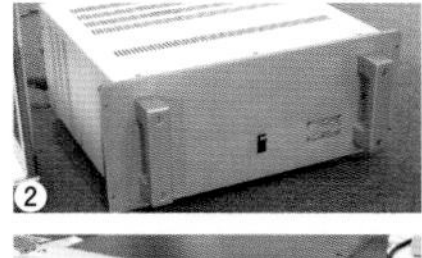

試聴したオーディオ・システム1

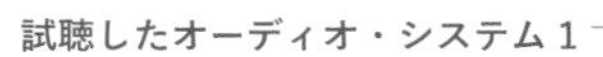

スピーカー：JBL Hartsfield ①
パワーアンプ：KRELL KMA100 MK Ⅱ ②
プリアンプ：KRELL KRC-2 ③
CDプレーヤー：STUDER A-725 ④

試聴したオーディオ・システム2

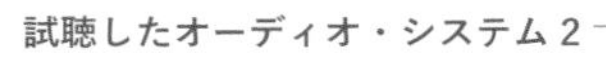

スピーカー：THIEL CS5 ⑤
パワーアンプ：GOLDMUND Minesis 9 ⑥
プリアンプ：LINN Krimax Kontrol ⑦
DAC：GOLDMUND Minesis 10 ⑧下
CD/DVDプレーヤー：MARANTZ DV6600 ⑧上

天井にはスピーカーの上あたりに柱が通っており、反響音を抑えるために断熱用のグラスウールを二重に壁に添付し吸音、オーディオ装置の背後の音響パネルは自作で最適な反響音を生み出す。

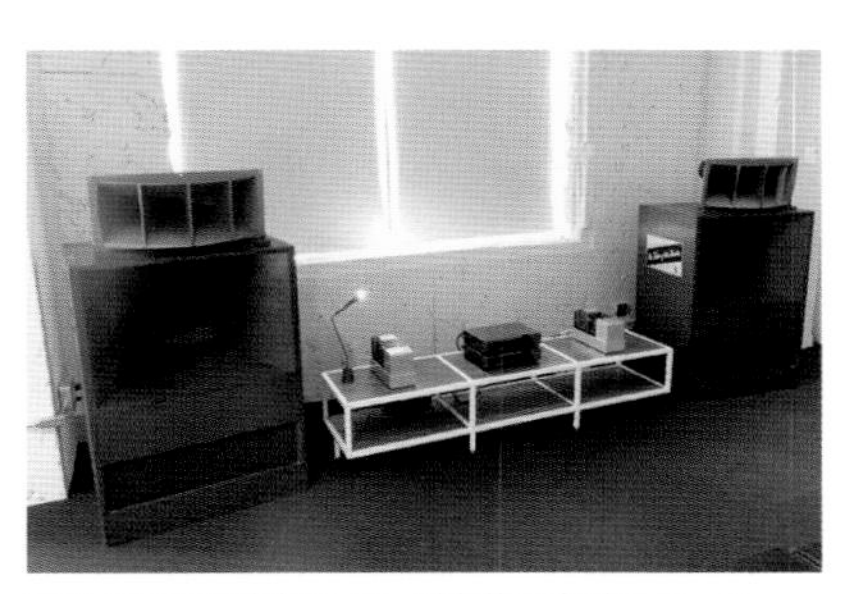

左手の面には往年のジャズ喫茶の定番スピーカー、ALTEC A7。QUAD II Classic真空管モノラルパワーアンプとQUAD 66 CDプレーヤーとプリアンプの組み合わせ。

試聴したアルバム

①

②

③

①『Near Gale／Alboran Trio』（ACT）
②『The Moon And The Bonfires／Robert Olzer』（Atelier Sawano）
③『Fog／Alf Haggkvist』（Losen）

41 ゆったりと空間をたゆたう理想のジャズ・バー・サウンド

JAZZY AFTER HOURS ジャズ・バー（神奈川県横浜市）

私の周囲には「ジャズ喫茶回遊魚族」と私が勝手に命名したジャズ・ファンが少なくない。地方のどこそこの何とかというジャズ喫茶へ行ってきたと話す彼らの嬉しそうな顔、そんな彼らをお目当てにしてか、このところジャズ喫茶の新規開店が目立つ。もちろんジャズ喫茶というよりジャズ・バーやライヴ関連の店の多いのは時代の趨勢である。しかし今回訪問した「ＪＡＺＺＹ ＡＦＴＥＲ ＨＯＵＲＳ」は一種独自のスタイル、見せ方を持っており、そこに大いに興味をひかれた。階段をとことこ上がり、２階の店内に入ると目の前にゴージャスなバー・カウンターがそびえ立つ。これは立派なところへ来ちゃったなあと少しおじけづく。奥のテーブル席も高級感があり、女性を連れてくれば男のランクが一つ上がりそうだ。

店主の柴田淳さんはしばらく前にこの店を居抜きで購入した。以前の店の造作などをそのまま受け継ぐのを居抜きというが、この店の前身はレストラン・バーだった。どうりで。

さっそくお話を伺う。と、いきなり目の前にボックス状のファイルが置かれた。これを見て下さいと。レコード・リストである。

ハハァ、ジャズ・バーにリストか。少々あっけにとられたが、そこはグッと飲み込む。せいぜいリクエストしていただいて、お客さんにじっくり聴いていっていただきたいのです、と真剣な目つきでおっしゃる。

大丈夫だろうか。私は心配になってきた。48年間のジャズ喫茶店主のキャリアがこういう時に顔を出すので困ってし

「JAZZY AFTER HOURS」のカウンター席でくつろぐ寺島氏と店主の柴田淳氏。後方に並ぶボトルを見てもわかるが、酒の種類は豊富で、世界の５大ウイスキー（スコットランド・アイルランド・アメリカ・カナダ・日本）の銘柄も多く揃えている。スピーカーはカウンターから若干離れた位置にあるが、空間を覆うように鳴るタンノイの効果で店内のどこからでも気持ちよく聴ける。

●JAZZY AFTER HOURS
横浜市中区南仲通3-30-2
関内新電ビル2F
TEL 045-264-4524
www.jazzyafterhours.jp

まう。

そういえばと柴田さん。「先日奥の席で一人じっくり聴いていかれた方がいらっしゃいました」。

夕方5時から12時までの営業のジャズ・バーである。それを紅茶1杯で2時間ねばったというのだが、柴田さん、それを苦にする様子もない。

入口の看板に書き込みあり。ミュージックチャージ、テーブルチャージ、お通し、サービス料、すべて無し。良心的にもほどがある。私は心のなかで叫んでいた。柴田さん、しっかりして下さい。少しずつでいいです。商人心というものを持つようにして下さい。店は建立した以上、継続してこその店なのですよ。

根っからのジャズ・ファンである。特に50～60年代のモダン・エイジを好む。音響メーカー、トリオに20年勤められ、その後もメーカー勤務で昨年退職。念願のジャズ喫茶、いやジャズ・バーを開いた。

「好きなものですからオーディオにも力を入れました」。スピーカーはタンノイである。普通はJBLとくるところである。ジャズ・イコール・JBLの公式がジャズ界で成り立って久しい。

「タンノイなら少々ボリュームを上げてもうるさくありません」

タンノイのバークレー。38センチ・コアキシャル仕様。ウーファーとトゥイーターが同一面に設置されている。ちなみにアンプはマッキントッシュのC40プリとMC7270のパワーという陣容。CDプレーヤーはエソテリックのX30。アナログプレーヤーはマイクロのBL-101、ケーブルはアビーロード、ハーモニックなどを使用。

「柴田さん、これだけでどのくらいかかりました?」。開店に際し一式取り揃えたオーディオ用費用はどれほどだったのか。

「百数十万というところですかね。すべて中古でまかないました」。賢明である。これが新品なら2~3倍の値段になる。きちんとした販売店で購入すれば修理の点でも安心。第一こわれそうでこわれないのがオーディオ製品なのだ。

耳を澄ます。たゆたう音、などというキザな言葉が浮かんできた。音がある種色彩感を伴い、帯状になってゆったりと店内を漂う。**出そうと思って出した音というより、自然に湧いて出た音。**これはもう音に身をまかせるしかない。

JBLがジャズ専科ならタンノイはクラシックというのが通り相場になっている。クラシック喫茶は大体タンノイを置いていた。これからのジャズ・バーはタンノイなのかもしれないとふと考える。

奥さんに登場してもらわなければいけない。現在、そして未来のジャズ・バーはご夫婦の二人三脚で。これが鉄則になりつつある。人を使わない。人件費節約。そのかわり営業時間を長くとらない。奥さんのメリット、という言い方はおかしいが、料理なのである。奥さんというのは料理のうまい人類、という言い方はできる。大体オーディオ・マニアは奥さんに邪険にされているから家庭料理に飢えている。「ちょっと味見して下さい」。お肉料理が供された。肉の本質的味覚をそこなわない絶妙な薄味。料理的チョンガーのオーディオ・マニアはいちころだろう。賄いで作ったと言われるが、本物はどんな味に変化するのか。

これからのジャズ・バーは食べ物である。それかまったく逆にノー・フード、お酒一本でゆく手もあるが、このお店には二人の名料理人が揃っている。柴田さんは退職後料理学校へ通い、専門料理店で1年修行した。

いい雰囲気、いい音、うまい料理、三拍子揃った「JAZZY AFTER HOURS」の将来は盤石である。

してみると最初にドカンと出てきた、柴田さんが5年がかりで少しずつ作り上げたというあの分厚いレコード・リスト。あれはなんだ。以下は推測である。柴田さんは世が世なら、つまり半世紀前なら、立派なお聴かせ専門のジャズ喫茶を開店したかったのだろう。
柴田さんのお店は、言ってみれば、顔はジャズ・バー、心はジャズ喫茶。店内に入ったらカウンターかテーブル席か選んで下さいとのこと。じっくりお聴きになりたい方はテーブルへ。ちょっとお話でもしたい方はカウンター席へ。

①

②

③

④

⑤

オーディオ・システム概要
スピーカー：TANNOY Berkley ①
パワーアンプ：McINTOSH MC7270 ②
プリアンプ：McINTOSH C40 ③
CDプレーヤー：ESOTERIC X-30 ④
ターンテーブル：MICRO BL-101 ⑤

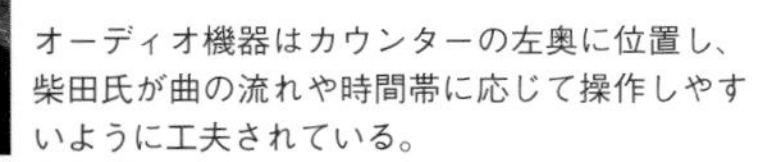
オーディオ機器はカウンターの左奥に位置し、柴田氏が曲の流れや時間帯に応じて操作しやすいように工夫されている。

スピーカー／ピアノが置かれる一角は一段高くステージ状になったスペースになっている。音源はモダン・ジャズのCDが中心でレコード・リストからリクエストも可能。

試聴したアルバム

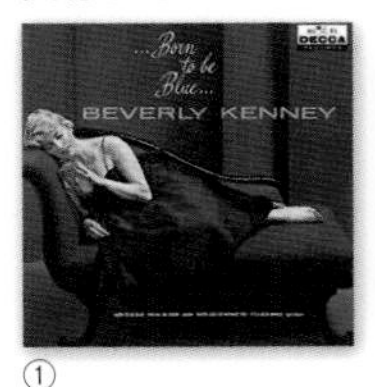

①

②

③

①『Born To Be Blue／Beverly Kenney』（Decca）
②『Idle Moments／Grant Green』（Blue Note）
③『Adam's Apple／Wayne Shorter』（Blue Note）

42 オーディオ・ファンを虜にするシンガーが自室で音に浸る時

井筒香奈江　シンガー

井筒さんは最初からジャズ・ファン（私のことです）の心をくすぐるようなことを言う。

「ジャズってむずかしいですよね。一癖も二癖もあって、とっても一筋縄ではゆきません。歌っていてそう感じます。やればやるほどむずかしい」。

たまにライヴハウスでジャズのスタンダードを歌うことがある。するとお客さんが、もう少しフェイクしてジャズらしい雰囲気を表現したほうがいいんじゃないか。そんなノーガキを垂れるらしい。

いるんですよねえ。そういう人が。ジャズ・ファンの良からぬ特性の一つである。俺ってけっこう詳しいんだぜ。ついそういう素振りをみせてしまう。いや、申しわけない。代表して、私、謝ります。

「私、普通に歌いたいんです。曲のよさが伝わる歌い方がベストと思います」。

井筒さんはもとよりジャズ・ミュージシャンではない。ジャンルを分ければポップスがメインの人だろう。日本語で歌謡曲風の歌をうたうのも得意だ。であるからジャズ界ではあまり有名ではない。有名なのはオーディオ界である。オーディオ誌でしょっちゅう見かける名前が井筒香奈江。

彼女が出版するCDというCD、すべて音がいい。彼女のCDを私は自宅で聴いて一驚した。こういう音のよさもあったのか。私の知らない音の世界である。物理特性にすぐれているタイプの音のよさではない。そんなこましゃくれたオーディオ、オーディオした世界ではない。

彼女はスピーカーから歩み始め、しゃなり、しゃなりと私のほうに近寄ってくる。そして私の首に両腕をまわすので

今回自室取材を快諾してくれた井筒香奈江。背景に写るオーディオ・セットはサイズ感もデザインもインテリアと調和し、部屋の質感をより高めている。

ある。そして遂に耳許で歌い出す。くすぐったいが快感的くすぐったさだ。口許がほころんで、やに下がっている。

こういう光景が夜ごと全国のオーディオ・ファンのオーディオ・ルームで出現しているのだ。なんという罪人なのだ、井筒香奈江は。言ってみれば、女性にもともとエンの乏しいオーディオ・ファンにとって彼女は仮想的恋人、あるいは声の天使といったところだろう。

さて、彼女のオーディオ・ルーム、といっても居間なのだが、私は目ざとく一つのチャーム・ポイントを見出していた。それがトライオード製「ルビー」である。真空管アンプ。試みに視界からルビーを外してみる。すると部屋が急速に寂しくなっていった。

彼女はもともとがインテリアデザイナーである。デザイナー転じて歌手になった。デザイナーが選んだアンプがルビーだった。

作ったのは山崎さん。トライオードの社長。前身は新幹線の車掌さん。あまり関係ないが、それでも機械屋さんの作るアンプとは一味、違う。女性にも目を向けた作りである。ファニチャーとして通用するアンプ。その夢の実現がルビーだった。ルビーというネーミングも素敵ではないか。大体オーディオ製品というと数字の並んだ型番で呼ばれることが多いが、いきなりルビーときたもんだ。昔はパラゴンとかランサー、オリンパスなど普通の人がなつけるような呼び方がなされた。ルビー、最高。最近「ムサシ」というアンプが新製品で出た。真っ黒で男っぽい。私、欲しいのですが。

脱線しました。

井筒さんはルビーを愛するだけあってこぢんまりしたオーディオ・システムが好きである。学生の頃に買ったコンポが格好よくて好きだったと言う。ついでにいうとオーディオのある部屋って格好いいと。スピーカーのロジャースもウッディな感じがして部屋との相性がいい。反対に金のかかった豪華なオーディオが自分の部屋にあったなら、こわくて歩けなくなる、掃除機をケーブルにひっかけてしまうのではないかとヒヤヒヤしてしまう。そういう意味でも、何百万、何千万の装置は脅威だと。

まあ井筒さん。たいがいにして下さい。先ほど申し上げたようにハイエンドの人たちも井筒さんの歌を舌なめずりして⁉　毎晩聴いているんですよ。ハイエンドで音が迫真的になればなるほど、井筒さんの声帯はなまめかしさを増してゆく。**そのなまめかしさをさらに生々しく変身させようと日夜オーディオ作業に励んでいるのがオーディオ・ファンなのです。**可愛いものじゃないですか。

ＬＰシステムを聴く。最近発売されたダイレクト・カッティング盤。曲は〈スパルタカス愛のテーマ〉。

彼女の姿が見えない。恥ずかしくて隠れちゃったんでしょう。と佐藤俊太郎。

そうなのである。彼女、予想以上におしとやか、シャイ、人ずれしていない。

こんなことも言った。「私、暗いんです。口をきかない日もあります。引きこもり気味のところがあるのかもしれません。でも大きな窓から下界を見おろすと急に元気が出てくるんですね。一日に何回もずっと外を見ています」。

時に鋭い意見を吐くけれど、自分については飾ったり、ひけらかしたりしない彼女。頑張って下さい。ジャズもよろしく。そのうちハイエンドを目指して下さい。

①

②

③

⑤

④

オーディオ・システム概要

●アナログセット

スピーカー：ROGERS LS3/5a ①

プリメインアンプ：TRIODE Ruby ②上

CDプレイヤー：TRIODE Ruby CD ②下

アナログプレーヤー：TECHNICS SL-1500C ③

●デジタルセット

スピーカー：B&W Rock Solid Sounds ④

ネットワークCDレシーバー：MARANTZ M-CR612 ⑤

寺島氏とツーショット。普段部屋で過ごすのが大好きで引きこもり？ がちになるという彼女。たしかに快適な都市生活をおくるのにこれほど適した部屋もなかなかあるまい。オーディオ・イベントなど引っ張りだこの彼女からは想像できない一面が垣間見れた。

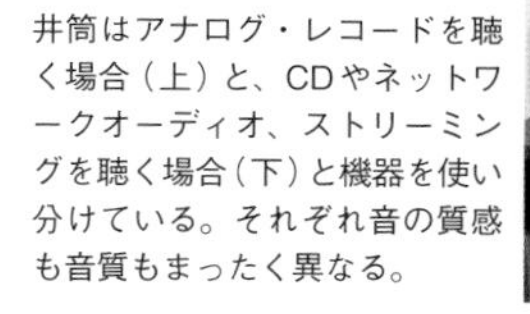

井筒はアナログ・レコードを聴く場合（上）と、CDやネットワークオーディオ、ストリーミングを聴く場合（下）と機器を使い分けている。それぞれ音の質感も音質もまったく異なる。

試聴したアルバム

①

②

③

①『The Great American Songbook／Carmen McRae』（Atlantic）

②『POP POP／Rickie Lee Jones』（Geffen）

③『Direct Cutting at King Sekiguchidai Studio／井筒香奈江』（King）

驚愕のスネア・ドラム一発。モダン・ジャズの脈動を聴いた

43

青鹿孝行　会社経営

青鹿さんのお宅を訪問し、目的地のオーディオ・ルームに到達する。しかしその前に必ず立ち寄らなければならない関門が待っている。私は今回で二度目の訪問だがやっぱりその関所に入るよう促された。

浅草駅から徒歩10分、外国人などが多くたむろする繁華街を抜け、少し静かな一角に青鹿邸はあった。ビルのようなお住まいだ。1階のすぐ右手に問題のお部屋がある。部屋と言ったが、部屋ではない。店である。いや店とも違う。なんと呼んだらいいのだろう。そうだ、ホーム・バーだ。前回の訪問時に「いい思い」をしてしまった私は、実はここに寄りたかったのである。いきなり本丸のオーディオ・ルームに案内されたらどうしようと。

実に美味なるウィスキーをご馳走になったのである。美麗木箱に収まったそのシングルモルト・ウィスキーを押し抱くようにして青鹿さんは延々と講釈を施す。すると口中に唾液が湧出し、グラスに注がれた少量の琥珀色の液体をなめるようにしていただくと、この世にこんな美形な飲料があったのかと天を仰いで嘆息し、ああ生きててよかったとなるのである。

しかし、いま、この一文をしたためつつ、ふと考えると、ひょっとしてこのウィスキー供与、青鹿さんの一種巧妙な「作戦」ではなかったかという気がする。人間誰しも美酒に酔えばいい気分になる。いい気分になれば音もよく聴こえる。そのあたりの機微を巧みにすくい取った見事なシングルモルト・オペレーションではないのか。オーディオ・マニアは古来誰もが自分の音をほめられたい。ほめられれば即、天に昇りつめる。そのために血の滲むようなチューニングをおこたらないという側面を持つ。よし今度私も一杯のませてから聴いてもらうことにしよう。

左：青鹿氏のオーディオ・ルームは50～60年代モダン・ジャズのアナログ盤を聴くために特化したエクスクルーシヴな空間。システムもそのために最適な機器がチョイスされている。

右：青鹿氏が長年傾倒しているのがウィスキーで、ご覧のような見事なプライベート・バーを持ち、ヴィンテージものから貴重な限定版まで愛好家にとってはまさに垂涎もののウィスキーが所狭しと並ぶ。但しコレクターではなく、貴重なウィスキーも遠慮なく栓を開け、友人とともに味わうのが楽しみという。

酒盛りも終了し、ややふらつく足をかばいつつお隣のオーディオ・ルームに入る。

と、一挙に1970年代に戻っていった。巨大なスピーカー・システムの原型質はまさにその時代のジャズ喫茶を彷彿させるもので、それに青鹿さんの個人的な好みや趣向を添加したものといったらいいのか。

最初に目についたのがイコライザーであった。ビクターのSEA-7070。現在あまり使われない機器である。低域、中域、高域の帯域を自在に調整できる。見ると500ヘルツから1キロヘルツあたりが盛り上がってる。こういう言い方はどうかと思うが、私は、青鹿さんは中域派だと理解した。いいじゃないか。**50～70年代のジャズの音は、言ってみれば、中域なのである。**中域突出型サウンドの典型がブルーノートをメインとするルディ・バン・ゲルダー・サウンドだ。となればブルーノート盤をターンテーブルに乗せていただくのが筋なのに私のヘソはやっぱり曲がっている。選んだのは真逆の音で吹込まれているコンテンポラリー盤だった。

1960年録音、ベン・ウェブスターの『アット・ザ・ルネッサンス』。エンジニアは著名なロイ・デュナンではなく格下のハワード・ホルツァー。それが逆に興味をそそる。

いや、たまげました。実にまったく。感嘆詞をいくつ付けても足りないくらい。こんな音は初めて聴いた。これだから人さまの音を聴く旅はやめられない。私はいまこの盤を持っていないので確認できないが、〈恋とはなんでしょう〉が始まってしばらくして、部屋中に響きとどろく、驚がくのスネア・ドラム一発。

青鹿さんはこの「カツーン」一発を発生させるためにイコライザーを導入、調整したのだろう。そう踏んだのだが、意外にもそうでもないという。同じ中域でも人によって聴きどころは違うものである。音の全体像を眺めていると、部分的に出張ったり引っ込んだりするのがわかる。ジャズは強いところは出っ張り、弱音部は引っ込んでスイング感をおぼえさせる音楽だ。平面だとスイングや脈動を感じにくい。だからこそオーディオで言うところの「前後感」が必要なのだが青鹿さんのシステムはこれに滅法強い。

部屋の広さも幸いしている。これだけ広大だと音源も大きく描き出され、前後左右の変化が見分けやすい。さらなるメリットは防音システム、これが完備されている。ジャズを聴くのに音の大きさは、誰がなんといおうと必須事項である。青鹿邸の音量は昔のジャズ喫茶の音に優に匹敵する。

青鹿さんは若い頃ジャズ喫茶へ通いつめた。その音に驚きつつ、「いまに見ておれ、僕だって」のスピリットを持ち続けた。会社を経営するようになり念願のジャズ喫茶のオーディオ・ルームを作った。夢は持ち続けると成就すると言う。途中であきらめるから達成できないのだと。

好きな音はと問うと、ベース。ベースのズズーンが大好物。しかしマーティ・ペイチ盤を聴くと存外ベースの音が少ない。スコット・ラファロである。下までよく延びている。しかし青鹿さんのところのラファロはチェロ化していて、ベースが中域化した典型的な例。でも青鹿さんの耳には正規のズズーンのベース音として響いているのだ。ベース音の量感的満足度は人によって異なるということだろう。そういえば、かつてのジャズ喫茶では大抵ベースの音は小さかった。そのかわり、テナーやトランペットが大きく鳴り響いたのである。

CDはほとんどないに等しい。最近のピアノ・トリオなどを聴いても面白くないという。それはそうでしょう。これほど完ぺきな中域主義のシステムにワイドレンジ録音のCDが合うわけがない。それでいいのである。私は無理にお勧めはしない。大いばりで自分の好きなレコードを好きな音で聴いて下さい。

「いい音」とはなんですか。

最後の質問に「ジェリー・マリガンの音ではなく、ペッパー・アダムスの音」と答えた。物腰はやわらかいが、音も人も硬派にしてハードボイルド。そういう青鹿さんであった。

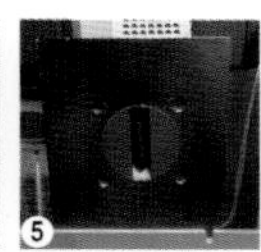

オーディオ・システム概要
スピーカー：
ALTEC 604-8G ①
JBL 2205 ②
JBL 2135 ③
JBL 2345 ④
JBL 2405（トゥィーター）⑤
JBL 2402（トゥィーター）⑥
JBL 各ドライバーのキャビネットはすべて特注品
プリアンプ：McINTOSH C29 ⑦
パワーアンプ：知人の製作による特注品 ⑧
トランスに TANGO、真空管は VALVO を使用
ターンテーブル：TECHNICS SP20 ⑨

ティアックのオープン・リール・デッキが目を引くアンプ、プレーヤー周り。中央ラックのプリアンプの下が寺島氏が注目したイコライザー、ビクター製のSEA-7070

青鹿氏と寺島氏。青鹿氏はワイヤーをワンタッチで固定調整可能な金具の多分野での用途開発を手掛けるメーカーの創業者。その実直で気さくな人柄と妥協を許さない精神がここで鳴らす強くてしなやかな音に滲み出ている。

試聴したアルバム

①

②

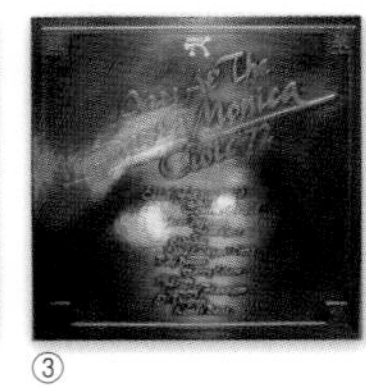
③

①『At The Renaissance／Ben Webster』（Contemporary）
②『The Broadway Bit／Marty Paich』（Warner Bros.）
③『Jazz At The Santa Monica Civic '72／V.A.』（Pablo）

44 ゴルソンに真実を語らせるヴィンテージ・スピーカーの底力

渡来潤次（わたらい） 医師

これまで我こそはベニー・ゴルソンの大ファンなりという人に会ったことがない。うーん、悪くはないんだけどねぇ、あのテナーねぇ、どっちかというと作曲家でしょう。大抵、そんな答えが返ってくる。年はとるものである。ゴルソンの大ファンという人に出会ってしまったのだ。それが本日の主人公、渡来潤次さんである。東京・三鷹で耳鼻咽喉科を開業しておられる。

そういえば少し前にのどの調子がおかしくなった。固い感じがする。もしやの思いがかすめ、診ていただいた。長い管を巧みに操り、患部をくまなく捜索。なんでもない、心配しなさんな、大丈夫だよと青菜に塩の私を前にまことに威勢がいい。口調には2％ほどのべらんめぇ調が加わっている。たちまち霧が晴れた。

さて、本日は形勢逆転となったのである。私が渡来さんのオーディオを診断するのだ。お顔に若干の不安の影めいたものが走るのを私は見逃さなかった。

テラシマのことだ。なにかとんでもない気に障ることを言い出すんじゃないか。

たしかに。20、30年前ならそれらしいことを口走ったに違いない。オーディオ・ファンは他人の欠点をあげつらって自己の点数かせぎをするのが常。

渡来さん、この装置、音、もう古いですよ。いまは21世紀、ジャズは新しくなり、システムも一新されている。新しいジャズを新しい装置で聴きましょうよ、みたいな。

そんな気配、おくびにも出さない。

まるでヴィンテージ・スピーカーの専門店のような渡来氏のオーディオ・ルーム。各スピーカーはその用途に合わせて，シュガーレコーズの坪井幸雄氏により入念にシステム構築されており、聴き比べると各システムの特性の違いがくっきりと現れる。ネット部分が逆三角形にカットされたエンクロージャーの上に置かれた小型のスピーカーが本文中に登場するMUSIKELECTRINICのME-25。

左より渡来氏、シュガーレコーズ代表で渡来氏のオーディオ・システムを組んだ坪井幸雄氏、渡来氏の友人で現在キングインターナショナルに勤務する平野聡氏、寺島氏。

私は学んだのである。いろいろなお宅の音を聴かせていただき、オーディオとは人それぞれが正しい。それを学習し、ようやく大人になったのだ。

最初にターンテーブルに乗ったのがベニー・ゴルソンのアーゴ盤『フリー』だった。

渡来さんはCDをほとんど聴かない。

私はゴルソンが苦手である。言われるように大作曲家と思っている。よく知られていない〈サッド・トゥ・セイ〉などの大ファンである。しかし彼の押しつけがましく、気ぜわしいテナーはごめんこうむりたい。渡来さんのところのゴルソンからはそれらのゴルソン性が綺麗に消えていた。大きく、悠然として、たおやかだ。

ミュージシャンは自分に合ったオーディオで聴かれた時にすぐれたミュージシャンになる。ゴルソンの得手のスピーカー、それが渡来さんのJBLだったのだ。ゴルソンに真実を語らせよう。その思い一筋に67歳の現在に至るまで精進を重ねてきた。そうか、私はこれまでゴルソンをフレーズで聴いてきたんだ、そうではなくてテナーの音で聴く人だったのだ。ゴルソン開眼の日。

次、マルの『レフト・アローン』がかかる。ゴルソンの太く温かなテナーから一転、センシティブで艶やかなマクリーンのアルトが聴こえてきた。〈レフト・アローン〉のマクリーンってこんな音だったのか。

一瞬、耳を疑う。これまで一度も遭遇していない。こんなマクリーンもいたのか。

あまりほめたくはないが、部屋にいた全員が驚嘆の声を上げる。本日は元アルファレコードの平野さん、シュガーレコーズの坪井さんがかけつけてくれた。

「ゴルソン用のスピーカー」から「マクリーン用のスピーカー」（こちらはアルテック）に渡来さんは切り替えていたのである。

以前、新宿の「ｒｐｍ」というジャズ・バーへ行った折、盤によって2種のスピーカーを使用していた。感心したものだが、渡来さんにもそうした「奥の手」があったのである。

ミュージシャンの資質、スピーカーの資質、その両方を会得して初めてできる芸当というしかない。

オーディオ談義に入る。「ケーブルはオーディオではない」。なんというけしからん発言。アンプやスピーカーのもともとの素質を活かしてこそのオーディオ、それをケーブルごときで音を変えるなど許せるワザではないと息巻く渡来さん。ケーブルで音を変える？　アンプやスピーカーの立場はどうなるんだ。立つ瀬がないではないか、と。

ケーブル信者の私への挑戦である。とりあえず、今日のところは引き下がろう。いつの日か必ず、このカタキは、とる。ばっちりのケーブルを持参し、まいりましたと言わせてみせよう。その日こそ、渡来さんが現代オーディオに目覚める日なのだ。

ところで部屋。私が〝ドクター・オーディオ〟に常に口惜しい思いをするのは部屋なのである。まず地下室というのが面白くない。毎回書いているように、あたりに気遣ってわずかの音量かせぎに難儀する私である。思い切りパワー・アップできる地下室がどれほど羨ましいか、わかりますか、渡来さん。

音というのはほんの1ミリ、ボリュームを上げただけで、ベースがぐーんと浮き上がったりする。そのほんの1ミリこそが命綱、ジャズが生きるか死ぬかの瀬戸際、良否の分かれ目。欲しいぞ、地下室。

オーディオ・ルームが他にもあるらしい。えっちらおっちら、渡来さんが顔面から汗をしたたらせつつ、小型スピーカーを運び込んできた。
一挙に現代の音になったのである。入口、中間、つまりレコードプレーヤー、アンプがヴィンテージでもスピーカーが新しいと今様の音になる。これは新しい発見だった。ムジークエレクトロニクのME－25。1本21万という。これも欲しくなった。

一見豪放で太っ腹に見える渡来さん、当然繊細な一面も合わせ持つ。患者に対する治療は万全だったか。ふと不安になることもある。そういう時、地下にこもる。ゴルソンを聴く。

オーディオ・システム概要

- JBLスピーカーシステム
  ①スピーカーエンクロージャー：JBL C38を片チャンネル2台（ダブルウーファーシステム）／ウーファー：D130をダブル使用／中域ドライバー：JBL 2440／ホーン：AMPEX D6940マルチセルホーン／トゥイーター：JBL 075
- ALTECスピーカーシステム
  ②スピーカーエンクロージャー：ALTEC 614／ウーファー：ALTEC 414-8C／中域ドライバー：ALTEC 288-16K／ホーン：ALTEC 805Bマルチセルホーン／トゥイーター：ELECTRO VOICE：T-35A
  ③WESTERN ELECTRIC通称ランドセル箱米国製レプリカ／ALTEC 755E 20cmフルレンジ
- センターモノラルシステム
  ④JENSEN Inperialエンクロージャー／PHILIPS AD3800アルニコ20cmフルレンジ＋トゥイーター：JENSEN RP103A
- プレーヤーシステム
  ⑤フォノモーター：THORENS TD124-2／トーンアーム：ORTOFON SMG212／カートリッジ：EMT-XSD-15
  ⑥フォノモーター：GARRARD 301／トーンアーム：ORTOFON SMG212／カートリッジ：ORTOFON CG25Di
- イコライザーアンプ
  ⑦シュガーレコーズ製全WESTERN ELECTRIC球使用RIAAイコライザーアンプ
  ALTECスピーカーシステム用パワーアンプ
  ⑧シュガーレコーズ製2A3シングルステレオアンプ
- JBLスピーカーシステム用パワーアンプ
  ⑨シュガーレコーズ製米国TRIAD社出力トランス付き6L6PP（プッシュプル）モノラルパワーアンプ×2

5

6

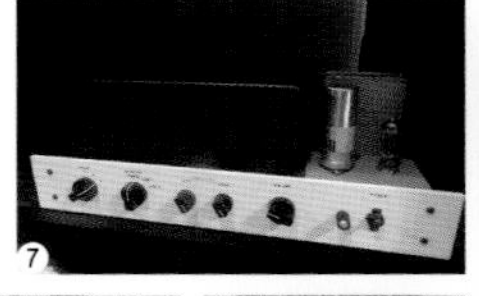
7

8

1

2

3

4

9

試聴したアルバム

①

②

③

①『Free／Benny Golson』（Argo）
②『Round About Midnight／Miles Davis』（Columbia）
③『Left Alone／Mal Waldron』（Bethlehem）

45 偏狭なSP観を払拭する〝3分間芸術〟その音の威力

瀬谷　徹　SPレコード蒐集家

ジャズ・ファンの皆さん、世界最古のレコード、そして曲をご存知か。もちろんSPレコード。なんと約100年前、ビクターに吹込まれたODJB、つまりオリジナル・デキシーランド・ジャズ・バンドによる〈リバリー・ステイブル・ブルース〉それがそうである。

聴いたことがおありだろうか。多分絶無だろう。文献としては知られている。ジャズの歴史書の類でご存知の方もおられるはずだ。しかし一般に流通することはほとんどない。よほどの好事家以外は求める人が少ないからである。ちなみに金額はどのくらいだろう。意外にも海外のオークションなどでは10ドル以内で入手できるという。

さて今回〈馬小屋のブルース〉のSPを所持する好事家にお会いし、首尾よく聴かせていただく機会にめぐまれた。瀬谷徹さんがその方である。瀬谷さんはなんというか、見るからに偉丈夫然としている。そして美声の持ち主。テナーとバリトンの中間くらいに位置する声帯から発せられるヴォイスはジャズ・ヴォーカルに最適だろう。しかし瀬谷さんはそこには向かわず声優として現在活躍中だ。

すなわちNHKラジオ「ジャズSPアワー」、ミュージックバードの「ジャズSPタイム」を受け持っている。毎回重いSPレコードをかかえて通っておられる。

瀬谷さんはSPレコードの大家なのである。

SPレコード。私も高校生の頃、LPなどという貴重品は入手できず、SPでベニー・グッドマンなどを楽しんでいた。しかしここ何十年、SPははるか遠い存在になっている。私のまわりでSPを愛でる人はいない。

まさにSPレコードを聴くために設えられた瀬谷宅のリスニング・ルーム。SPレコードの所有枚数は1万枚以上で、専用棚の床下には重量を考慮し補強材が組み込まれている。中央の蓄音機は手回し式で、もちろんボリューム調整はなし。にわかには信じがたいほど清涼感にあふれたクリアなサウンドを大音量で鳴らす。となりのギターはフルアコの名機GIBSON L-5だ。

誤解があるんですよ、と瀬谷さんはおっしゃる。SPは音がよくない。ノイズが蔓延、さながら雨の中から音が聴こえてくるがごとし。さらにはベース奏者はいないがごとし。

今日はそうした偏狭なSP観を払拭しましょうと1曲目にかかったのが先の〈馬小屋のブルース〉だったのだ。

なんという清涼な音。ノイズ探しに苦労するくらい静寂だ。もちろん100年前の録音だから現在のような広い音の帯域は求めるべくもない。**間違いなく古めかしい。しかしある意味で現代の録音に比肩する**と私は考えた。

それは音楽を聴けるということである。さまざまな魅力的な音が混入する現代録音。私などはそれに惑わされ、ふと気がつくと音を聴いていたりする。

SPならひたすら音楽を聴くだろう。聴かざるを得ない。音楽しか入っていないからである。妙な言い方をしたが私はSPをほめている。

音楽ファンか、オーディオ・ファンかの質問に瀬谷さんは極めて明確に答えた。音楽ファンに決まっていると。オーディオは音楽を聴くためのツール。愛情は感じるが自分が好む１９２０～30年代のＳＰを聴くために存在する。

〝３分間芸術〟。言うまでもなくＳＰレコードの代名詞だ。３分で演者は思いのすべてをレコードに注入しなくてはいけない。無駄はとことん省く必要がある。録音前に音楽のあらましが、凝縮されたエッセンスが、綿密な構図が頭の中に描かれていたに違いない。完成形。充実性。そこにこそＳＰの真実、実相があると瀬谷さんは力説する。

モダンを聴きたくなった。リクエストするとハンク・モブレイを再生して下さった。デビュー盤、10インチＳＰだ。かつてのオールド・ファンが最も愛したというハンク・モブレイのテナーがどのように鳴るのか。

想像をはるかに超えた音が出現した。これがモブレイか。フレージングは間違いなく彼だ。しかしトーンが私の中に長く居ついたモブレイと違う。太くて、ゆったり感に溢れ、性急さがない。

ＳＰのモブレイ、幸せ。ＣＤのモブレイ、気の毒――ＣＤのモブレイはやせぎす。

私は意地が悪い。取材先でいつも相手の方の不興を買うような質問をする。やめようと思うのだがつい出てしまう。今回はこうだった。ジャズは刻々変化してゆく音楽だ。それに乗ってゆく必要はないが、一箇所にとどまって、新しいジャズに耳をかさない不安というかあせりというか、そういうものはありませんか。

かつて私はイビられたことがある。モダンばかり聴いていた頃、フュージョンやフリー・ジャズが流行り出し、ジャズ喫茶の親父たちがそれに傾倒、私は嘲笑われた。いつまで旧式にしがみついているんだと。その口惜しさを思い出しての質問だった。

きっぱりしていた。20年代、30年代ジャズが私のすべてです。ＳＰを聴いている時の幸せに浸っている。単なる楽しみを超越した信仰に近いものをＳＰレコードとその音楽に対して持っている。

音楽に合わせ、時に同時的にソロ・フレーズを口ずさみ、時に踊るような仕草を見せる瀬谷さん。その言葉にいつわりなしを感じた。

オーディオ・システム概要

スピーカー：JENSEN V-10 Field Coil Speaker + 自作米松 Box ①
モノラルパワーアンプ：WESTERN ELECTRIC No.124 ②
パッシブコントローラー：STELLAVOX PR2 ③上
フォノイコライザー：FM ACOUSTICS FM122 ③下
ターンテーブル：RCA MI-11830-B Custom ④
蓄音機：VICTROLA VV1-90 ⑤

上：部屋の側面もご覧のようにSPレコードが整然と並ぶ。番組等での使用を考慮し、1万枚のストックもアーティスト別に分類されすぐにお目当ての盤が見つかる。
下：瀬谷徹氏と寺島氏。なおミュージックバードで瀬谷氏がパーソナリティを務める番組「ジャズSPタイム」は隔週日曜（翌週再放送）20:00〜21:00に放送中。ぜひSPサウンドの素晴らしさを放送で体感していただきたい。

上・中：瀬谷氏はSP以外にもトラッド系の新録などはCDでチェックしている。その際に使用するシステムはスピーカーがBALLAD Ba510、アンプはCLASS AUDIO SDS-440C、CDはOLASONIC NANO-CD1、DAコンバーターにOLASONIC NANO-D1を使用する。
下：蓄音機用の鉄製レコード針は1回再生する毎に交換する。200本程度を箱入りで購入。

試聴したレコード

①

②

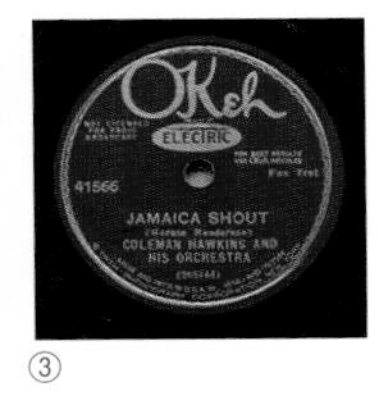

③

①『Liverlly Stable Blues／Original Dixieland Jass Band』（Victor）
②『Just One Of Those Things／Max Roach Quartet (ts: Hank Mobley)』（Debut）
③『Jamaica Shout／Coleman Hawkins』（OKeh）

クラシック・ファンが求める理想のジャズ・オーディオとは

清本真章　音楽之友社　編集部

「クラシックは長編小説でジャズは俳句です」。

この簡潔にして意味深い物言い、本日は面白い方向に話が発展しそうで部屋に入るなりワクワク感が湧き上がった。

ちなみに清本さんは、クラシックを8、ジャズを2の割合で聴く一種変則的なリスナーだ。私のまわりにはジャズ100％のリスナーばかりでクラシックを聴く人は皆無に近い。もとより私はジャズ一辺倒だ。はっきり言ってジャズとクラシックの両方を聴く人を昔から信用していない。もっとはっきり言うと両方ともわからない人という認識を持っている。

もちろん口には出さない。本日の訪問がめちゃめちゃになる。

クラシックのどこが私は嫌なのか。いや、音楽は悪くないんだ。たまに耳に入ってくると心ならずもいいなと思ったりする瞬間がある。

スノビズムである。学生時代一度だけ入ったクラシック喫茶で、音楽に合わせて指揮する客を見てああ嫌なものを見てしまった、と。

いやスノッブで言ったらジャズが上でしょうと清本さん。一度だけ入ったライヴハウスで客がイエーイなどとしきりに声を上げる。ああ二度と来るまいぞと思ったという。

いや今日はスノッブ論争をしにきたのではない。急遽先ほどの話題に戻す。

ジャズは俳句。もう少し丁寧に説明して下さい。面白いご指摘です。初めて聞きました。

清本宅のオーディオ・システム。クラシックとジャズの相克に絶妙なバランスで対処している。

右：清本真章氏と寺島氏。後方にはマルチ・チャンネルを楽しむスピーカーが2台設置され、さながらオーケストラの真ん中で聴くような臨場感を得られる。

「曲がお題で五七五の決まりの中で自由に演奏を行なうでしょう。テーマから始まってソロの割合が決まっていて、また元のところへきちんと定型的に着地する。1曲が大体5分内外で長大なクラシックに比べて非常に簡素化された音楽というふうに映ります」

我々はジャズを自由主義の音楽と考えている。にもかかわらず清本さんは形式が発達していて不自由な音楽だという。クラシックのほうが実はフリーだと。

クラシックとジャズの懸隔あるいは相克。

お互い、気持を収め、音楽を聴くことにする。

クラシックとジャズを一つのオーディオ装置で聴く。私には想像を絶する出来事である。いったいどういう音が出るのか。

ビル・エバンスの『ワルツ・フォー・デビイ』が後期のワーナー盤『ユー・マスト・ビリーブ・イン・スプリング』のように聴こえた。私に言わせれば人が何と言おうとリヴァーサイド盤ビル・エバンスは肉感的である。男の色気。その肉欲的なエバンスが清本さんの装置では草食獣になり変わっていた。

「我が家の本領発揮はこういう2チャンネル方式ではなく、サラウンド・システムにあります」。

ほう、サラウンドか、またしてもタテ突くようだが私はサラウンドはオーディオの違法建築と思っている。昔『スイングジャーナル』

の編集者でサラウンド好きがいた。部屋の中央に小型スピーカーを置き、自分はその真中にしゃがんで聴いていた。原始的なサラウンド方式。清本さんは正式である。つまりスピーカーを2個リスニング・ポジションの後方に設置する。都合4個のスピーカーに囲まれて聴く。囲まれ聴きが文字通りサラウンドである。

ストコフスキー指揮によるバッハの〈シャコンヌ〉がかかった。

おっと、どうした。これはたまらんじゃないか。やめてくれ。クラシックが好きになってしまうじゃないか。目を閉じれば、まさしくコンサート会場の真中にいるがごとし。

清本さんは面目をほどこした。

ジャズでなにか面白く聴けるものはありませんか。マイルスの『イン・ア・サイレント・ウェイ』が選ばれた。

面白くない。もうけっこうです。単調で、先ほどの複雑怪奇はどこへ行った。「サラウンドはサラウンド方式で録音されたソフトで聴かないと実力発揮とはいきません。いま聴いたマイルスは普通の2chですが4chマルチでも聴くことができます。おわかりのように僕はクラシック8、ジャズ2の配分で音を調整しています。どうしてもジャズはおろそかになる。仕方ないんです。ある時期5対5風にしてみたんですが両方とも駄目な顔をしました。今後は9：1でもいいかなと」。

クラシックを聴く時、清本さんは身を乗り出し前傾姿勢をとる。逆にジャズはゆったりと後方のソファに身を預ける。「ジャズは息抜きなんです。ごめんなさい」と。

いやいいんです、清本さん。今日は勉強になりました。サラウンド盤というのを研究してみたい。ひょっとして『イン・ア・サイレント・ウェイ』が面白く聴けるかもしれない。マイルスのファン化したりして。

音によってあるミュージシャンのファンになったりならなかったりする。これがオーディオのグレイトであり、なにものにも代えられない深い味わいなのである。

もう一つ、俳句。からきし駄目な私だが、ある本でこんな箇所にぶち当たった。俳人が一句ひねったという。

「夢一輪朝日を浴びて咲きにけり」。

奥さんに普通の出来と言われた。

「梅一輪見つけて弾む妻の声」。

そうですよ、こうこなくちゃあと奥さん。

普通の演奏の俳句とビジュアル的にスイングする俳句の結論的差異がわかった。

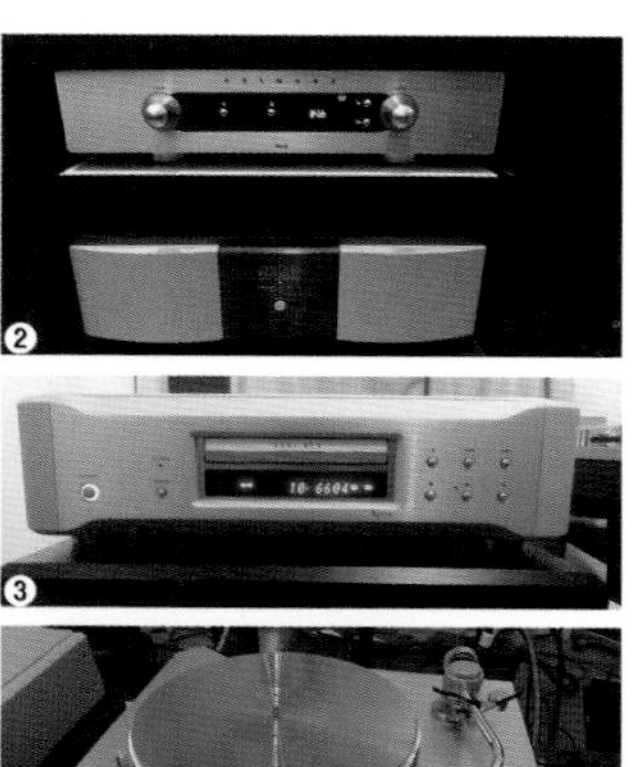

オーディオ・システム概要

スピーカー：VIENNA-ACOUSTICS Beethoven Baby Grand ①
スーパートゥイーター：MURATA ES103 ①（スピーカー上部）
パワーアンプ：MARK LEVINSON NO.431L ②下
プリアンプ：PRIMARE PRE32 ②上
AVアンプ：SONY TA-DA5700ES
SACDプレーヤー：ESOTERIC K-05X ③
フォノイコライザー：PHASEMATION EA-300
アナログプレーヤー：LUXMAN PD-171 ④
昇圧トランス：PHASEMATION T-500
カートリッジ：DENON DL-103R

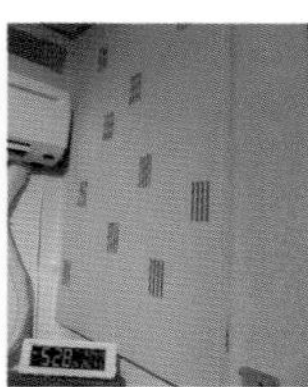

左：MURATAのスーパートゥイーター、ES103は高音域の輪郭を鮮やかに描き出す。
中央：ヤマハ製の調音パネルは部屋の隅に偏りがちな音をバランスよく整える。
右：米国製の電源コンディショナー＆エンハンサー、RICHARD GRAY RGPC 400PROなど電源やケーブルなどのセッティングにもこだわる。

試聴したアルバム

①

②

③

①『Complete Village Vanguard Recordings, 1961／Bill Evans』（Riverside）
②『Stokowski conducts Bach：The Great Transcriptions & Wagner: Brünnhilde's Immolation／Leopold Stokowski』※（Dutton Epoch）
③『In A Silent Way／Miles Davis』※（Columbia）
※5.1 Multi-ch

オーディオと音楽の哲学的命題?を考えさせる美音部屋

黒崎政男　哲学者、大学教授

今回の訪問はいささか気が重かった。なにしろ相手は哲学者ときたものである。こちらは元ジャズ喫茶店主。職業に貴賎はなしと言うが世間一般的には勝負はついている。

となんと、もうひと方学者さんが加わるのだという。こちらは宗教学者。さらにもうお一人、銀座のオーディオ・ショップ、サウンドクリエイトに勤務する女性。それもオーディオ界3ビューティーズの一人という美女の方。

そういえばサウンドクリエイトが主催する対談記事を読んだばかりだ。今回訪問の哲学者、黒崎政男さんと宗教学者の島田裕巳さんによる「オーディオ哲学宗教談義」。音元出版から出ている『ａｎａｌｏｇ』誌で連載されていて、これが評判を呼んでいるのだという。一読、気の重さがすっと抜けていった。どころか、急いでお目にかかりたくなってきたではないか。

対談はバド・パウエルのＢＮ盤『アメイジング』から始まる。例の〈ウン・ポコ・ローコ〉。１曲目から３曲続く有名な、いや悪名高い〈ウン・ポコ・ローコ〉３連発。

「気迫と緊張感は凄い。でもこれを超えるのは大変だ。ちょっと無理だと思ってＢ面にすると今度は〈チュニジアの夜〉。みんなそこでがっくりしちゃって、俺はもうバド・パウエルは駄目だとか３連発聴く意味どこにあるのかとか」。

いや人間・黒崎政男がびっしり出ておりました。嬉しいねぇ、この３連発でジャズの入口に戸を立てられた人を何人も知っている。かくいう私もその一人。

「さあさあ、どうぞ」。哲学者がこんなに気さくでさばけていていいのか、気遣いなのか、生来のものなのか。

黒崎氏のオーディオはご覧のように２台の巨大な蓄音機が圧倒的な存在感を放っているが、最大の特徴は各時代の音をそれぞれの時代のシステムで楽しめる点にある。蓄音機は２台、LP用のターンテーブルもモダン・ジャズ・エイジと同時代のEMT-930stとLINNの現行モデルLP12の２台を所有しそれぞれに鳴らすスピーカーが異なる。CD、ネットワーク・プレーヤーも楽しめ、こちらはLINN EXAKTシリーズのアンプ内蔵スピーカーで鳴らす。

ジャズ・オーディオ談義に華を咲かせる４人。手前が寺島氏で左からサウンドクリエイト 竹田響子氏、宗教学者の島田裕巳氏。ともに黒崎氏のオーディオ・ライフに欠かせない二人。

黒崎さんのオーディオは現代オーディオではない。最新式を気取らない。私が好きでよく使う言い方をすれば「古代オーディオ」である。

ＳＰを聴かせていただいた。パーカーのダイヤル盤。１９４７年録音。つくづく虚飾だと思う。いや、現代の先端の音がである。上辺だけ繕って、ただ綺麗なだけで内部構造はすかすか。それがよくわかった。わかったけれども、元へは戻れない。私は虚飾の男である。

竹針を聴いた。軟質な音かと思いきや前へ飛び出すパワー感は強力だ。しかしりきみは感じられない。うまくちからがいなされている感じ。

ＣＤのかかる気配はない。お願いする雰囲気でもない。

ダイナ・ショアはＳＰの人だった。彼女の天性の優しさ、そして温和感はＳＰでしか出ないのではないか。それと色気。ダイナ・ショアに色気なし。かつてこのように喝破したのは私である。しかしこの日黒崎邸で感じてしまったのだ。ダイナはお色気の人だった。そうかといってＳＰやＬＰに逆戻りはできない。私はＣＤの男である。

アレッサンドロ・ガラティのＣＤ盤をかけていただく。いよいよＣＤの出番。古代オーディオで最新式録音がどう鳴るのか。

リンのシステムにCDが吸い込まれた。一部の熱狂的なファン層を持つスコットランド産のリン。私はこの柔和な音を響かすリンが以前から駄目だった。もっともリンのCD12を愛用していた。それだけ(=単体)では物足らず、強いDAコンバーター、THETA(セータ)を付着させていたのだが。

さてリンで鳴らされた、いやほだされたアレッサンドロ・ガラティのピアノ・トリオ。音というより「音楽」なのである。いつも音を先に聴いているのにこちらではつい音楽に耳が行ってしまう。

いろいろ訪問を重ねているがこういう体験はめったにない。どこへ行ってもやっている音の荒探しをしようという気が起きない。このつつしみ深いサウンド。あたたかい清潔感。本当の美人は化粧をしなくても美人。リンのシステムからはそういう強いニュアンスが伝わってきた。といって私はリンに改宗する気はないのだが。

ここでいつもの愚問を発することにする。最近オーディオ・ファンの顔を見れば出てしまうこの質問。

「あなたはオーディオと音楽のどちらがエラいと思いますか?」

答えによって真面目な人か、諧謔の人かがわかる仕掛けになっている。

「それはオーディオに決まっているでしょう。だってオーディオによって音楽は変わってしまうんですから。音楽はオーディオに支配されているんです」。これはサウンドクリエイトの竹田響子さん。多分に職業的な見地からの視点かもしれないが、口調はきっぱりしており、案外本心かもしれない。

「エラいといえばオーディオを果敢にやる人がいちばんエラいです」。なるほど。

さて島田さんはどう出るか。私は固唾をのむ。島田さんは都立西高の頃、吉祥寺まで歩き、「ファンキー」や「メグ」へ通った真正ジャズ・ファンである。「メグ」のアルバイト学生だった桐野夏生を見染めたという伝説が流れる。

「竹田さんの意見に賛成です。当たり前ですが、オーディオのあり方によって音楽のあり方が変わってしまうのですから」。

お二人を優しい目で眺めやりながら最後に今回の主人公、黒崎さんが口を開いた。

「オーディオ・ファンは音を聴いて音楽を聴かない。これは小林秀雄の言葉ですが、**まず音楽ありき、です。いくらオーディオがすぐれていても音楽がなくては手も足も出ないですから。本質が成り立たないんです**」。

哲学は正しい。哲学は真面目だ。

オーディオ・システム概要

蓄音機：英GRAMOPHONE HMV202（1928年製）①
E.M.Ginn Expert Senior（1935年製）②
1. スピーカー：TANNOY Monitor Silver
　※エンクロージャーはEMG製 ③
　パワーアンプ：黒崎氏自作。真空管はWE205D ④
　アナログプレーヤー：EMT 930st ⑤
2. スピーカー：TANNOY IIILZ ⑥
　パワーアンプ：黒崎氏自作。真空管はWE205D ⑦
　アナログプレーヤー：LINN LP12 ⑧
3. スピーカー：LINN Exact Series 5 520 ※アンプ内蔵 ⑨
　CDトランスポート：NuPRiME CDT-8
　ネットワーク・プレーヤー：LINN Klimax DSM ⑩

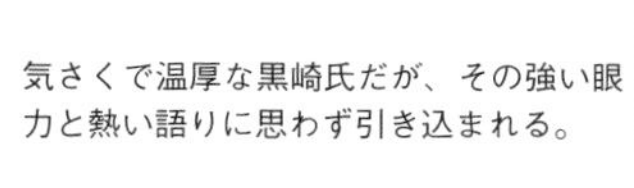

気さくで温厚な黒崎氏だが、その強い眼力と熱い語りに思わず引き込まれる。

試聴したアルバム

①

②

③

①『Embraceable You／Charlie Parker』（Cupol）※1947年10月28日のダイヤル・セッションを収めたスウェーデンのCupol盤
②『Smoke Gets in Your Eyes／Dinah Shore』（Gramophone）
③『Shades of Sounds／Alessandro Galati』（寺島レコード）

48 一人オーディオを全うするための極私的音空間

後藤啓太　会社員

これまでいろいろ伺ったお宅の中で、いちばん狭いオーディオ・ルーム、それが本日の主人公、後藤啓太さんのオーディオ部屋である。

スペース的に当然一つしか置けない椅子に座ると両脇からCDケースとアンプ棚が迫ってきて、まるでゼロ戦のコックピットに閉じ込められた塩梅だ。パイロットは覚悟を決めて突入する。そして私は身動きもままならず、観念してスピーカーを眺め、そして聴くっきゃない。

「居間にセットを置けば広々と聴けるんですけど、そうすると家族と一緒ということになって、とても音楽三昧、オーディオ一筋というわけにはいかないんです」。

いや、後藤さん、その通りだ。**オーディオ趣味は家の人たちから隔絶し、一人孤独に楽しむもの。**そういうものですよ。私のまわりのオーディオ・ファン、家族からはぐれた人ばっかりである。それにめげず、なんとしてもいい音を出したいと四苦八苦する人種。

そうは言うものの後藤さんは家族から絶縁したオーディオ・ファンではない。それは我々を迎えて下さったお母さんの笑顔でわかった。後藤さんはジャズとクラシック、その他ポップスなどもお手のものである。自らを雑種音楽ファンと呼ぶ。しばらく前に訪問した音楽之友社の清本さんもジャズとクラシック両刀遣いだった。

そういうファンは信用ならない。こういう暴言を吐いたのは他ならぬ私である。ぜんぜん違う音楽でしょう。ジャズの最高最大愛好者である私にはクラシックなど想像を絶する事象である。

後藤氏のオーディオ・ルームは正面にスピーカーとパワーアンプ、左手にCD、ターンテーブル、プリアンプ類、右手にCD棚といった配置で、まさにオーディオ＆ビジュアルを楽しむ目的に特化した空間。

まず、音作りで途方に暮れる。ジャズならジャズ、クラシックならクラシック、そのように特化しない限りオーディオの音質デザインは私には不可能だ。

やはりであった。後藤さんも両者の仕分けには苦労している。手っとり早い方法はなにか。CDプレーヤーを2機種あつらえた。クラシック用にパイオニアのUDP－LX800、ジャズ向きにオラクルのCD－1000。

私の耳にはオラクルがクラシック向きに聴こえたが（姿、かたちが優雅だし）、後藤さんは反対でパイオニアが適性という。客観的な性格を持ち、オーケストラは楽器が多いからオラクルではもやっとしてしまう。パイオニアの音は個別的、対してオラクルは全体的で厚味があり、しかも熱い。それでジャズに適任なんだと。

それはともかく、パイオニアの音はつくづく「日本的」な音だと思った。律儀で正直なのである。対してオラクルはいかにも海外製品らしく放埓で、我が道を行く気風が漂う。もっとも日本のその律儀気質のサウンドに惚れ込む海外オーディオ・ファンも多いと聞くからわからないものである。

ところで後藤さんはLPレコードはあまり聴かない。もちろんLPプレーヤーを備えてはいるが、圧倒的にCDが好きなんだと。気に入ったなぁ。CD好きの人に埼玉県で会えるとは。現状のLPブーム、片腹痛いという。CDが出現した時の世の中の大騒ぎ、そして今回の浮薄なLP流行現象。そこで持参したMQA-CDをかけてもらった。例の最近私が元気に騒いでいる高音質CD。コルトレーンの『ジャイアント・ステップス』2曲目の〈カズン・マリー〉。

「とっ散らかっていた音が整頓されましたね。コルトレーンが一つの世界を得たというか、何歩か前進して、音の中に自分のスペースを確保したのがわかります。そこにいる感じ。実在感。近頃流行りのリ・マスタリングに近い音じゃないかと思います」。

ちなみに後藤家のCDプレーヤーはMQA対応になっていない。普通のプレーヤーでこれだけオリジナル盤とMQA盤の違いが出てしまう。MQA対応プレーヤーで聴いたらどうなのだろう。

同行の佐藤俊太郎編集員がもだえている。定員一人の部屋に三人入っているのだから身の置き場がない。私一人どっかと中央の椅子に腰を下ろし申しわけない気分だ。

ここでいつもの得意の愚問を発してみる。「音楽とオーディオはどちらがエラいか」。一瞬の逡巡もなく答えた。「音楽である」と。本当だろうか。私はいつも音楽と答える人に疑いを抱いてしまう。オーディオと返答すると音楽がわからず音だけ聞いている輩と思われるのを恐れているんじゃないか。そうじゃないんですか、後藤さん、そう問おうとしたが、いささかはばかられた。

さていけない。コックピットの住人、後藤さんのかもし出す音について記すのが大幅に遅れた。

「音は人なり」。この金言はオーディオ界の重鎮、しばらく前に亡くなった菅野沖彦氏が放ったものと記憶している。音は人なり。そっくりその言葉が後藤サウンドに当てはまる。長いお付き合いになるが後藤さんの気性的に激しい顔というのを見たことがない。円満という言葉は後藤さんのために存在する。

おっとりとして、円やかな言動。

まさにそういう音なのである。

しかし一つ気になる言葉があった。オーディオを始めた頃、原音再生やバランスという規則に縛られていた。悩んでいたがある人の音を聴いて霧が晴れた。**音というのは勝手気ままに出していいんだ。オキテ破りをやっていいんだ。**

ある人とは、私のことである。

オーディオ・システム概要

スピーカー：AUDIO PHYSIC Media ①
パワーアンプ：B.M.C. AMP-S1 ②
プリアンプ：B.M.C. DAC1 Pre ③
CDトランスポート：ORACLE CD1000 ④
ユニバーサルディスクプレーヤー：
Pioneer UDP-LX800 ⑤
アナログプレーヤー：TEAC TN-550

アタックの音質がやわらかくもグッと引き締まるのは、タンノイのST-50スーパートゥイーターの効用もあり。

左：壁には調音パネルがくまなく貼られ、タイトなスペースでもクリアな音像を獲得している。
右：CD棚を見るとハードバップ黄金期の名盤から最新録音盤まで幅広く網羅されており、普段から新譜を細かくチェックしている様子が伺える。

後藤氏はメグ・オーディオ愛好会やライヴにもよく足を運ぶ。オーディオ趣味とともにジャズの楽しみ方もよく知るエキスパートだ。

試聴したアルバム

①

②

③

①『Giant Steps／John Coltrane』（Atlantic）［MQA-CD］
②『The Moment／Kenny Barron』（Reservoir Music）
③『Generations／Georges Paczynski』（Art & Spectacles）

現代欧州ピアノに焦点を絞った一点突破のオーディオ道

藤田嘉明　「Ｊｅｎｎｉｅ」（長野県北佐久郡）オーナー

49

今回の主人公、藤田嘉明さんに会いたければ、夕方の6時か7時頃、お茶の水のレコード店「ディスクユニオン　ＪａｚｚＴＯＫＹＯ」へ行けばよい。

写真のように若干こわもて風であるが、根は優しく、愛想がよく、口をついて出る言葉は面白く、一瞬誰でもすぐになついてしまう。私は周囲敵だらけの人間だが、この方の敵性人間という人に会ったことがない。

ほぼ毎日通っている「ＪａｚｚＴＯＫＹＯ」での狙い目は何か。ピアノ・トリオである。それも最近の。近頃のピアノ・トリオというとヨーロッパ作品が多いが、中でもイタリア産ピアノ・トリオの進出ぶりには目を見張るものがある。「イタリアのトリオは音で聴く音楽」。こう喝破したのが他ならぬ藤田嘉明さんである。

ステファノ・アメリオというイタリア人のレコーディング・エンジニアがいる。音の性向、気質は違うけれど、現代のルディ・バン・ゲルダーと称讃される人。

このステファノ・アメリオを日本で有名にしたのが藤田さんだ。アメリオの作る音にぞっこんである。惚れ抜いて「ＪａｚｚＴＯＫＹＯ」の担当者を動かし、店内にステファノ・アメリオ・コーナーを作った。それがなにかの加減でアメリオの知るところとなり、感謝状が届いた。

日本でイタリア盤が売れる。特に音のいい作品を日本人が珍重、購入してくれる。こんな噂がイタリアで広まったのだろう。いや次から次へとレコード店はこのところイタリアＣＤのラッシュアワーだ。

ジャズ・ファンの経歴はそれほど古くない。約10年前から聴き始めた。それ以前はサザンとかユーミンとかころくでも

ジャズ・カフェ「Jennie」のオーディオ・システム。アヴァンギャルドのスピーカーはホーン部分が深いブルーで高原の雰囲気によくマッチしている。天井が高く、正四角形に近い部屋の形状も響きの美しさを際立たせている。ちなみに中央には店名の由来となったジェニー・スミスのLPジャケットが飾られている。

ないものを好んでいた。ある時ふとジャズに目覚め、レコード店で問い合わせると薦められたのが『至上の愛』。そしてジョシュア・レッドマンの『パッセージ・オブ・タイム』。テナーに愛想がつき、ピアノに向かう。そして行き着いたのがアメリオ録音のイタリア盤だった。

10年の間にたくさんのジャズ友達ができた。貴重な財産である。しかし中には知識偏重でジャズを語る人がいる。古いファンに多い。「50～60年代を聴かなきゃダメだよ」。自分の経歴、既得権益を振りかざす。これに辟易した。俺には俺の生きる道がある。現代から過去に遡ったっていいじゃないか。**むしろ現代の目で過去のジャズを検証する。それが本当のジャズの鑑賞法だろう。**

自説を実地に証明しようと考え、なんとジャズ喫茶を開いてしまった。信州の軽井沢の近辺、御代田の山の中。ご覧の通りのペンション風ジャズ店。ドイツ製アヴァンギャルドのスピーカー、マッキントッシュのアンプなど、オーディオ・システムはすべて自分で調達し、音の調整にはげんだ。

音が出る前、一瞬の静寂感。ゴクリという音がした。私が息をのんだ音である。

本当は口惜しくて以下のことは書きたくない。そのままサヨナラと帰りたかった。イタリア盤だが意外にもアメリオ録音ではなかった。写真のクラウディオ・フィリッピーニ・トリオ。2曲目〈ベサメ・ムーチョ〉。

南国風の喧噪感一切なしの非常に抑制的な〈ベサメ・ムーチョ〉。あえて言おう。「オーディオ美」という言葉があるのかどうか、**美がオーディオの中に存在するならば、この音がそれだ。**ジャズ・オーディオの中の美的感覚が微細に空間に集められ、拡散され、スピーカーとスピーカーの間に垂直にそそり立っている。立体的、実在的に。ミュージシャンの各々の居場所が見える。ピアニストのすぐ後ろにベーシストとドラマーが。

これまで私はジャズの音に美を認めていない。ジャズという音楽同様、少し汚れているくらいが正しいと信じてきた。しかしこういう音を聴かされると全面的ではないが宗旨替えせざるを得ない。我が家でこのCDはここほどはよく鳴らない。

どうしてだろう。考え込む。部屋だ。壁面、床、天井すべて好材料でできている。その結果、音の響き、反射などが実に鮮やかに美しい。響きのよさはオーディオのよさに勝るケースが多々ある。部屋を味方につけているのである。

その次あたりにオーナーのオーディオの腕があるのだろう。

それはしかし口にすまい。それが大人というものである。

現代のピアノ・トリオで音のいいのはわかった。しかし他のジャンルはどうなんだ。50～60年代ものは？の質問も出るだろう。

空気のいい高原のジャズ喫茶へ来てまさかリクエストなどをするヤボなジャズ・ファンもいないだろうが、万が一の時は、ウチは音のいいピアノ・トリオしかかけませんと言えばいい。それが山の中のジャズ店「ジェニー」のオキテというものだ。

それで店はやっていけるのかって？

それは知らない。アッシにはかかわりのないことでござんす、である。

あまりいい音を聴かされ、いささかむかっ腹が立っている私の空気を読みとりいただけただろうか。

まあ藤田さん、イタリアのトリオを日本一うまく鳴らす店、そして男でいいじゃないか。

①

②

③

④

「Jennie」の外観（取材当時）。ジャズ・カフェの他、広大な敷地内にはドッグラン用の広場や、宿泊用のトレーラーハウス３棟が備えられており、ジャズ鑑賞とともに高原リゾートを満喫できる。

※現在はカフェ＆ダイナー「Jennie」として営業しており、ここで紹介しているオーディオ・システムはお聴きになれません。

オーディオ・システム概要

スピーカー：AVANTGARDE Duo Omega ①
パワーアンプ：McINTOSH MC252 ②
プリアンプ：McINTOSH C40 1581-33 ③
CD プレーヤー：DENTEC CD-PRO-P-SA ④

共同オーナーでジャズ・カフェのプロデュースを手掛けた藤田嘉明氏。平日は店をスタッフに任せて東京で仕事をこなし、週末のみここを訪れるという多忙な生活をおくる。ちなみにオーディオの前の柵は犬連れのお客さんに配慮し常設されている。

試聴は普段置かれるテーブルや柵を左右に寄せ、ベストポジションで行なわれた。

試聴したアルバム

①

②

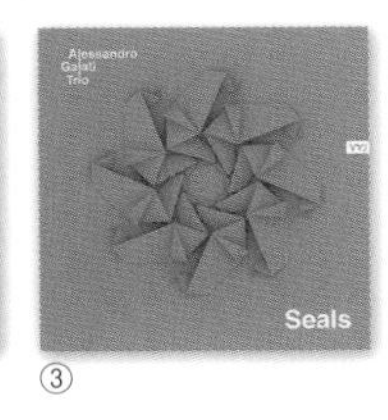

③

①『Love Is The Thing And The Blues Too ／ Claudio Filippini』（Philology）
②『December Soul ／ Zlatko Kaučič』（Not Two）
③『Seals ／ Alessandro Galati』（Via Veneto Jazz）

50 作り手の概念と思想を体現する唯一無二のシステム

山田哲平　明治大学名誉教授

ごく普通一般にオーディオというと反射的に美しい音というイメージが湧いてくる。「なんですか、その美しい音というのは。私にはなんのことやらよくわからない」。こう反駁するのは本日の主人公、山田哲平氏である。ところで私は哲平という名前が好きだ。男らしい。いかにも一徹、人の意見に左右されない鉄の男というイメージで溢れかえっている。羨ましい。

私の顔を見据えつつ山田さんはこんな鋭い言葉を吐く。

「私はあなたと違ってオーディオの崇拝者ではない。オーディオというのは音楽の奴隷なんですよ」

奴隷とまで言い放った人は山田さんをもって嚆矢とする。前人未到の境地である。大抵の人はオーディオを遠慮がちに「音楽を聴くためのツールでしょうか」と。

山田さんの住まいは六本木の中心地にあるビルのワンフロアだ。ワンフロアといっても8階建てのビルのオーナーなのだからいったいこの方はどういう人なのだろう。明治大学の教授だった方である。現在は退任され名誉教授となって日々オーディオに勤しむが、まずドイツ語から学者になった。ヘルダーリンが研究の中心だった。その後ドイツ美術、イタリア・バロックなど研究テーマが多岐にわたり、つい最近までは超域文化史なる、やや意味不明の学問を追求していた。

さて皆さん、写真をとくとご覧いただきたい。奇怪な姿をしたスピーカーでしょう。山田さんのハンドメイドである。30年がかりで作り上げたという。時間もさることながら費用も大変なものだ。アンプやその他のオーディオ器材を含め

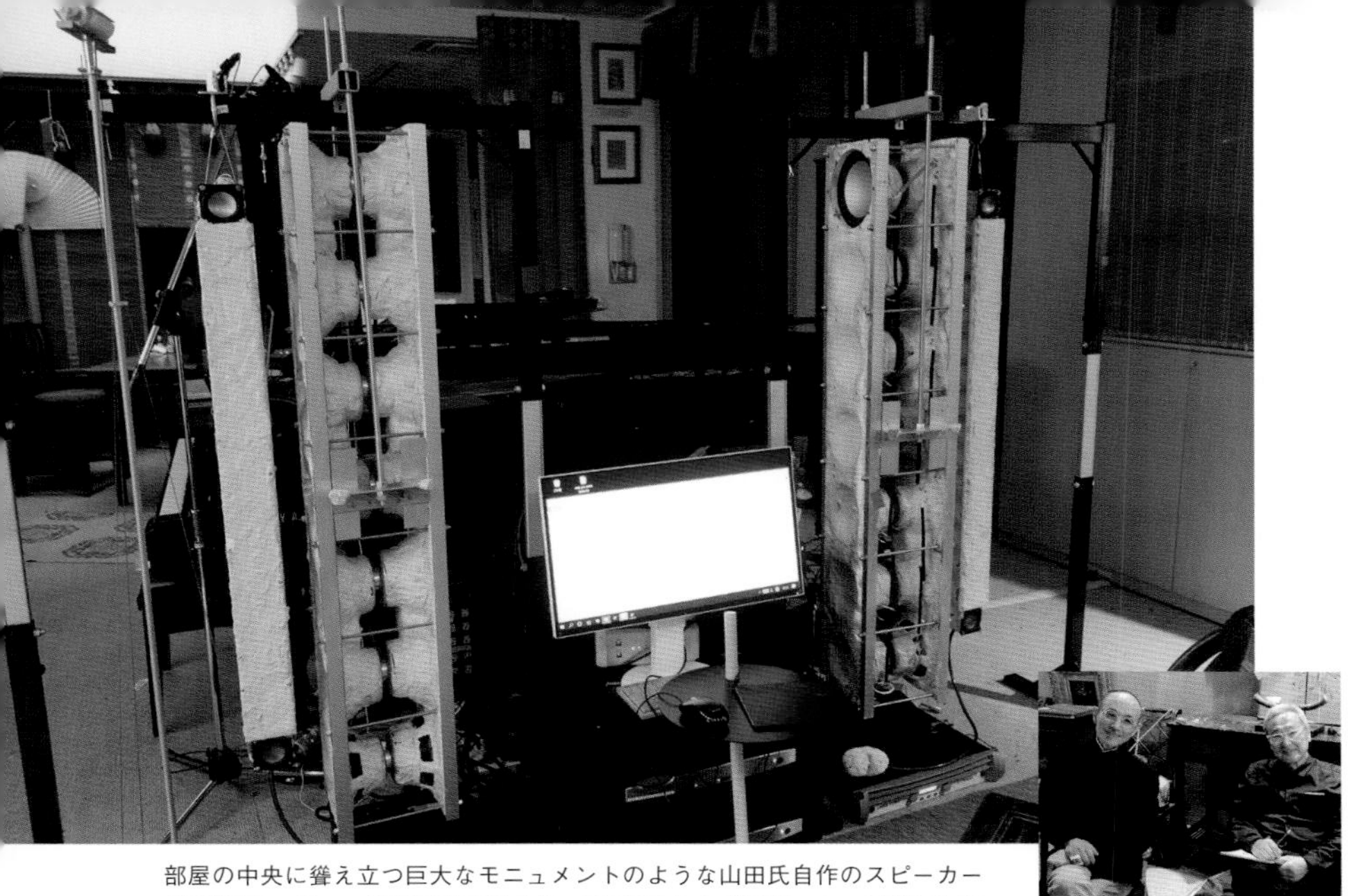

部屋の中央に聳え立つ巨大なモニュメントのような山田氏自作のスピーカー（手前にウーファー14個×左右で２台、奥にフルレンジスピーカー16個×左右で２台）とPAアンプ４機、それらを司るコントロール・ソフトが入ったPCという組み合わせ。山田氏の音に対する思想を体現した独創的システムだ。

山田哲平氏と寺島氏。我が道を往く音の求道者二人。

数千万円の出費。

小さいフルレンジのスピーカーが棚状のスピーカー・ボックスに32個埋まっている。それに低音用のスーパーウーファーが14個。計46個。スピーカーのまわりに見える白い綿状のものは制振剤。揺らぎを止め、箱鳴りを防ぎ、余計な音を省き、元の音だけを十全に鳴らす役割を果たす。

サージ・チャロフがかかった。バリトン奏者は自分の出す音を恐れてはいけないと言ったのはバリトンのペッパー・アダムスだが、奏者はどうでもいい。問題は聴き手である。

キャピトル盤サージ・チャロフの〈ボディ・アンド・ソウル〉を聴いて私はキモをつぶした。ペッパー・アダムスのバリトンはジャック・ナイフと言われたが、**サージ・チャロフはもはや凶器。この音を10分聴いていたら私は耳から血を流して死ぬ。**殺人楽器ではなくバリトンを平常楽器として遇したのはジェリー・マリガンであり、ボブ・ゴードンである。山田さんにマリガンを聴かせたらヘソで茶を湧かすだろう。

「チャロフの〈ボディ・アンド・ソウル〉を聴くために私の装置は存在します」。さらに音楽の本質は高域や低域ではなく、中域にあり、さらに大きく本質を極めれば頭の一発にあるとおっしゃる。それが顕著に出ているのが〈ボディ・アンド・ソウル〉だと。

　この山田さんに必須の強圧感はもちろん丹精して作ったスピーカーからのみ発するものではない。アンプがもう一つの重要な鍵を握っている。というよりアンプが大出力を提供しているのだ。山田さんにとって通常の市販のアンプなど子供の玩具に等しい。ＰＡ用のアンプである。普通のオーディオ・ファンが無視するか恐れて手を出さない代物。３０００Ｗ～４０００Ｗという大きな出力を約束する。音質は必ずしも顧慮しない。山田さんの音楽の大部分はクラシックにあり、ジャズはほんの一部のホビーに過ぎない。それだけに思い入れたものは生命がけで再生に励む。先のサージ・チャロフがその筆頭だが、ビリー・ホリデイも山田さんの心の奥深くにくい込んだ。私にはホリデイはまったくわからないが他ジャンルをメインに聴く人のほうがかえって理解が早いのではないか。

　意識とか心象を聴くのだという。歌の表面を覆う哀感などに耳を貸す必要はない。彼女の心を見れば巨大な山のような力を感じる。そうですか。私には永遠に無縁なものでしかないんですが。

　レスター・ヤング。ビリーと共演するレスターも山田さんの贔屓である。

　それはそうだろう。このレスターの音を聴けば。「山田さんのレスター」はこういうレスターだったのだ。あのなよなよしたレスターは山田さんのスピーカーのどこにもいない。ビリーのような巨大な山のように猛々しいレスターがそこにはいた。「音楽ではなく、むしろ霊的な存在です」と。私にはわかりにくい。私はやわらかで優柔不断なレスターが好きである。

　持参したマーク・コープランドのＣＤをかけていただいた。近年録音ものである。山田さんのシステムはまるで受け入れようとしない。持参した私という人間を嫌っているようだ。急に居心地が悪くなった。

「こういう美しい音は私の性に合いません。私が音楽に求めるのはプレイヤーの意図とスピリットです。音楽として何をやりたいのか。それさえわかればいい。**音楽は美しく着飾ってしまうとやりたいこと、つまり本質がわかりにくくなってしまう。音楽聴取というのは単なるサウンドの享受ではない。対峙するんです。**にらみ合いですよ、彼らとの。言ってみれば戦争です」。

いやはや大変な一日であった。私のオーディオ、つまり微細、美意識追求オーディオがこてんぱんに粉砕された悲劇の六本木訪問であった。駅前のお蕎麦屋さんのカレー蕎麦がずきりと舌に浸みた。

［P.S.］山田さん製作の超小型スピーカー「トランスフィジックス」を購入しました。理由はひとえにこわいもの見たさ、いや聴きたさです。

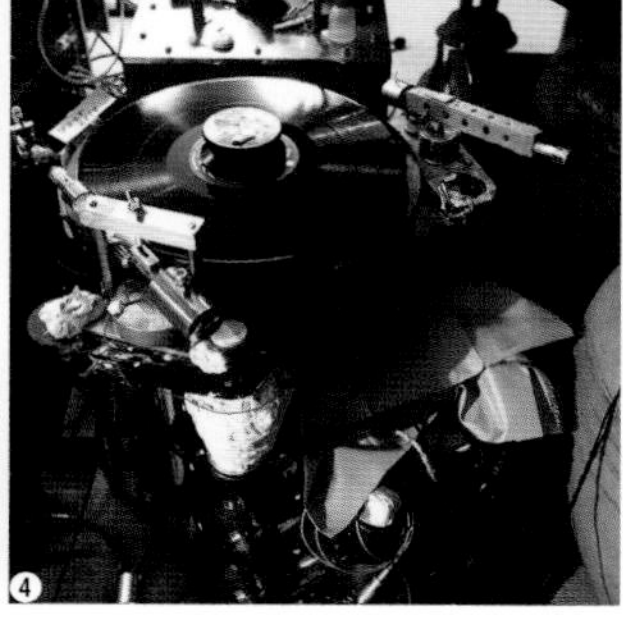

オーディオ・システム概要

スピーカー：
　ハンドメイドによるワンオフもの①
パワーアンプ：
　AMCRON I-T4000×2②
　AMCRON CTs3000×2③
アナログプレーヤー：
　MELCO製ターンテーブルを改良④

山田氏のレコード再生は、78回転も45も33もピッチコントローラーを使用し、すべて四分の一の回転数でPCに取り込んだ上で、PC上でもとの回転数に戻して再生するというユニークなもの。遅い回転数で音溝をなぞるとその分微細な音情報まで拾うことができ、それを記録し、もとのピッチで再生することで音質が格段に向上するという。その音はYouTubeで「onofrioscriba」と検索し聴くことが可能だ。

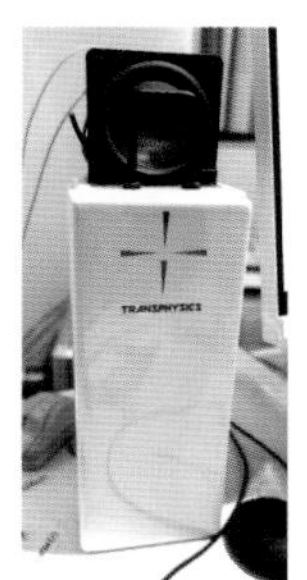

寺島氏がこわいもの見たさで購入したという山田氏が製作、販売を行なっている卓上スピーカー、トランスフィジックス。上部に見えるドライバーと逆位相のドライバーを、密閉された箱の内部に連結するという独創的な構造により、このサイズにしては信じがたい瞬発力とパワー感のある音を実現している。

コンクリート壁に掛けられた絵画は17世紀のイタリア人画家フランチェスコ・コッツァの作品ですべて本物というから恐れ入る。

試聴したアルバム

①

②

③

①『Boston Blow-Up!／Serge Chaloff』（Capitol）
②『The Complete Billie Holiday On Columbia 1933-1944』（Columbia/Sony）
③『At Night／Marc Copland』（Jazz City）

ジャズの滋味を味わうミニマルな私的喫茶空間

51

横濱ラヂオ亭　ジャズ喫茶（神奈川県横浜市）

お金があまりないんだがジャズ喫茶をやりたいとお思いの方、ご一読いただきたい。

まず店舗探しから始まる。なるたけ駅に近いほうがいい。できればビルの2階。収容客数20人ほど。改装のための造作費を含めたら莫大な金額がかかる。ならば自宅で始めたらどうだろう。こうした原初的な発想にとりつかれ、実際横浜にオープンしてしまったのが本日の主人公、中山新吉さんだ。

なにしろ家賃が要らない。今回のコロナ禍でわかるように店舗には家賃が重くのしかかる。賃料ゼロは夢のような話。造作はどうするか。ジャズ喫茶はインテリアで客が来るわけではない。ありのままでいってしまえ。椅子とテーブルは用意した。近所の古道具屋で安直な品が見つかった。これに10万ほど。

人はどうする。家賃とともに店の経営を脅かすのが人件費。なんのことはない。俺一人でやればいいんだ。至上の名案を思いつきほくそ笑む。

ジャズ喫茶につきもののオーディオ。これの購入に大金をかけ、にっちもさっちもいかなくなった店を知っている。オーディオ・ファンの客を見込んだわけだが、オーディオの客は概して金を遣わない。遠方からも来てくれるがリピーターになりにくい。

よし、手持ちのオーディオでゆこう。幸い中山さんは昔からのオーディオ・ファン。すべて自前でまかなうことができた。これ見よがしに飾りつけるのをやめた。オーディオ機器が主人公ではない。ではなにが主人公か。中山さん本人である。人との話は苦ではない。どちらかといえば能弁の人である。能弁家の欠陥は人の話を聞かないこと。このタイプの店

「横濱ラヂオ亭」の店内。長テーブル一つに椅子が数脚のタイトな空間だが、不思議と窮屈感はなく、家具、調度品、レコード、本など店主中山氏の魂が乗り移ったかのように統一した佇まいがある。トニー・フラッセラのSpotlite盤『Debut』も然り。

の客はバーなどと同じで自分の話をしにくる。店主のゴタクなど聞く耳持たない。

時折逸脱するがそのあたりの呼吸は心得ている。よわい71歳。自分を戒め、よく聞き手に徹する。あくまでも店の商品は主人。

好きな音を訊いてみる。ベースは「コリコリ」、ドラムは「シューン」、テナーは「グサッ」、トランペットは「キューン」。ジャズの音の表現はこうしたオノマトペによる明示がいちばんわかり易い。

好きなミュージシャンを訊いてみる。マイルス、コルトレーン、モンクなどのいわゆる巨匠が駄目。世捨人のような人を愛してやまない。ロイ・ウィリアムス、皆さん、ご存知だろうか。イギリスのトロンボーン奏者。Ｈｅｐ盤の中に入っている〈丘に住む人〉や〈イズント・イット・ロマンティック？〉、そういうさりげない路傍の石のような曲が好き。人が注目しない平凡盤の中に非凡な演奏と楽曲を見出す。それを終生の目標と喜びにする。

ジャズを新旧で区分けしない。これも彼の特色的聴取法だ。ジャズを発展史観でとらえない。だからレスター・ヤングと現代のピアノ・トリオを同時的に楽しめる。共存している。

よく進歩という言葉でジャズが語られるが、その遣い方は間違い。ただの変化に過ぎないと。

ジャズ・シーンという独特の語法がなされるが、それは単なる流行現象だという。例えばモードなどは一時期のものであり、どんな場合にも通用する普遍妥当性はない。ジョー・ヘンダーソン、ブランフォード・マルサリスしかり。

スタンダードにも独特の解釈を施す。何度でも甦るのがスタンダードだ。世に次々と繰り出すミュージシャンによって更新されるのがスタンダード。そのたびに「新しいスタンダード」が誕生する。そういう目で見るスタンダードはいとおしい。彼が口にするアルバムには必ず曲が出てくる。例えばゲッツ〜ガレスピーのヴァーヴ盤『フォー・ミュージシャンズ・オンリー』なら〈黒い瞳〉や〈恋人よ我に帰れ〉が反射的に飛び出す。こういう聴き方を世の中とは逆行したあり方と自嘲気味に語る。私は正当だと思う。その証拠にシーンや進化論でジャズを聴いた人の大部分はいまやジャズを聴いていない。

さて肝心かなめの音である。音で勝負しない。話で勝負する。それはよくわかったが、訪問人としては気になるところ。**１９６０年代ドイツはブラウン（髭剃りの）のレコードプレーヤーやアルテックの４０３Ａ＋ＪＢＬ　ＬＥ－２０、テレフンケンといったスピーカーからかもし出される音といったらまさしく「コリコリ」「シューン」「グサッ」「キューン」のオンパレード。**店主の好みがこれでもかと反映されていて、いやご立派。幸せな気分で引き下がろうとしたのだが、よせばいいのに新し目のＣＤを所望したのがいけなかった。

キース・ジャレット・スタンダーズ・トリオＥＣＭ盤。なんと50年代の録音のように聴こえてきた。新旧では聴かない。その説はよくわかるが音楽はともかく音はやはり新旧鮮やかに分かれてほしいと思った。ゲイリー・ピーコックがダグ・ワトキンスのように、ジャック・デジョネットがアート・テイラーのように聴こえるのはどうなんだろう。

音は演奏に作用するのである。

口には出さなかった。腹の中にしまった。そのあたりの懸案は聡明な彼のことだ、とっくに自身の中で解決しているはず。

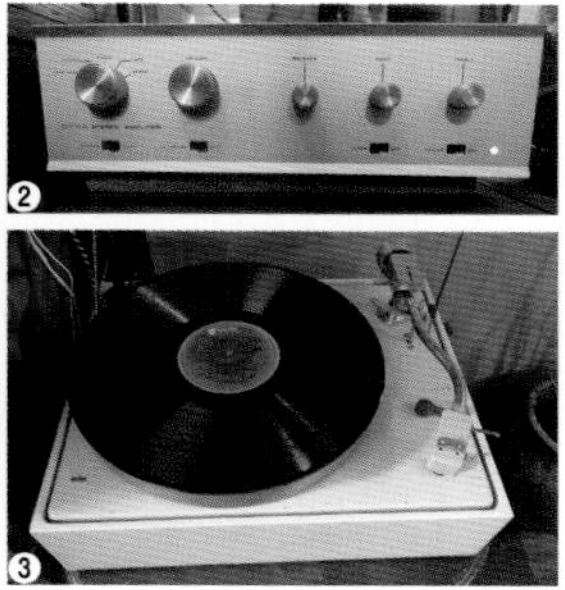

独TELEFUNKEN製スピーカー RS-1。ミッド・センチュリーを象徴する楕円デザインが魅力的。

オーディオ・システム概要

スピーカー：ALTEC-403A（フルレンジ）①
JBL LE-20（トゥイーター）
プリメインアンプ：DYNACO SCA-35 ②
アナログプレーヤー：BRAUN PCS 5 ③

店主中山新吉氏（右）と寺島氏。「横濱ラヂオ亭」は元町から山手トンネルを抜けてすぐの好立地にあり、営業日は水曜～土曜、祝日の13時から19時まで。

● 横濱ラヂオ亭
神奈川県横浜市中区麦田町1-4-4　TEL 090-6117-8691

奥の空間には独SACHSENWERK（上）や米ZENITH（下）など貴重なアンティーク・ラジオ群が鎮座する。

試聴したアルバム

①

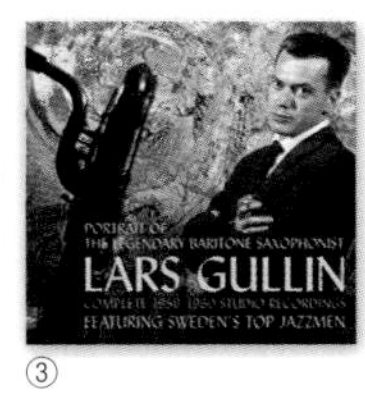

②

③

①『Complete 1956-1960 Studio Recording／Lars Gullin』(Fresh Sound)
②『Blue Serge／Serge Chaloff』(Capitol)
③『Complete 1956-1960 Studio Recording／Lars Gullin』(Fresh Sound)

井上信平の心根とシンクロする朗々とした自然体の音

52

井上信平　ジャズ・フルート奏者

都心の瀟洒なマンションにお住まいの井上信平さんをお訪ねした。名にし負うフルート奏者である。お名前は存じ上げていた。しかしお会いするのは初めて。手土産を差し出す。すると「気を遣っちゃってまぁ」などとこちらの緊張を察したようにさっとやわらかいムードを作る。なかなかの達人とお見受けした。人わざにすぐれているのである。音楽のわざはどうなのだろう。

いま私は井上さんの2000年作品『ファースト・テイク』を聴きながらこの一文をしたためている。3曲目の〈ニアネス・オブ・ユー〉。ぞっこん状態である。聴くたびに「いい曲」だなあと思う。私に言わせればいい曲と思わせる演奏、それこそが名演なのである。

特にバラードにその傾向が強い。井上さんはバラードを崩さない。バラードは美しく。それが井上さんの信条である。**歌詞が常に心の中にあり、それをフルートという楽器を介して歌うのが井上信平さんだ。**

それから音色。音色をことのほか大事にする。音楽は音色といってもいい。この場合、オンショクは似合わない。ネイロが適切である。

ライヴで気になるお客さんがいた。いちばん前に陣取って熱心に聴いているんだがむずかしい顔を崩さない。気に入らないんだな。

演奏を終えると話しかけてきた。「いや井上さんの音はすばらしいですね、聴き惚れました」。早くそれを言って下さいよ。井上さんは音色を褒められるのがいちばん嬉しい。

オーディオから流れるジャズに合わせて即興でプレイを披露してくれた井上信平。音色を褒められるのがいちばん嬉しいと話す通り、そのよく歌うフルートの調べにうっとりと聴き入ってしまう。

ハービー・マンがガンを患っていた晩年にプレゼントされたという笛吹きの銅製オブジェは宝物だ。

ところがわれわれジャズ・ファンにとって音色はいちばん遠い存在なのである。音色を聴くように教育されてこなかった。

それはさておき、先の〈ニアネス・オブ・ユー〉にノック・アウトされたもう一つの理由。メロディの捉え方の卓抜さと同時に音色の卓越ぶりにあったのだ。

「フルートって風なんですよね」。井上さんはこともなげにおっしゃる。この一言はわかり易い。フルートという楽器を言い当てて見事である。

さしずめ〈ニアネス・オブ・ユー〉など薫風といった類のものだろう。ちょうどいまの季節、若葉の香を漂わせて吹く風。

「音圧で言ったらトランペットやサックスにはかなわないでしょう。しかしフルートにはこういう優位性というか奥の手があるのです。そのへんを皆さんに聴いていただきたい」

これまでともするとフルートを得手としなかった私だが、今日はいいことを伺いました。

しなやかなたたずまいというものがフルートにはあると思う。優雅な雰囲気というか。トランペットのようにダイレクトじゃないものが。唐突にクリフォード・ブラウンとアート・ブレイキーを思い浮かべた。フルートの柄ではない。ブラウンにはトランペットが、ブレイキーにはドラムが適任なのだ。

柄で言えば井上さんはぴったりである。そういえばハービー・マンもそういう意味では立派に楽器と一体化している。井上さんは若い頃アメリカで演奏していた。ハービー・マンと親しくしていた。とにかく人間がいいんだと。人間のよさがキャラクターとして演奏に出ている。演奏というのは人柄そのものと見つけたり。フルートでありながら必ずしも美に固執しない。曲に合わせた音色の出し方がうまい。

ハービー・マンを今度そういう耳で聴いてみます。

さて、お部屋。ミュージシャンの住居には付きものの騒音クレーム。気にはかけていたのだが、ある時苦情が入った。大金をかけた。防音室を組み立て、部屋の中にもう一つ部屋を作った。二重部屋。いまでは思い切りよく練習できる。リヴィビングの窓は大きい。窓からの景色は心の財産だという。木々の緑がスピリチュアルにほどよく作用する。雑念が消え、音楽がじわりと滲み出る。頭の譜面に書きつける。次作の計画立案に余念がない。

音を聴かせていただいた。井上さんは特にオーディオ・ファンを標榜する人ではない。私もそうなのだがオーディオ・マニアは局部を見て全体をないがしろにする傾向がある。低音がどうした高音がどうした。

井上さんの音はそういう無駄な細かさを一切排除した音。**スピーカーから出る音は、井上さんの性格、そのものだ。とにかく屈託ない音。気負ったりしない自然体そのもの。**

ありそうで、ない音なのである。スピーカーのヤマハNS-10Mの噂は以前から耳にしていた。このように朗々と鳴るスピーカーだったのか。一つ欲しくなってしまった。

いい音とはどういう音ですか。井上さんに伺った。「耳に心地よい音」。たしかに。これだけうまく鳴り響けば心地のよさ、間違いなし。

最後に質問をもう一つ。ジェレミー・スタイグのフルート、どう思いますか。ビル・エバンスとの共演盤『フルート・フィーバー』なる一作を世に問うた人。

「瞬間的にはたしかに面白い。一つの表現法であることは認める。でも続けざまに聴くと駄目。格好つけてるな。そういう思いが先に立ってしまう」。
ジェレミー・スタイグの納得できる評価を初めて耳にした。

①

②

オーディオ・システム概要

スピーカー：YAMAHA NS-10M STUDIO ①
プリメインアンプ：DENON PMA-1500RII ②

右：寺島氏とのツーショット。その温かくサービス精神旺盛な人柄に強く惹かれる。サックスも巧みだが自らを生粋の笛吹きと語るとおり、横笛、縦笛問わず笛の音色が大好きでたまらないという。

上：実父は画家の井上盛氏で井上信平のアルバムジャケットの絵柄を数多く手がけている。
右：自宅には防音室を設け、練習やレッスンをこなす。

試聴したアルバム

①

②

③

①『Che Corazón／Gato Barbieri』（Sony）
②『First Take／井上信平』（Basic）
③『Playful Heart／Oscar Castro-Neves』（Mack Avenue）

53 レコード蒐集家に問う〝私だけの名盤〟考

青木繁典　会社員

青木繁典さんは、基本的にコレクターである。ジャズ・ファンにはいろいろな人種がいるが、青木さんはレコード蒐集人。EPを含め、LPレコードを約1万枚コレクトしている。CDはなきに等しい。CDを何万枚持っていてもコレクターとは言えない。

私などはその意味では形無しである。

コレクターは、私も以前、片足突っ込んだことがあるのでわかるが、要するに「モノ」を集めるのが好きな人たちである。モノを蒐集するのと音楽を鑑賞するのは別の問題ではないのか。いま、そういう疑問があなたの頭の中をよぎったでしょう。コレクターではないジャズ・ファンがコレクターに抱く疑問は昔からこの一点につきるようだ。まあそこには自分には大したコレクションがないというヤッカミが若干あるのは間違いないんだが。普通のファンから抱かれる疑念についてコレクターは充分承知している。そしてそういう自分のあり方に幾分引け目を感じているのがコレクターという人種である。

いきなりほめてしまうのもなんだが、コレクターと音楽鑑賞家をがっちり両立させているのが青木さんである。というか、そこを両立させようと奮励努力するのが青木繁典さんと申し上げよう。

「ジャズ界にコレクターは多いですけどほとんどは名盤蒐集家と言っていいですね。特にブルーノート、プレスティッジ、リヴァーサイドの3大レーベルは大きな対象になる。お医者さんでブルーノート全種を一千万近い金額で購入した人がいましたが、いわゆる名盤の名前に弱い。それから高額のものを絶対視する。そういう人って申し上げにくいけど

青木氏のオーディオ・ルームは文字通りヴィンテージ・オーディオの殿堂とも言えるもので、往年のスピーカーユニットやキャビネット、真空管など数え切れないほどのコレクションを有し、その中からベスト・マッチングのシステムを日々試行錯誤しながらセレクトしている。本文にもあるとおりこのオーディオ・ルームは自宅とは別に土地を新たに購入し専用棟として建てられたもの。

所有するアナログ・レコードはジャズLPだけで約1万枚を有する。

大抵ほとんど聴いていないんです。持つことに喜びがあるんですよ」。

ちなみに近頃手に入れているのがハンス・コラーのヴァンガード盤。ゲッツ流のドイツ出身テナーマンだ。

「これが私の名盤です」。世に言う名盤とは別種の名盤を〈私の名盤〉として確立したい。「**高価な盤が名盤という風潮がありますが、そうではなく、自分の耳にかなった盤がいい盤、それこそが価値の高い名盤ということになるんです**」。

いや、青木さん、おっしゃるとおり。自分の名盤、たしかにそれを確定し、標榜したい。でも、それがなかなかできなくてジタバタしているのが一般のジャズ・ファンではないのか。どうしても伝統的な名盤に頼ってしまう。そこから少しずつ自分盤を作っていけばいいんだが、それがなかなか。

「青木さんの言い方、ちょっと格好良すぎるんですよ」。口には出さなかったが、ふとそんな感慨をおぼえたのには理由がある。私の中に彼を羨む気持があったのだ。一戸建てのリスニング・ルームってわかりますか。つまりリスニング・ルームのための家屋。住いは別にあり、音を聴く時にここへ来る。夢のようなリスニング・ルーム。1階はベンツの入ったガレージ。友人から50万で譲ってもらったと言っていたが、どういう人なんだろう。そこを突っ込みたかったが多くを語らず。

さて、オーディオ。オーディオに関しても青木さんはコレクターであった。大小さまざまのスピーカー群が部屋の一方の壁を飾っている。オーディオ・ファンなら観ているだけで幸せを感じるヴィンテージの銘柄品。そしてスピーカーに電流を送り込むアンプやプレーヤーが所狭しと並んでいるさまといったら。

ヴィンテージに惹かれる心は？

「まず50年代、60年代という時代が文句なく好きなんですね。ご隠居の骨董趣味とは違いますけどモノとして古いものが自分の心にかなう。現代のものと違って昔のものって雰囲気的に風格があるんですよ」

「ただし、持っているだけでは駄目なんです。宝の持ちぐされ。ちゃんと鳴らしてやらなくてはいけない。**所有者というのは器材の実力以上の実力を出してやらなければいけないんです**」。

そこで青木さんが取り出したのがいかにも手造り然とした小型のトランスだった。マイク・トランスと命名している。

なんですか、それ？　初めてお目にかかる。シュアーのマイクロフォン。有名である。そこからトランス部分を外して新たにマイク・トランス、つまり拡声器を作った。それをスピーカーとアンプの間に配置した。スピーカーは拡声器である。それにさらにもう一つ拡声器を付け加えたのである。ベースのグイーン、グイーンが身体に迫ってくる。横腹に大きなヒジ鉄が当たるようで思わずよけたくなった。

外してみて下さい、そのマイク・トランス。オーディオは外した時に真価がわかるというが、いきなり音が後ろに下がってのっぺりとやる気のない音に成り果てた。マイク・トランスはスイング感創設器か。

ズート・シムズのパシフィック盤『チョイス』を取り出した。ラックからLPを抜き出す所作、身のこなしに長年のコレクターらしい玄人的な格好よさが見てとれる。6曲目の〈ブラシズ〉ゆえに「青木さんの名盤」になったという。

ドラマーはメル・ルイス。曲はルイスとラス・フリーマンの共作。銘品EMTのターンテーブルとフェアチャイルド

1階にストックされる貴重なヴィンテージ・スピーカー・ユニット群。

のカートリッジが醸し出す音がこの日最高峰の音になった。そそり立つブラシ。垂直性のブラシ。押し寄せるブラシ。それらを言葉にするのはむずかしい。

「名盤といえば、このように自分の家でよく鳴るのが真の名盤です」。

はい、わかりました、青木さん。

①

③

⑤

②

④ ⑥

⑦

オーディオ・システム概要 

● システム 1
スピーカー ①：JBL D-130×2／JBL 075（トゥイーター）／JBL 375（ドライバー）／WESTERN ELECTRIC 100D（上部のホーン）
プリメインアンプ：SANSUI AU-7500 ②

● システム 2
スピーカー：ALTEC A7 ③
プリアンプ：YAMAHA C-2a ④
パワーアンプ：MOTIOGRAPH MA-750S II×2（上下）⑤
※真空管は6L6から350Bに交換

● システム 1/2 共通
CDプレーヤー：MARANTZ CD-34 ⑥
アナログプレーヤー ⑦：
ターンテーブル：DENON（電音）RP-53B
※ベース部分はEMT 927を使用
トーンアーム：GRAY RESEARCH 108B
カートリッジ：FAIRCHILD 215A

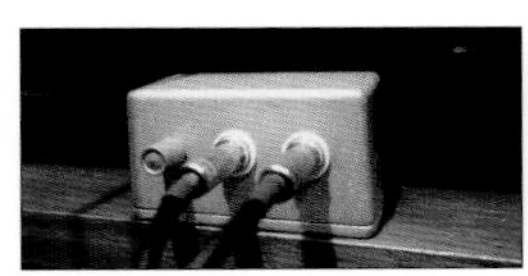
SANSUI AU-7500の裏側には、SHUREのマイクを用いて自作した専用トランスが繋がれていた。プリメインアンプ1台で巨大なJBLユニットを驚くべきパワーで鳴らす秘密がここにあった。

試聴したアルバム

①

②

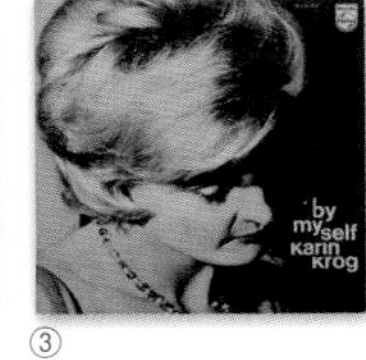

③

①『Hans Across The Sea／Hans Koller』（Vanguard）
②『Bill Harris and Friends』（Fantasy）
③『By Myself／Karin Krog』（Philips）

まるで博物館……4ルーム4オーディオでジャズ鑑賞に浸る

54

中塚昌宏　メグ・ジャズ・オーディオ愛好会前会長

本日訪問の中塚昌宏さんは職歴豊かな人生を送ってきた方である。有名電機会社を退職後、さるオーディオ店の店長を務めた。その後、茅場町にオーディオ・ジャズ喫茶「オスカー」を開店、閉鎖。請われて旧メグ・ジャズ・オーディオ愛好会会長に就任。そしてもう一つ、これは仕事ではないが学生時代に始めたドラムを50年近く続けている。

幸か不幸か私は氏のドラミングを聴いたことがない。巧拙は問題ではないだろう。楽器は手を染めたことに意義があるというのが私の旧来の主張である。

「楽器をやるとその楽器本来の音がわかるんですね。もちろんライヴへ行けば見当がつくんですけど、実際に叩いてみると叩き方でこんなに違って聴こえるものなのかと。演奏の良否の見極めの大事な一つはまずもって音色にある。シンバルの音色は歌手の声くらい大切なものなんですよ」。

そういえば私は、自分で言うのもなんだが名にし負うシンバル好きである。一家言持つと自負している。これまでシンバルについていていろいろ放言してきた。

「笑止千万とはこのことですね。自分で実践的に叩いてからなんだかんだ言ってほしいです」

シンバルの音色は中塚さんのオーディオにどのような影響を与えたのだろう。中塚さんのオーディオ攻略法は他の人との違いが明白である。大抵の人はまずバランスを重視する。テクニカルタームで言うところの各楽器のエネルギー・バランス。音の大きさの大小を揃えることから始まる。

対して中塚さんはドラム、特にシンバルを音の中心軸に据えた。そしてベース。とにかくシンバルがよく鳴り響いて

中塚氏のメイン・オーディオ・ルーム。下記のメイン機器のほかに、数十機に及ぶトゥイーター／スーパートゥイーター、ノイズ対策用機材（パワーアンプ手前のやかん型の機器群）、クロック、サウンドプロセッサー(dbx)、超低周波発生装置などサウンドを構成する機材類はとても書ききれない。

こそのオーディオ。まずはリズム楽器。メロディ楽器はあくまでも付帯的な存在だ。

潔い。オーディオ・ファン多しといえど、これほど思い切りのいい決断はなかなか下せない。**好きな楽器を中心に組み立てるオーディオ人生。こういう立派な我儘ができないのが普通の真面目なオーディオ・ファンである。**

中塚さんの発言に私は耳を疑った。しかし次の瞬間、そういうこともあるんだろうなと納得した。

生のシンバルよりも自分のオーディオから出た音のほうがよく聞こえることがあるというのである。

どんなに踏んばってもオーディオは生にはかなわない。そうした説がオーディオ界で通り相場になって久しい。特にドラム、なかんずくシンバルは生の敵ではない。そうした通説に中塚さんは異を唱えたのである。

話はベースに移る。ドラムと共に中塚さんが愛してやまない楽器がベース。中塚さんのベースはピーターソンの『プリーズ・リクエスト』から始まった。レイ・ブラウンのベースが中塚オーディオの嚆矢、出発点となった。60～70年代のオーディオ店。どの店でもハンで押したようにこの盤をリファレンスとしていた。曲は〈ユー・ルック・グッド・トゥ・ミー〉。このベース音を聴いてファンは一喜一憂したのである。

しかし、人は変わる。中塚さんも変わる。現在のベスト・フェイバリット・ベースはルーファス・リードである。端緒となったのがケニー・バロンのあのレザボア盤『ザ・モーメント』。曲は2曲目、スティングの〈フラジャイル〉。旧メグのジャズ・オーディオ愛好会でしきりにこれがかかった。演奏が始まりちょうど1分後に聴かれるルーファス・リードのベース音に耳を集中した。ズーンと一音地獄の底に落ちてゆくようにベース音が下がるのである。その深度の具合いによって再生装置の優劣を計れるのだ。

さて、聴かせていただいた。深度計は振り切れるのか。振り切れなかった。なぜか。ちゃんとした理由がある。最初からどの低音も「1分後低音」のように下がったから聞き分けが不可能だったのだ。これ、いいことなのか？　低音過多と違うか？　極めて希有なケースである。皆さん、ぜひお試しいただきたい。

さて中塚さんのオーディオ。私に言わせれば「富豪オーディオ」である。ほとんどお医者にしかできない離れ技をやってのけたのが中塚さんだ。なんと4室をオーディオ部屋に設え、各々にお金のかかった機材を置いている。写真をとくとごらんいただきたい。中塚家はオーディオ博物館か。

人間は飽きる動物である。飽きたらすかさず別室に移る。結果、生涯オーディオ・ファンを全うすることができると。大抵のオーディオ・ファンは一システムで孤軍奮闘する。ケーブルやインシュレーターなどアクセサリーを使い、なんとか音を変え、飽きを防いでいる。

「いや私もそれをやりたいんだ、4部屋それをやれたらずいぶん愉快だろうなぁ」。

やっているのである。メインのアヴァンギャルド部屋。スピーカーの前方、後方に付着したヤカン状のノイズカッター対策機器、そして天井近くの16個のスーパートゥイーターなど。

年金生活でカネないんだと言いながら放蕩の限りを尽くす中塚さん、いい加減にして下さい。

中塚昌宏氏。実践で培われた豊富なオーディオ知識を持ち話は尽きない。

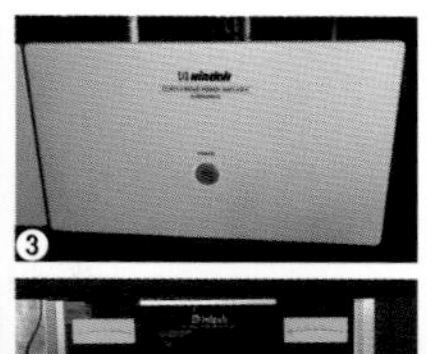

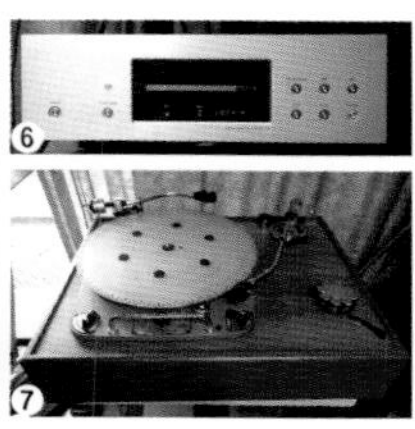

メイン・オーディオルームのシステム

スピーカー：AVANTGARDE UNO ①
パワーアンプ：McINTOSH MC1201×4 ②／XINDAK XA8800MNE ×4 ③
プリアンプ：McINTOSH C1000C ④ + C1000P ⑤
CDプレーヤー：ESOTERIC X-01（SACD/CD）⑥
ターンテーブル：GARRARD 301 ⑦

上左：オーディオ・ルーム その２は通称「JBLの部屋」。JBL 4345モデルにKRELL 及びCP（クラシックプロ）のパワーアンプなど重厚感にあふれるサウンドが楽しめる。
上右：オーディオ・ルーム その３「ブックシェルフ」の部屋。こちらは中塚氏が「ミニ・アヴァンギャルド」と呼ぶ（メーカー名不詳）スピーカーや、JBLのブックシェルフ型（4311、166 Horizon）など小型ならではキビキビした鳴りっぷりのスピーカー群を聴き比べられる。
下左：オーディオ・ルーム その４「アルテックの部屋」。スピーカーはALTEC A7と、同じくALTECのトールボーイ510S、アンプもALTECで、ターンテーブルはTECHNICSのSP-10という組み合わせ。適度にドライで固く締まったジャズ・ファン好みの音だ。

試聴したアルバム

①

②

③

①『The Moment／Kenny Barron』（Reservoir Records）
②『Subtle Fire／Will Bonness』（dig! Records）
③『The Oscar Peterson Big 6 At The Montreux Jazz Festival 1975』（Pablo）

55

楽器本来の自然感を大切にしたパストラルな音空間

古屋　明　オーディオ・ファブ 代表

今回、横須賀に古屋明さんをお訪ねしたが、何度考えてもいちばん記憶に残っているのが檜風呂なのである。それでややだしぬけだがその話からゆこうと思う。でもそうすると古屋さんのオーディオの音がよくなかったんだなと考える人がいるかもしれない。それは早とちりというものである。

編集の佐藤くんの車で行ったがようやくお宅を探し当て、挨拶もそこそこにトイレをお借りした。そこで檜風呂を見つけたのである。一瞬、目を射た。ドーンと目の中に飛び込んできた。皆さん、檜風呂のある人生など考えたことがあるか。古屋さんはその意味でジャズ・オーディオ界の果報者である。人の果たせないことをやったのである。3年前に家を新築した。その時、永年の夢であった木の家造りをした。すべて木（もく）。その中心核として存在するのが檜風呂なのである。窓を大きくとっている。素通しで木々の間から外を歩く人がちらほら見えたりする。頭の部分には枕がしつらえられており、頭を乗せ、四肢をのばし、瞑想にふけるのだろう。たちまち訪れる幸福感。私はあまり人をねたましいと思ったことはない。しかしこの時ばかりは歯がみに近い感情を味わった。幸せな古屋さん。

さて、気をとり直しオーディオ・ルームに戻る。広い。二十畳くらいはあるだろう。そこに3種類のオーディオ装置が置かれている。写真をとくとご覧下さい。すべてヴィンテージ物である。

古屋さんは根っからのヴィンテージの人である。オーディオ・ファンはいつも言う通りヴィンテージと現代物の二通りに分かれるが古屋さんは叩き上げの古典派。

それというのが、古屋さんはカートリッジの製造、そして修理を生業（なりわい）にしている。MCカートリッジの針交換はまず

※パストラル＝牧歌的なさま、田園の情景

木目の美しさが際立つ古屋氏のオーディオ・ルーム。正面のクオード、そして向かって右側に置かれたJBLやソナス・ファベールの木目も部屋に見事に調和している。なお写真には写らないが後方にもタンノイのヴィンテージがある。

古屋さんに、というのが業界の通念になって久しい。私も二度ほどお願いしている。オルトフォンのSPUだったが完ペキな蘇生術者。

最初に持参のCDをかけてもらったのが失敗だった。アルバート・ヒース盤。老齢化したヒースが最後の力をふり絞って叩き出すスティックの響きが異常に混入されている。古屋さんのメインのシステムはそれを拒否した。レンジの広さを受け入れない。そういう作りと発想にはなっていないのだ。

ミロスラフ・ビトウスのECM盤がLPでかかった。ここで合点がいったのである。**古屋さんの装置は自然な録音を自然な音で再生するようにチューニングされているのだ。**古屋さんのヴィンテージ・システムでECM盤を聴いて私は初めてECMの本質がわかったような気がした。ECMはECMなりの「色づけ」がなされていると解釈していたが、実は自然派だったのだと。

「とにかく、わざとらしい音がいちばん嫌いなんですよ。さっきのアルバート・ヒースじゃないけど強調感があって、音の線が大きくて、楽器の本来持っている自然感と遠いでしょう。僕の求める世界はパストラルなんだ」

パストラル、パストラルと二度口の中で呟いて古屋さんの足もとを見ると素足である。木の床と素足、どんなに寒くてもこのマッチングが健康の源なんだと。「申しわけないが古屋さん」と私はストーブの点火をお願いした。

しばらく前に古屋さんはCD、LPのレーベルを作った。その名をオーディオ・ファブという。いま古屋さんはCD、LP作りに燃えている。かたわらカートリッジの製造、修理を続けている。なぜかというと、それなしにはレーベル維持が成りたたないからである。要するに赤字。そりゃ、そうだ。古屋さんらしく自分の好みのものしか出さない。時流におもねることはない。

音も自分の好む音、そしてベストと考える音をCD、LPにそそぎ込む。オーディオ・マニアを意識したいかにものオーディオ的な音作りはしない。なにしろ「作られた音」が大嫌いだ。

ジャズの音ではない。物足りないという人もいる。しかしそういう雑音に耳を貸さない。そう感じる人は別のレーベルを求めればいい。自然感を大事にするファンだけがオーディオ・ファブを愛してくれればいい。

普通、レコード店に販売を依頼する。レコード店をまわって頭を下げる。それが嫌いで古屋さんは主として愛用者への通信販売を行なっている。古屋さんの音作りに賛同したキャット・フィッシュが数少ない販売店の一つだ。志賀由美子のCDを聴く。古屋さんはギターが好きだ。**いい音の一つとして「スピーカーが目の前から消える」というのがあるが、本当に古屋さんの部屋ではオーディオ装置があってなきがごとし。**ミュージシャンが古屋さんの部屋へやってきて古屋さんのために演奏している。これが古屋さんの言うところの自然感なのだろう。冒頭に戻るとオーディオの他に自然体の一大集約物？　として檜風呂が存在したのである。

「そんなに気に入ったのなら一風呂浴びてゆきますか」。古屋さんが小声で言う。いや、空耳だ。人生そんなにうまくゆくはずがない。家へ帰り、古屋さんの音を頭に描きつつ、わが装置を鳴らしてみた。

いやしかし、このなんともいえないわざとらしさ、作られた音、楽器本来の音から飛躍した音はどうだろう。でも私はホッとしたのである。自然は大変だ。オーディオでは自然がいちばんむずかしい。私にはこれでいいのである。

オーディオ・システム概要

システム1

スピーカー：

QUAD ESL（ダブルスタック）①

パワーアンプ：QUAD 405 ②

プリアンプ：QUAD 44 ③下

CDプレーヤー：AURA Neo ③上

レコードプレーヤー：EMT 930 ④

システム2

スピーカー：JBL Metregon ①／SONUS FABER Electa Amator ①外側

パワーアンプ：MARANTZ 8

プリアンプ：QUAD 66 PRE ②上と下（コントローラ）／MARANTZ 7 ③／NAGRA PL-P ④

CDプレーヤー：QUAD 67 ②中

レコードプレーヤー：GARRARD 401 ⑤　カートリッジ：ORTOFON RF297 ⑤

古屋明氏と寺島氏とのツーショット。古屋氏は"カートリッジの工匠"として知られ、現在も多くのアナログ・レコード愛好家からの依頼が絶えない。またオーディオ・ファブ・レーベルのプロデューサーとしても活躍中。
あくまで楽器本来の自然なサウンドにこだわる古屋氏と、多少作られてはいてもジャズらしい音の立体感やメリハリを大切にする寺島氏とは音への信条が異なるが、その違いこそがオーディオの面白さ。二人の話は留まるところを知らない。

試聴したアルバム

①

②

③

①「Tootie's Tempo／Albert Heath」（Sunnyside）
②「Journey's End／Miroslav Vitous」（ECM）［LP］
③「Forteen Stories／志賀由美子」（Audio Fab. Records）［LP］

56 情家みえの佇まいを映し出す普段使いオーディオの実直な音

情家みえ　ジャズ・シンガー

今回はデスマス調でゆきます。情家みえさんにお会いするやいなや、それがふさわしいと思いました。「である」みたいな威張った日本語は情家さんには似合いません。とにかく、当たりがやわらかいのです。目を皿のようにしてもトゲのわずかな一本も見当たらない。ふと考えてみると私のまわりの女性はトゲだらけだったりして。いや、それは本日の話題ではありません。名は体をあらわす。情家さんというお名前。お会いする前から情の深い女性、やさしい人柄を想像していました。

その通りだったのです。

ちなみに情家さん、四国は宇和島の吉田町出身。現在、情家姓は全国に90人いるそうです。ご両親はお饅頭屋さんでした。地元の名菓店として名が通り、島の漁師さんが舟をこいで買いにくる。そうです、情家さんはふっくらと香ばしいお饅頭のような方。

そういうのほほんとした情家さんですが、こと歌に関しては別の情家さんが現れます。のほほんの情家さんは姿を消し、真剣そのもの、シリアス全開、一意専心、そういう情家さんが目の前にりりしい姿を見せるのです。ライヴのお客が驚くといいます。歌とトークの情家さんは別人だなあ、と。

トークについていうとトークで場を盛り上げるのがあまり得意ではない。正直にそうおっしゃる情家さんが好きですが、私はトークについては一般的にやや懐疑的です。歌を聴きに行くのです。以前「ブルーノート東京」でカレン・ソウサを観て感心しました。ラストまで一言もしゃべらないのです。歌で心服させる。長尺のトークで聴衆を巻き込もう

自宅オーディオとともに笑顔を見せる情家。DENONのプリメインPMA-150Hは最近交換したばかりだが、著しく音質が向上し驚いたという。AMPHIONのスピーカーとの相性もよく、シャープでクリアな音が際立っていた。

とするのは反則でしょう。ほんのわずかのおしゃべりでいい。そのしゃべりにその人らしさがあり、真心と本心が伝われば。情家さんはそれができる人です。

余計なことを申し上げました。

情家さんは歌詞を大事にしています。歌詞を尊重することによって感情が豊かになる。感情が溢れ出て歌はすぐれたものになる。強いメッセージを伝えられる。山場を常に意識して歌います。例えば彼女の歌う〈ソー・イン・ラヴ〉。コール・ポーターの名曲ですが〝Till I Die〟のくだり、ここが物語の山場、感情の高ぶりがある。注力します。自身を打ち込む、注ぎ込む。

耳が痛かったです。私、〈ソー・イン・ラヴ〉コール・ポーターの歌曲中、いちばん好きなナンバーですが、情家さんが言うような聴き方をしたことはありません。大体、歌詞そのものに弱いのです。意識して聴いていない。曲のよさには酔いますが、歌詞にはまったことは皆無です。ヴォーカルと歌詞は「別物」という認識です。多分、それは、一生続くでしょう。歌手と聴衆の乖離がここにあり、それはそれでいいんじゃないかと。

さて、オーディオへいきましょう。

情家さんにオーディオといったらまずどんなイメージを浮かべるか聞いてみました。レコードだというのです。これは意外でした。金持ちが得意気に操るホビーとくるかと思ったのですが、そんな「すれた」ことを口にする情家さんではありません。

ＣＤではなく、ターンテーブルにレコードを乗せ、きれいにぬぐった針を置く。その一連の儀式が最もオーディオらしく感じます。

そういえば先頃（２０２１年10月）ＬＰレコードを発表した情家さんです。音質を意識した作りで、彼女の透明度の高い声帯がより一層豊かに響きます。

最近アンプを購入しました。デノンのＰＭＡ－１５０Ｈ。一聴、音質のすばらしさにのけぞったといいます（ちょっとオーバー!?）。曇天が晴天に変わったようにくぐもった感じが一掃され、楽器や声帯の本質があらわになり、同時に音楽の勢いが増し、一瞬有頂天になりました。

いや実はその言葉を聞きたくて本日お邪魔したわけです。オーディオとはそういうものなのです。ちょっとしたことで世界が変わってしまう。そのちょっとしたことに気づかずにたくさんの人が幸せをつかみそこねている現実。残念です。音がよければ当然のごとく音楽がよく聴こえます。音楽が麗しく聴こえれば、人はたちまち幸せになるのです。特にジャズ・ファン、ヴォーカル・ファンは。

シャーリー・ホーンの〈バイオレット・フォー・ユア・ファーズ〉が生々しい音で鳴り出しました。情家さんの第一フェイバリット・シンガーがシャーリー・ホーンです。私はあまり得意ではありませんが、空間をあけて歌う技量が最高だとおっしゃる。間があいてしまうのがこわい。その意味でバラッドは山頂を目指す歌手にとって険しい道のりになります。ピアノをじっくり聴いて間を活かし、しっとりと歌ってゆきますと。

一生懸命歌っている風情が感じられないのがシャーリー・ホーンの美点。どうしても力が入ってしまう。一生懸命歌いながらそれを感じさせないようにしたい。肩の力を抜くのがいちばんむずかしい。そうです、情家さん、歌に限らず人間いちばん困難な作業が脱力することなのです。

山本剛の〈ミスティ〉。歌手になる前、故郷で毎日のように聴いていた。上京し、ライヴを観に。

わぁ目の前に本物がいる。感動の一瞬です。

意外にもケニー・ドーハムの〈マイ・アイデアル〉が。お酒が入るとたまらなく聴きたくなる。すがれたトランペットの音色にお色気を感じてやるせない。つい酒量が増し、ビール（中）２本から始まり、焼酎ロック、ワイン、ブランデーと進み、とどまるところを知りません。

オーディオ・システム概要

スピーカー：AMPHION Argon1 ①
プリメインアンプ：
DENON PMA-150H ②下
CDプレーヤー：同 DCD-50SP ②上

白熱したヴォーカル談義の後は笑顔でツーショット。その柔和な表情と語り口は、豊かな情感を持つスケールの大きなヴォーカルからは想像できないが、そのギャップに魅了されるファンも多いことだろう。

オーディオ機器が部屋において主張しすぎないのも好ましい情家宅のリヴィングルーム。CDはジャズを中心にインストからヴォーカルまで幅広く揃える。

試聴したアルバム

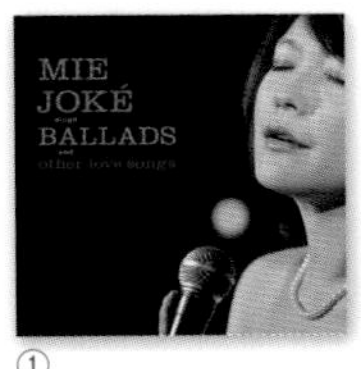

①

②

③

①『Sings Ballads and Other Love Songs／情家みえ』（MDK）
②『Violets For Your Furs／Shirley Horn』（SteepleChase）
③『Quiet Kenny／Kenny Dorham』（New Jazz）

57

JBL vs. ALTEC ジャズのツボを押さえるのはどっち

サイドワインダー　ジャズ喫茶（神奈川県逗子市）

しばらく前にこのページで逗子のベテラン・ジャズ・オーディオ・ファン、中塚昌弘さんをご紹介した（㊹参照）。その中塚さんが教えて下さったのが今回訪問のジャズ喫茶「サイドワインダー」である。

とにかく足繁く通っておられる。３日も顔を出さないと人生における一つの欠落感を覚える。なぜそれほど惚れ込んだのか。

一つは店主の加藤晴雄さんの真剣そのものの仕事ぶり、そしてオーディオに対する実に生真面目なとり組み。それである。いったいに人の性格はよくも悪くも顔に表われる。隠しようがない。真面目な人の典型を見たければサイドワインダーへ行け。

というのはともかく、私には、実直一筋で通してきたサラリーマンがある日突然、ジャズ喫茶の店主になってややとまどっている、そんな風情に映ったのである。要らぬことをいえば、私も中塚さんもジャズ喫茶卒業生であり、ジャズ喫茶敗北者であり、そんな二人が現役ばりばりの加藤さんに少しやきもちを焼いた。そういう構図だろう。

もともとは機械の設計事務所をやっていた。鎌倉のジャズ喫茶「イザ」へ行き、思わず、いいなぁ。ため息がもれた。ジャズ・ファンとしていつか自分も店を持ちたい。要はやってみようという勇気、そして決意だろう。決断を下して出店した。２０１９年の６月。もとより人を使うという発想はない。ジャズ喫茶は店主一人でやるもの。実に合理的な考えだ。開店が午後1時、閉店が8時。一日7時間の出勤・退勤システム。お話を伺いつつ、これからのジャズ喫茶出店のやり方、あり方を示唆しているように見えた。私も再び挑戦してみたくなってきた。

オーディオ・システム全景。ALTEC 604-8HとJBL LE-8Tがセレクター一つで切り替えられるようになっているが、店主の加藤氏は普段聴き比べというよりインスト曲はアルテック、歌ものはJBLで区別しているもよう。寺島氏は聴き比べてその音の性格の違いに大いに感嘆していた。

● サイドワインダー
神奈川県逗子市７丁目1-57 カイナル・ズシ203 TEL 046-884-9887
https://sidewinder.blue

さて昔の『スイングジャーナル』。後ろのほうのオーディオ・ページで幅をきかせていたスピーカーがＪＢＬだった。当時の２大スピーカーといえばＪＢＬとアルテック。露出の少なさにアルテック・ファンは口惜しい思いをしたというが、ジャズならＪＢＬという政策を打ち出したおかげで市場はＪＢＬ全盛になった。

私もＪＢＬ一辺倒。アルテックなど振り向いたこともない。**しかし、いま考えてみると正式にＪＢＬとアルテックの比較をしたことがあっただろうか。思い込みだけでＪＢＬ万歳だったのだ。**そして今回晴れてＪＢＬ対アルテックの聴き比べを行なうことができたのである。この「サイドワインダー」で。

写真でごらんのようにＪＢＬとアルテックの２システムが並んでいる。お互い敵視している様子はない。

加藤さんがまず最初に選んだのが、先日亡くなったジャネット・サイデルの最新盤である。これは彼女の最終盤になった。

ＪＢＬが鳴るのか、はたまたアルテックか。ＪＢＬだった。機種は有名なＬＥ８Ｔ。私は使ったことはない。なぜならシングル・コーン、つまり全帯域型で、中域重視、シンバルもベースもふんだんに出現しないからである。加藤さんもそのように考えたらしく、０７５という、これぞトゥイーターの強力元祖特製品を付け足している。ヴォーカルにはややきつ過ぎるんではないかと踏んだのだが、

出てきた音はなんと、これぞヴォーカル用スピーカーと思わざるを得ない暖色系の色彩感が勝った音。

ヴォーカル用にＪＢＬを鳴らしているんですよとやや得意げな表情を隠さない加藤さん。使い方によっては剣呑な表情を抽出しかねない０７５のこんな懐柔的な使用法があったとは。ＬＥ８Ｔを鳴らす３００Ｂ使用の真空管アンプが一役買っているのかもしれない。

同じジャネット・サイデルを今度はアルテックで。交換作業は手慣れたもので、１分もかからない。ＪＢＬとアルテックはこんなにも別々な個性を持つスピーカーだったのか。本日は訪問の甲斐があった。ライヴで眼前で聴くジャネット・サイデルとコンサート・ホールで遠目に聴くジャネット・サイデル。目で聴いてみた。スピーカーとスピーカーの中央にスックと立つサイデルと後方でバックのミュージシャンと仲よく並ぶサイデル。私にはやや物足りない。ＪＢＬがはるかにいい。

通常はアルテックで聴いているという。ジャズ喫茶時代を思い出した。一日何時間もＪＢＬのオリンパスという豪音機種を聴いていた。しかしそれは若さの特権である。加藤さんのお歳では優美かつ温和なアルテックが適正なのだろう。それとお母さんたちにアルテックはやさしい。すぐ近所に保育所があり、お母さん連中がやってくる。ジャズ喫茶とは知らずに。時折、音をもう少し下げて下さいと言われるらしい。

大きな窓。ジャズ喫茶らしからぬ風情をかもし出している。私も窓のあるジャズ喫茶でやっていたらあれほどヘトヘト、クタクタにならなかったかもしれない。当時は窓のないのが正しいジャズ喫茶と信じていた。

サイドワインダーへ行ったらまずスピーカーの聴き比べをお願いして下さい。それからコーヒー。絶品です。珈琲と記さなければいけないほど。とにかく真面目一筋の加藤さん、念入りに淹れて下さる。申しわけないほどである。

こちらも気を入れてのむ。

お勘定をというと要らないと。いけません、商売は商売です。私は天皇陛下が来てもいただいていましたとまたぞろ先輩風を吹かせた。

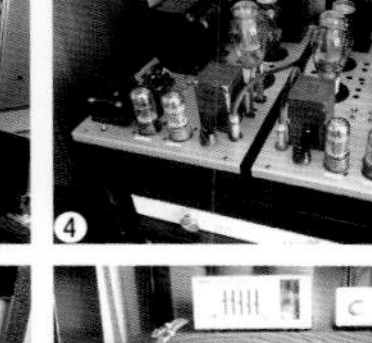

オーディオ・システム概要

スピーカー：ALTEC 604-8H ① ※エンクロージャーはユートピア製
　JBL LE8T + JBL 075（ホーントゥイーター）②
パワーアンプ：McINTOSH MC7300 ③下
　自作真空管アンプ（300B 真空管使用）×2 ④
プリアンプ：McINTOSH C40 ⑤下 ※自作の真空管プリも使用
DAC：OPPO Sonica ⑤上左
CD トランスポート：CEC TL3 3.0 ⑥
アナログプレーヤー：KENWOOD KP-1100

ご覧の通りオーディオに向かって右側は全面がガラス張りで陽光がたっぷりと注ぐ。ジャズ喫茶では珍しいが明るい店内は女性客にも好評とのこと。

上：アルバムのジャケット写真とともにファイリングされたレコードリスト。店主のレコード愛、几帳面な性格が伺える。
中：レコードのディスプレイはジャズに混じって下段にはロック系の名盤も。ジャズロックの名盤からとった店名の由来はジャズ好きもロック好きも歓迎する思いが込められている。
下：メニューはコーヒーのみだが、その味は専門店に匹敵する本格的なもの。

試聴したアルバム

①

②

③

①『It Was Only Yesterday／Janet Seidel』（Muzak）
②『Peace／Dayna Stephens』（Sunnyside）
③『Street Of Dreams／Grant Green』（Blue Note）

58 中域の鳴りと密度感にオリジナル盤の底力を見た

田中泰彦　幼稚園園長

ソニー・ロリンズの『サキソフォン・コロッサス』を48枚持っておられる。いや48枚は間違いないんだが、それが、48種類なのである。アメリカ・プレスティッジのオリジナル盤から始まって、フランスのバークレー盤、イギリスのエスクワィア盤、イタリアのミュージック・レーベル、ドイツのプレスティッジ、それに日本のトップランク盤。アメリカのオリジナル盤も3種類あり、NY住所のフラット盤と呼ばれるものと、同じくNY住所のグルーヴガード盤、それにニュージャージー住所のもの。

エマーシーの『ヘレン・メリルとクリフォード・ブラウン』は現在19種類、手許にあるが中でも珍しいのはオランダ・エマーシー盤だ。エマーシーのセンター・ラベルをご存知だろうか。ドラマーの絵がデザイン的に画かれているが「大ドラマー」と「小ドラマー」の2種類があるという。どう違うのか。大ドラマーが初回オリジナル盤で小が再発盤。この盤に関しては日本盤が多い。それだけ何度も再発されているということだろう。日本盤に必須なのはオビである。オビがないと値が下がる話は聞いたことがあるが、田中泰彦さんはオビそのものに愛着がある。レコードはオビが付いて一人前と言う。

ズート・シムズの完ぺきコレクターである。ズート・シムズ・ファン・クラブの会員であり、1枚特にお好きなものはと訊くとアーゴの『ズート』かなぁ、と。希少盤、廃盤で価値の高い手持ちのものはジャッキー・マクリーンのアドリブ盤（通称ネコ）、同じくマクリーンのプレステ盤『ライツ・アウト！』の白抜き文字のジャケット、ハンク・モブレイ、例の1568ブルーノート盤、仏RCAのバルネ・ウィランなど。

田中氏のレコード室兼オーディオ・ルームはご覧の通り四方をレコード棚に囲まれている。向かって左面、背面が主に米国盤の12インチ、正面が欧州盤12インチ、右側が10インチ、最上段のボックスには7インチ盤が収納されている。

田中さんのお宅は家中レコードだらけという感じである。約1万枚が跳梁ばっこする。レコードの群の中に人が生息しているといったイメージ。LPレコードばかりではない。EP、シングルなどがきちんと収まった箱が多数。ジャズは約5割、ブルース2割、ロック2割、他1割といった塩梅のコレクション。

やはりメインはLPで、日本盤ライナーノートやジャズ雑誌のディスク・レビューをケント紙にコピーし、オリジナル盤や外国盤の中に収納している。基本的にオリジナル盤は白の厚紙空ジャケットに入れ、オリジナル・ジャケと合わせてのセットとしている。

いかに好きとはいえ、こういう手間ひまかけた作業をきちんとできる人を本当のコレクターというのだろう。関係ないが私はただのジャズ・ファンでよかったと思う。

我々ジャズ・ファンがやっかみ半分に正調コレクターに抱く疑問。それは、ちゃんと聴いているのだろうか、ということである。

聴いてこそのレコードであると田中さんは胸を張る。置いておくだけでは申しわけないではないか。しかし時折恐怖感を抱くことがある。よくもこれだけ集めたものだなぁと。すぐに考えを変える。いやこれが俺の情熱なんだ。どんなことであれ、心中に情熱を持つのは人として大事なことではないか。誰でもできることではない。そういう満足感がある。他の人が持っていないものを保持しているささやかな幸福感。本音のところではそういう感情もあると吐露してくれた。

きちんと聴いている証拠にこのオーディオ装置を見て下さい、と田中さん。スピーカーはＪＢＬの４３４３Ｂ。いわゆるハードバップ型式のジャズが好きな田中さんにとっては最適なスピーカーだろう。アンプはマッキントッシュのプリメイン、ＭＡ６２００。さてこのマッキン、ハードバップをハードバップたらしめる中域音を存分に表出できるのだろうか。マッキンはやわらかい音のアンプ、そういうイメージが私の中に強い。

アドリブのマクリーンが鳴り出した。オリジナル盤で聴くのは初めての体験。**なんという中域の厚み、驚くような密度感。オリジナル盤ゆえの音のよさなのか。マッキンが精一杯の実力を出し切っているのか。両方だろう。**テナーやアルトなど管が情け容赦もなく鳴るようにチューニングしているという。そういえばＪＢＬというとフワッとした低音が出やすい。しかし田中家ではその素ぶりも見せない。ベースの音が小ぶりで固く締まっていて、そのせいで中域の邪魔をしない。あげく、勢いのいい管の音が聴き手の胸に突きささってくる。

マクリーンはマクリーン以上、バルネ・ウィランはバルネ・ウィラン以上。それが田中さんのオーディオである。音楽の本質を知らなければこの音は出せない。

「私のオーディオはミュージシャンを聴くためのオーディオです。オーディオのためのオーディオではありません」。旋律の人である。オリジナル曲は好きではない。めったにいいオリジナルに出会わない。レコード店ですべてオリジナルにおおわれた作品を見ると怖気をふるう。

耳に馴染んだ曲を聴くと心底ホッとする。スタンダードに限るのである。

ジャズ・ファンとしてここまで言い切る田中さんに敬意を表したい。

［P.S.］田中さんは幼稚園の園長先生である。ふと想像した。レコードを園児に聴かせ、園児たちが踊っている姿を。

オーディオ・システム概要

スピーカー：JBL 4343B ①
プリメインアンプ：McINTOSH MA6200 ②
アナログプレーヤー：YAMAHA GT-2000 ③

レーベル別に整頓された10インチ盤のレコード棚。レコードは白ジャケットに入れ、ジャケットとともに大切に保管されている。

田中泰彦氏と寺島氏（上）。田中家は旧家で敷地内に建つ旧宅は「旧田中家住宅」として板橋区の登録文化財に指定されている（下）。田中氏のレコード蒐集に込められたモノを大事にする心は、この生活環境で育まれた精神なのかもしれない。ちなみに田中氏は日本盤でジャズを学べたので日本盤を大事にしているとも語っていた。

上より

●『サキソフォン・コロッサス』の各国盤。左からオリジナル盤、英国Esquire盤、ドイツPrestige盤、イタリアMusic盤、フランスBarclay盤。

●マクリーンのプレスティッジ盤『ライツ・アウト』のジャケ違い盤。右の白抜き文字のものは大変珍しい。

●『ヘレン・メリル・ウィズ・クリフォード・ブラウン』の「大ドラマー」（初回プレス）と「小ドラマー」（セカンド・プレス以降）センター・ラベル。ちなみに大ドラマーの初回プレスはフラットエッジでセカンドはグルーブガード盤となる。

●人気の高いハンク・モブレイBN1568番のセンター・レーベル。47WEST 63rd NEWYORK、片面に23の住所が入る〈ニューヨーク23〉盤の１枚。

試聴したアルバム

①

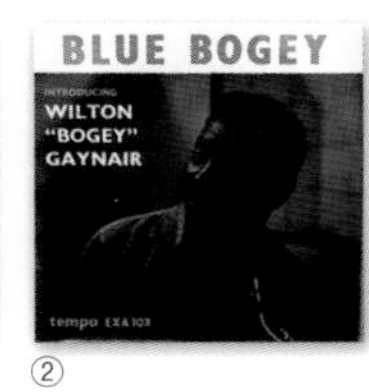

②

③

①『Blue Bogey／Wilton “Bogey” Gaynair』（Tempo）［LP］
②『The New Tradition／Jackie McLean』（AdLib）［LP］
③『Barney／Barney Wilen』（RCA）［LP］

59 〝男の隠れ家〟でひっそりと味わうとろけるような音の愉悦

佐々木正武　オーディオ愛好家

いやはや、大変なお宅を訪問してしまった。やるせないというか難儀というか、とにかく一刻も早くご辞退したくてうずうずしていた。部屋に案内されるとそこは暗闇に近い。どう足を踏み出せばいいのか。床はといえば物に溢れ、にっちもさっちもゆかない。「まず、この柱に右手を添えて下さい。それから右足をこの位置に」。佐々木さんが進路を示してくれるが、心境としては強度の白内障患者。佐々木さん、もうちょっと明るくしてくれませんかね。メモがとれない。はかばかしい返事はない。照度は常に一定不変らしい。たしかにオーディオ的には照度と音の相性はあり、佐々木さんのオーディオにはこの暗さがベストなのだろう。

そこに横たわって下さい。簡易ベッドのようなものが置かれている。佐々木さんはここでいつも聴いてるらしい。とにかく猛烈に寒い。エアコンはなし。オーディオにエアコンは禁物。振動音が音楽と音質の妨げになる。寒かったらその電気毛布かけるといいですよ、あったかいですよと言うが遠慮した。

音を聴かせようと手ぐすね引いて待ちかまえる佐々木さん。最初にとり出したのが50～60年代の美人歌手、ミンディー・カーソン。私も大好物だ。つい口がすべって「ミンディ・カーソンなら〈ザ・タッチ・オブ・ユア・リップス〉でしょう」。違う。言下に否定する。〈トゥゲザー〉であると。たしかに〈ザ・タッチ・オブ・ユア・リップス〉は情感がこもっているし、歌唱力もしっかりしている。しかしリンとし過ぎていると言うのである。そこへゆくと〈トゥゲザー〉はトロッとした女の甘みがたまらないんだ。そう佐々木さんは力説する。

「トロトロ節」というヴォーカル用語をご存知だろうか。横浜の一地区のみ流布する言葉で発生源は佐々木さんだろう

この部屋の主人、佐々木正武氏。室内には趣味の信楽焼を中心とした陶器、アンティーク・カメラ、レンズ、そしてレコードなどが所狭しと置かれ、文字通り足の踏み場もないが、やわらかい微光と置かれる調度品の趣味のよさで不思議と調和がとれている。

が、とにかくトロリとした音楽そして音色を求めて71年間を過してきた。

レスター・ヤングがかかる。佐々木さんの好みはきついコールマン・ホーキンスではなく、ひたすらソフトなレスター・ヤング。1曲目の〈アドリブ・ブルース〉が鳴り出すが、おっと間違えた、2曲目の〈言い出しかねて〉。

「たまんねぇなぁ」。佐々木さんの口をついて出る感想はこれである。佐々木さんのジャズの好みはこの一言に集約される。たまんねぇなぁが1曲入っていれば、それは即彼の名盤だ。ビバップもハードバップも新主流派も佐々木さんにとってはどうでもいい。埒外もいいところだ。本質的なサイレント・ジャズ・ファンとはこういう人のことを言うのではないか。いささか変わってはいるけれど。

トランペットではチェット・ベイカーとトランペットの詩人、トニー・フラッセラが好きだ。とろけるような音で聞きたい。トニー・フラッセラは1曲目の〈アイル・ビー・シーイング・ユー〉のみ聴く。ひたすら快楽主義者である。

フランク・シナトラもいいけれど、佐々木さんの好みは、シナトラの弟子筋にあたるディック・ヘイムズ。たしかにシナトラは精神的に高過ぎて油断がならない。気を許せるのはディック・ヘイムズである。防寒毛布にくるまり、寝そべって聴くにはもってこいのディック・ヘイムズ。キャピトルの『ムーンドリームズ』を佐々木さんは「海辺のディック・ヘイムズ」と呼ぶ。幸せなディック・ヘイムズ。

寒さが極限に達し始めた。横浜とはいえ、2月の寒気はこたえる。それでなくても低体温症である。しかし、もう少しの辛抱だ。

スピーカーの話を聞く。トーキー時代の花形、ウエスタン・エレクトリックの16A。ドライバーは有名な555。

「このスピーカー、けっこうかん高い音を出すんですよね。きつい音も時々出る」。

柔和なトロトロ音を好む佐々木さんにとって不似合なスピーカーではないか。

「それというのが理由があって、私は音のオーディオ評論家、伊藤喜多男さんを尊敬しています。それで、伊藤さんが愛してやまなかった16Aを後さき考えずに買ってしまったというわけなんですよね」。

オーディオ製品、こういう買い方、ありなのである。音よりもスピリチュアルが先行して一向に構わない。

じゃじゃ馬の16Aをいなす作業、努力、人生が私のオーディオ人生と佐々木さんは言い切る。苦節40年を経てじゃじゃ馬はすっぽりと佐々木さんの手に収まった。努力の結晶、いっさいの刺激音を省いた、春風駘蕩といった音色を本日私は聴かせていただいたのだ。

ところで今回の私の訪問、佐々木さんはいささか憂うつだったらしい。困ったなぁと。それというのがだいぶ前、私が佐々木さんの音を聴いて悪口たらたらだったらしい。覚えていない。そりゃそうだ。いじめた方は忘れている。いじめられた方は未来永劫記憶にとどめるのである。やれ低音が出るの、高音はどうしたの、雑言の限りを尽くしたらしい。いや面目ない。そういう人間だったのである。今だって大して変わりはないが、一応、取り繕うというスキルはなんとか手に入れた。今日はしかし、繕ってはいない。**佐々木さんのまさに「男の隠れ家」にふさわしいオーディオ部屋とそこで出ている音に感心した。**なによりも佐々木さんという人間に感じ入った。誰のオーディオでも誰のジャズでもない、自分そのものの表現作りに余念がない佐々木さん。寒冷部屋にはまいったけれど。しつこいですね、私も。

オーディオ・システム概要

スピーカー：WESTERN ELECTRIC 16A ①
パワーアンプ：WESTERN ELECTRIC 205D 真空管を使用した S. FUNABASHI AUDIO LABORATORY のカスタム・シングルアンプ ②
プリアンプ：S. FUNABASHI AUDIO LABORATORY のカスタム品 ③
ターンテーブル ④：NEUMANN 製カッティングマシーンに、俗称 "ツノ" と呼ばれる ORTOFON の A タイプ、そして ORTOFON と EMT のダブルネームが入る OFS25 カートリッジを使用

この空間に置かれると闇に同化しほとんど見えないが、スピーカーはWESTERN ELECTRIC製の映画館でも使用されていたという1938年型巨大ホーン、WE-16A。開口部の高さは64インチ（約162.5cm）×左右47インチ（約119.3cm）で、背後に見えるエイのヒレを巻いたような特徴ある555ホーンを合わせた幅は106.75インチ（約270cm）もある。佐々木氏はこれを敢えて小音量で鳴らし、ゆったりと嗜むのが好み。

あまりの暗さに、カラー撮影を断念しモノクロ撮影。じっと音に聴き入る寺島氏。ここでは一般論でいうところのオーディオ的な概念は存在しない。ただ、解像度やS/Nなどでは測れない奥深い響きがたしかにあった。レコードもこのシステムで鳴らすにふさわしいもののみがセレクトされており、ミンディ・カーソンなど往年の白人ヴォーカルとは特に相性がよい。

試聴したアルバム

①

②

③

①『Mindy Carson Sings』（Camden）［LP］
②『Moondreams／Dick Haymes』（Capitol）［LP］
③『Chet Baker Sings』（Pacific Jazz）［LP］

60 家具職人が自室で愉しむ木の温もりと自然感に溢れた音

高橋賢次郎　家具職人、会社経営

「いい音してますねぇ」。これ、オーディオ・ファン訪問時の必須言語である。なにはさておき、この一声を発する。相手はこの言葉を待っているのである。ところがオーディオ・ファンたるもの、この件については妙に正直で、なかなか口をついて出ない。その証拠に先日取材で我が家を訪れたオーディオ評論家、遂に最後まで〝いい音してますねぇ〟が出なかった。私は機嫌が悪くなった。当たり前ではないか。

さて、本日訪問の高橋賢次郎さん。私はなんのてらいもなくその一言を発することができた。いい音にはいい音としか言いようがないのである。

まず、気張っていない。オーディオをやっていますという頑張ったところが皆無である。死ぬ思いでやってますからとにかくほめて下さいといういじましさが見受けられない。**あくまでも恬淡とした音。必死の態でオーディオ音作りをしている私はこういう純な音もあるんだなとショックを受けた。**最初に鳴ったのはなんとカーティス・メイフィールドである。私をジャズ者と認識しての選曲だろうか。まぁ、問いただすまい。

音というのはスピーカーから出てくる。当たり前である。しかし高橋さんの音に関してはスピーカーから出ていない。いや出ているんだが、音はスピーカーから離れ、中空を舞っている。オーディオのほうの言葉で「スピーカー放れがいい」という言い方があるが、高橋さんの音はスピーカーが見えない。存在が消えているのである。これは大変な離れ技というしかない。「後ろを見て下さい」と高橋さん。なんとスピーカー・ボックスの背中がない。スピーカーは前面に音を出すものと思っていたがこちらのスピーカーは後ろからも盛大に音を発しているのだ。前方と後方から出現する音

高橋氏の自宅リヴィングのラック、デスクなどはすべて自社の工房で製作されたもの。基本オーダーメイドで製作されるので、部屋の形状、サイズ、用途に合わせて細やかな注文にも対応可能だ。ちなみにオーディオラックの背面にはケーブルを這わせるレールがあり、配線が絡むことなく機器の収納ができる。

が微妙に混り合い、押しつけがましさのない、自然感に溢れた音調を演出している。

この後抜きスピーカー・ボックスは高橋さんが自作したものだ。高橋さんは木工場を経営している。木工場というといささか普通で雑駁だが、インテリア木工工房のほうがふさわしいかもしれない。ラックやキャビネット、オーディオの特注品が多い。注文があると現地に赴き、ジャスト・サイズを作る。ユーザーの趣味性に直結させている。部屋のその場所に置きたいから格好いいのを作ってくれとの注文に応じる。

後抜きスピーカーの件、言い忘れた。中に入るスピーカーそのもの、つまりスピーカー・ユニットは50年代の東ドイツ製RFTでラジオ局で使われていた。東ドイツ製は正直である。自分の気に入らないディスクにはあまりいい顔をしない。タイム盤の『ベニー・グリーン』は戦後の東ドイツのような音がしていたが荒けずりの色調の中にジャズのスピリットが溢れていた。

『ザ・ポピュラー・エリントン』。スピーカーが消え、眼前にエリントン楽団員が勢揃いしていた。クーティ・ウィリアムスだろうか、トランペッターが舞台の袖から中央に移動、そこに自分の居場所を得てよしとばかり吹き出すビジュアル性を高橋さんのオーディオは演じていた。

この日私は秘密兵器を持参していたのである。デンマーク製のインシュレーター、アンスズ（ANSUZ）。アンプやプレーヤーの下に敷いて音の調整を行なう。今回の持参は失敗だったか。最初LPプレーヤーの下部に3個、前面1個後面2個。全体音はすっきりするが著しい変化は見られない。気をとり直してパワーアンプの下に当てがってもらった。ど、どうだろう。エリントン楽団各員の所在地がはっきりした。前段にサックス群、中段にトロンボーン、後段にトランペット。クーティ・ウィリアムスはここから出てきたのか。オーディオでいう前後感が現れ出たのである。各セクションごとのサウンドが明確になり、同時に必然的に力強く響き渡り始めた。といって音量は変わらないはずである。しかしインシュレーターをはめる前よりずっと大きく聴こえる。ボリュームを操作する高橋さんに何度も確認するがボリュームは同じ位置という。**要するに音楽に魂が宿って怪力無双になったとしか言いようがないのだ。**

工房に案内していただいた。ジャズがかすかに聴こえてくる。見上げると中2階があり、そこでタンノイの大型スピーカーとマッキントッシュのアンプが活躍していた。しかし私の耳にはいささか奇異に感じられた。音が明らかに萎縮している。ちぢまって、勢いがよくない。高橋さんのオーディオ・ルームで聴いた開放感のある音とはまるで異質だ。要するにスピーカーが見えるのである。スピーカーから音がダイレクトに出ているのがわかってしまうのである。普段なら感じないことだろう。しかし「高橋オーディオ」を聴いた後だけに違和感として残ったに違いない。

最後に高橋さんの使用器材を記しておく。

ターンテーブル：ガラード　301、カートリッジ：オルトフォン　SPU、アーム：SME　3012、パワーアンプ：オクターブ　V40SE、LINN：セレクトDSM（プリアンプ込みネットワーク・オーディオ）。

異次元を体験させていただきました。なお、高橋さんをご紹介下さったのは銀座「サウンドクリエイト」の竹田さんです。どうりでリンが。竹田さんはリン・オーディオを得意としており、その影響なのでしょう。

［P・S・］ところで高橋さん、インシュレーターの音、しきりに頷いておられましたが、入手されましたか。

オーディオ・システム概要

スピーカーユニット：RFT 6506（キャビネットは自作）①
パワーアンプ：OCTAVE V-40SE ②
ネットワークプレーヤー：LINN Selekt DSM ③
ターンテーブル：GARRARD 301 ④

レコードも、そしてデスクに置かれるPCやタブレットもご覧の通り、ジャスト・サイズで収納される。お酒好きな高橋氏はオーディオラックの横にバー・カウンターを併設していた。

寺島氏が持参したANSUZのインシュレーターDarks。

高橋氏のオーダーメイド家具に興味のある方は彼の工房「PYTHAGORA」のサイト（https://pythagora.jp/）を参照のこと。

こちらは工房に置かれるシステム。アンプはMcINTOSHでパワーがMC2105、プリがC28。スピーカーは自宅と同じくRFT 6506。

試聴したアルバム

①

②

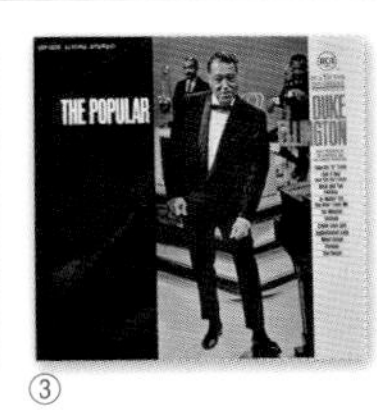

③

①『Curtis Live!／Curtis Mayfield』（Curtom）
②『Bennie Green』（Time）
③『The Popular／Duke Ellington』（RCA）

ミュージシャンの魂を聞く心意気を体現した純ジャズ喫茶

61

JAZZ NUTTY ジャズ喫茶（東京都新宿区）

ジャズ・ファンが三人、固まって歩いていた。一人が頓狂な声を上げた。

「こんなところにジャズ喫茶がある」

場所は早稲田大学の大隈講堂のそば。店内の様子をうかがっていると店の奥から店主らしき人が飛び出てきた。

「すみません、ここお話しできないんですけど」

いきなりのことで一瞬驚くが、そう言われてひるむ我々ではない。三人ともジャズ喫茶時代を通過してきている。一人はジャズ喫茶を始め、去年やめた。もちろん私のことだがそんな我々だからジャズの店で無言の行などはお手のものである。しかしそれにしてもいま時お話し禁止のジャズ喫茶は珍しい。これはぜひとも本書に登場していただかないと。

改めて休業日に本誌・佐藤俊太郎とともにお伺いした。

開店当初はお話しOKだったそうである。目抜き通りで、1階という好条件。ひっきりなしの来客だった。そのうちくるべきものが来た。ジャズの客と一般客の混在。いさかいが起き始めた。

さてどうしたものか。腹をくくった。純粋ジャズ店でゆくという苦渋の選択。売り上げの減少は避けられない。商売は薄利多売か少数精鋭主義。こうなったら一人ひとりを大事にしよう。顧客化を計ろう。店主と客というよりジャズの友人として接する。お互いもともとジャズ・ファンではないか。普通の喫茶店とは違うんだ。

そういえば前回、私はお客さんの動向を見ていた。なんと三人のお客がコーヒーのお代わりをしたのである。ジャズ喫茶でお代わり。前代未聞である。それもこれも店主の青木一郎さんへのお客の情愛なのである。1杯は自分、そして

「JAZZ NUTTY」の店内。店内空間は長方形で、ベンチシートの向かいに置かれる椅子はスピーカーの方向に向き、左右のスピーカーから出る音の交点に近い位置でサウンドを味わえる。

2杯目は店主へ。我々の時代はコーヒー1杯で3時間は粘るのが常識だった。店主のことなど歯牙にもかけなかった。当然だろう。ジャズ喫茶店主は威張っていた。店主の気遣い料を加えてコーヒー千円にしたらどうですか。私の愚かな質問に学生さんもいるからそれは無理ですと。

青木さんはお客にリクエストを求めたりしない。なぜなら常連客の好みがわかっているからである。前回来店の折と同系統のものを選ぶ。〈ボディ・アンド・ソウル〉の好きなお客がいる。前回はモンクだったから今回はコールマン・ホーキンスにしよう。お客はわかる。俺のためにかけてくれたんだな。これくらい嬉しいことはあるまい。

お客のためにやっている店。そんなふうに感じられた。しかしそれがやがては自分に返ってくるのである。わかってはいるがなかなかそれができないのが商売というものである。

さてオーディオ。オーディオは素人だったと青木さんは言う。マッキントッシュのアンプ。その魅力はアンプの前面が放つ青い光にある。大抵の人はそれに負けて導入する。ところが青木さんはあっさりしたものだ。山形のオーディオラボが自信まんまんで推選した。これは購入するしかないんじゃないかと。

スピーカーはＪＢＬである。ＪＢＬの４３３１Ｂ。私の好みではないが、こうして見るとＪＢＬはやはりジャズ喫茶に似合う。ジャズなら俺にまかせておけ。そういう面構え。スピーカーの下に置かれた木製の台にご注目いただきたい。バック工芸社製のベイシック１００。私は初めてお目にかかった。いかにもいい音を出しそうである。いやいい音を出す手助けをしているようだ。拡散効果がありそうで、特に低音をまず床に放出し、その後店内にまんべんなく広げてゆく。そんなマジックを持っているように感じられた。

モンクの『モンクス・ミュージック』が鳴り出す。青木さんはモンクのオリジナル曲を店名にするくらい大のモンク好きである。学生時代『モンクス・ミュージック』を先輩の家で聴かされ、これほど心を揺さぶる音楽があるのかと瞠目した。モンクという人は心の美しい人だな、と。

ジャズの音だった。ジャズそのものが音になってつんざいていた。といってうるさい音ではない。マッキントッシュの持つたおやかな音色がＪＢＬのある種鋭い雰囲気をうまく制御しているのだろう。コルトレーンとコールマン・ホーキンスが違和感なく並んでいる。コルトレーンはホーキンスの影響を受けているとわかる。両者のテナーの音色はイメージ的には似ても似つかぬものだが、ここでは極めて同質に聴こえるのに一驚する。

こうなるとオーディオもへったくれもない。オーディオという言葉がむなしい。オーディオ以前に音楽ありき。日頃オーディオにかまける私は久しぶりにその真実を実感した。

ミュージシャンの魂を聴くのがジャズという音楽。これが店主・青木一郎さんの信念である。その信念、心意気がそのまま音になって噴出してくる。それがジャズ喫茶「ナッティ」の音である。

ところで青木さんの前身はなんだろう。お花屋さんである。立ちのきを迫られ、さてどうしたものか。ジャズ喫茶をやろう。これを言い出したのは奥さんだった。奥さんはジャズ研のピアニスト、青木さんはトランペッター。

入口は排斥型ですけど中はお客さん本位です。笑顔でそうおっしゃる青木さん。お店を出て少し歩きふと振り返るとお二人が同じ場所で見送って下さっていた。

オーディオ・システム概要

スピーカー：JBL 4331B ①
パワーアンプ：McINTOSH MC2205 ②
プリアンプ：McINTOSH C34V ③
ターンテーブル：TECHNICS SL-1200 MK3D ④
SACDプレーヤー：MARANTZ SA-13S1 ⑤

⑥「JAZZ NUTTY」の腹の据わった深みのあるモダン・ジャズ・サウンドを形作る上で重要な役割を果たすのが、JBLの土台を支える木製のスタンド、バック工芸社製の「Basic 100」。音の分離感・立体感が大幅に向上し、視覚的にもインテリアにしっくりと馴染み高級感を醸し出す。

店内奥のキッチンに写るマスターの青木一郎氏と奥様の青木奈々世氏。いつも二人で店を切り盛りしている。ストックされるレコード/CDはモダン・ジャズが中心でリクエストはもちろん可能だが、常連になると、その客の好みに合わせてマスターが選曲してくれる。それを楽しみに来店する人も多いそう。ちなみにコーヒーは一杯500円とリーズナブルでこれはジャズ好きな学生も気軽に来れるようにとの配慮から。学生の客とともに卒業後も引き続き訪れる客も多い。

● JAZZ NUTTY
東京都新宿区西早稲田1-17-4　TEL 03-3200-3730

試聴したアルバム

①

②

③

①『Monk's Music／Thelonious Monk』（Riverside）
②『The Return of the 5000lb. Man／Rahsaan Roland Kirk』（Warner Bros.）
③『Gitane／Charlie Haden & Christian Escoudé』（All life）

62 技あり。ヴィンテージ一筋に生きる男が出す思い切りのいい音

斉藤秀樹　会社員

オーディオ・ファンにとっていちばん恐ろしい存在。それは、他ならぬ奥さんである。ボーナスが入ったと思ったら旦那のスピーカーやアンプにまわってしまう。家庭がささくれ立たないほうがおかしい。

これまでいろいろなお宅を訪問したが奥方の出迎えを受けたことがない。こちらも戦々恐々としている。旦那のオーディオ仲間がやってきた。こわい目を向けられるのは必至である。

本日の主人公、斉藤秀樹さんはオーディオ仲間でよく寄合いをするという。音を聴きつつ、談論風発、つい朝方になってしまう。なんとある日、奥さんがやって来たというのである。本当にオーディオの会を開いているのか。女性でもいるんじゃないのか。気配を察した仲間は居心地悪げに一人減り二人減り、斉藤さんと奥さんの二人になった。オーディオと私とどっちが大事なのか。そういう問題に発展した。

いや愛されてますすね、斉藤さん。当然オーディオだよと答えたでしょうね。全国のオーディオ・ファンを代表してそう返答したと信じます。

現在は自宅のそばのビルの一室を借り、そこをリスニング・ルーム化している。そういえば熱海にも別荘風のリスニング・ルームがあるという。どういう人なんだろう。

部屋は空間という空間にアンプや小型スピーカーが溢れ返り、個人的なマニアのリスニング・ルームというよりオーディオ店といったほうがふさわしい。そういえば斉藤さん、実際にここを中古オーディオ店にしようと目論んだことがあるという。そうすれば奥さん対策は大丈夫ですね。そう言おうとして言葉を飲み込んだ。

斉藤氏のオーディオ・ルーム。メイン装置のほかにもアンプやスピーカーユニット、その他の部品が所狭しと並べられており、まさしく中古オーディオ店といった様相。米国製よりも欧州、特に英国製スピーカーの上品な音質が好みという。

さて斉藤さんのオーディオはヴィンテージ・オーディオか現代オーディオか。明確にヴィンテージである。ヴィンテージ・オーディオを古代オーディオと呼んでヴィンテージの人から顰蹙を買ったことがあるが、私が察するところオーディオ・ファンは、ヴィンテージの人7割、現在のオーディオ3割といったところではないか。

ジャズもそうなのだが、どうしても新しいものや先端的なものが格好よく見えてしまう。古いものをダサく思ったりする。斉藤さんもそのように感じた時期があった。よしそれならいっちょう現代に挑戦してやろう。その上でいろいろ意見を申し上げよう。

マークレビンソンやマッキントッシュ、クレルなど1970～90年代に全盛を誇った現代器材にアタックした。結果が出た。自分とは別の世界だ。いろいろ手を尽くすが、お金がかかるわりには好みの音が出ない。自分にはヴィンテージが合っている。きっぱりとあきらめ古巣に戻った。見渡すと両方に手を染めどっちつかずでじたばたしているオーディオ・ファンが少なくない。斉藤さんを見習えと言いたい。

余計なことを一言。潔さの仲間に私を加えていただきたい。ヴィンテージをすべて売り払い、現代オーディオ器材購入に充当。レコード盤も売却、今や愛するCD一本槍でオーディオ・ライフを楽しんでいる。
ステイシー・ケントの『ドリームスヴィル』がかかった。ヴィンテージ装置に合った古き良き時代のヴォーカルで来ると思ったが当てが外れた。古いオーディオで新しいソースを聴く。それが斉藤さんの流儀なのだ。技あり、である。ヴィンテージ一筋に生きる男の発する思い切りのいい音とはこういう音をいうのか。ヴォーカル盤はヴォーカルさえ聞こえればいい。無言のうちにそう言っている。目の前にステイシー・ケントがいる。それでいいのである。バックの伴奏やリズム・セクションは必要ない。いや、いる。かすかにピアノやドラムが蠢いている。しかしいないがごとき存在が斉藤さんにとってのリズム・セクションなのだ。

それと正反対の演出が現代オーディオである。情報量などと称して一音たりとも無駄にしない。すべての音をくまなく再生してよしとする現代オーディオは斉藤さんの音を前にすると明らかに過剰オーディオと言わざるを得ない。**聞こえない音があってもいいじゃないか。それによって聞こえなくてはいけない音が余計にはっきりする。**そういうオーディオ手法なのだろう。

とまあそうは言いつつ、私は現代オーディオが好きなのである。

客人が現れた。本書で紹介している中山新吉さん（51）。ジャズ喫茶「横浜ラヂオ亭」のオーナーである。もう一人、佐々木正武さんも本書で紹介したが（59）、この三人、羨ましいほど仲がいい。横浜ジャズ・オーディオ三人衆と呼んでいるが、至近距離に住まい、始終行ったり来たりしている。仲はいいがしかしオーディオに限っては仲がよくない。容赦がない。ヴィンテージ三人衆、音については敵同士。お互いの音を探り合い、いい箇所を見出すと、すぐさま家に戻り、調整に励む。オーディオはこの切磋琢磨が大事なのである。一人オーディオは発展がない。

ここまで書いたらこの三人の音について私見を申し述べないわけにはゆかないだろう。

一位、佐々木さんの「トロトロ節」。この音のどこがいいのといぶかる人がいるかもしれない。しかし誰がどう言おうと自分の音が世界一と信じ切っている氏のオーディオ的自己確立性に清き一票だ。

2位、斉藤さん。音に対しての深い追求性、突き詰めた感じに頭が下がる。
3位、中山さん。あれこれ努力しているようだが、最終的にゴールに達しない理想追求型半端性が美しい。

オーディオ・システム概要

スピーカー：BBC Monitor LS5/1 ①　プリアンプ：CONRAD-JOHNSON PV1 ③
パワーアンプ：STC/ITT 3A109B（直熱管）を使用した自作モデル ②
CDプレーヤー：MISSION ELECTRONICS DAD-7000 ④
アナログプレーヤー：SANSUI SR-4040 ⑤

上左より
●1930年代英国ヴォイト（VOIGT）Domestic Corner Horn ●バイタボックス（VITABOX）製30cm ウーファーとホーントゥイーターのモデル。エンクロージャーも純正。●1940年代ROGERS製のエンクロージャーにGOODMANSの30cmホーン、上部にはDECCA製のリボントゥイーター。●旧東ドイツの業務用モノラルパワーアンプにEL34真空管を装着した改造品。これでモノラルスピーカーを鳴らしている。
下：古いビルの最上階の一室を自分好みにアレンジ。手製の棚や壁が実にいい雰囲気を醸し出す。

試聴したアルバム

①

②

③

①『Dreamsville／Stacey Kent』（Candid）
②『I'm Hip (Please Don't Tell My Father)／John Pizzarelli』（Stash Records）
③『Last Tango In Rio／Gabriela Anders』（Narada）

63

現代ジャズを綿密に響かせる〝ディテール聴き〟のシステム

大河内善宏　ジャズ・ライター

ピチピチしたギャルのひしめく東京女子大の近くにある大河内善宏さんのお宅を訪れた。大河内さんはピチピチ性とはやや位相を異にした貫禄性で勝負するタイプのナイスな中年紳士である。嫁さんがくれば申し分ないんですが、とおっしゃるがなるほど一人住いにはもったいない新築の一軒家。

オーディオ・ルームは2階にある。白を基調にした部屋の一角に大きめのラックが備えられ、まずそこに目がいった。なるほどアンプはゴールドムンドか。部屋の色調、雰囲気によく合っているじゃないか。私は人さまの家へ行くとまずそのあたりを確認する。つまりアンプやスピーカーが部屋の家具、調度品として通用しているか、否か。いかにもオーディオ・ルーム然とした機械部屋も悪くはないが、私はさりげなく製品が部屋と調和したパターンが好きだ。

そうなるとスピーカーはソナス・ファベールで決まりである。イタリアのスピーカーというよりヴォイスを発するファニチャー。CDプレーヤーは日本のエソテリックSA-10だ。

こうして並べてみると、いかにも値段的に豪勢な感じがする。しかし大河内さんの偉いのはこれらの製品をすべて中古で購入しているところである。おおよそ半額で買えるのである。いまの製品はヤワではない。半世紀くらいは平気で頑張る。とすれば他人が使用してちょうど調子が出てきた頃の「成熟品」を求めるのは実に理にかなった購入法なのだ。私などは中古に目がない。新品でもこわれる時はこわれる。ある程度完熟すると故障とはエンが切れるのである。

さて、大河内さんはどんな音楽をどんな音で聴いている人なのか。出始めはパシフィックだった。バド・シャンクやショーティ・ロジャースを愛していた。ウエスト物の持つ上品さに惹かれた。ピアノ・トリオで言うとエマーシーのジ

白を基調にしたモダンな部屋の一角にオーディオ・ラックが備えられ、スピーカーはソファの正面になるように設置。オーディオのセレクトも部屋の色調、雰囲気によく合っている。

ョン・ウィリアムス・トリオが嚆矢盤。その後、ラーシュ・ヤンソンやデビッド・ゴードンなどのヨーロッパ物に行き着く。しかし現在はあまりピアノ・トリオは聴いていない。ではどんなのを？　大河内さんは音楽に関して先へ進むのが早い人なのだろう。いまは現代音楽系のジャズがお目当てという。それにノイズ系。ノイズ系と聞けば私などすぐに虫酸が走るがノルウェー産のＳｐｕｎｋ。なんですか、これは。音楽は判断不明だが音は明解だ。一口で言ってディテールの細かく弾けた音。全体でドスンと固まりで迫るのではなく、ピアノの微妙な高域やスネアの中域、つまり「コン！」という音の弾け具合の小気味よさ、さらにはブラシの「シュクッ」という開放的な先端性など、**要するに大河内さんは「ディテール聴き」の人なのである。**細部の音を綿密に聴き取りたい。そういう欲望を強く持った人である。

ここで、私の意見を言わせていただく。自分のオーディオ・システムの音をよくするにはどうしたらいいか。まず大河内さんのように、自分の好きな音を出したいという欲望を持つことである。自分の好きな音とはどういう音なのか、明確に知る必要がある。ピアノの深く、広く、豊熟な音なのか。テナーのサブ・トーンの底なのか。トランペットのつんざくような刺激音。いろいろあるだろう。

それらの好きな音を目掛けて、オーディオ・システムを調節してゆく。これが基本方針だと思う。まずもって自分が出した音を決めないと出費がかさんで仕方がない。私などそれで失敗してずいぶん泣いたものである。

普通オーディオを始めるとあの音もこの音も充分ふんだんに出したいと願う。**全方位性を求めるがオーディオはそれがムリなんだ。どこかがうまく突出すれば、どこかが必ずヘコむもの。**大河内さんはシンバルの大きなカーンやベースの低いブーンは要らないと言っている。なかなかむずかしいが、その潔さは賞すべきだと思う。

さてでは、どういう具合に調整しているのだろう。普通、ケーブルやインシュレーターでアジャストが考えられるが大河内さんはそれらにいっさい興味がない。どうも調整らしきことはしていないようだ。

そこで私は伝家の宝刀を引き抜いた。電源ケーブル。本日はオヤイデの「ツナミ」シリーズ。白コンセント物である。これをそう、どこがいちばん効くだろう——パワー・アンプの電源部に差し込んでいただいた。その時、部屋には私の他に三人の人がいた。隣家のジャズ・ファン手島さん、大河内さん、それに本誌佐藤編集員。三人が口を揃えて「ケーブルで音はこんなにも変わるものか」。一斉唱和したのである。私もここまで変わるとは思わなかった。驚愕具合でいえば、これまででいちばんであった。

ディテールの細密性がさらに細分化された。そして固まりがほぐれて音全体が嬉しそうに踊り出したのである。ここで一つ言っておきたい。傾向としてはそういうことである。しかしCDは1枚1枚録音が異なる。だからCDによって合う合わないが出てくる。このまま大河内さんが自分のシステムに合うCDを聴いてゆくのか。あるいはケーブルに目覚めた本日、ケーブルによってシステム全体の音を自分の好みに変えてゆくのか。いや楽しみなこった、である。

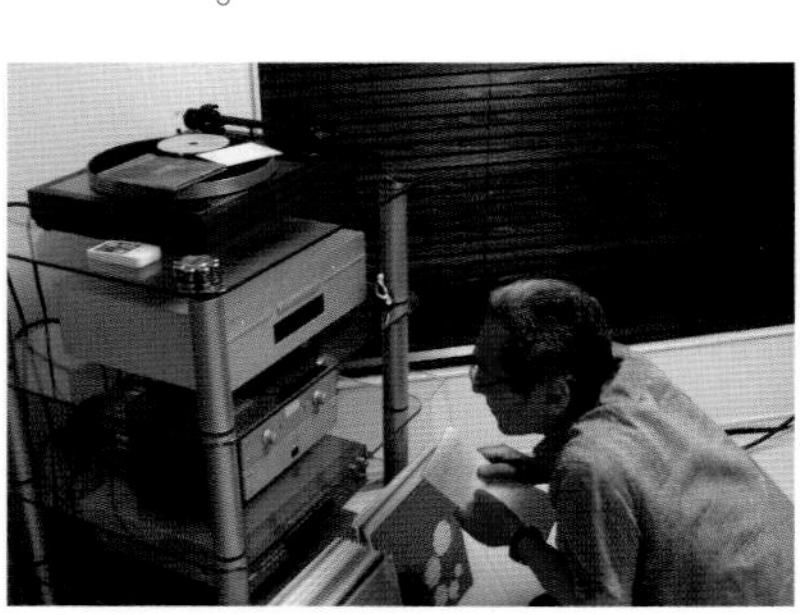

自分の好みのサウンドを綿密に響かせるために組まれた大河内氏のシステムは寺島氏の心を摑んだ。

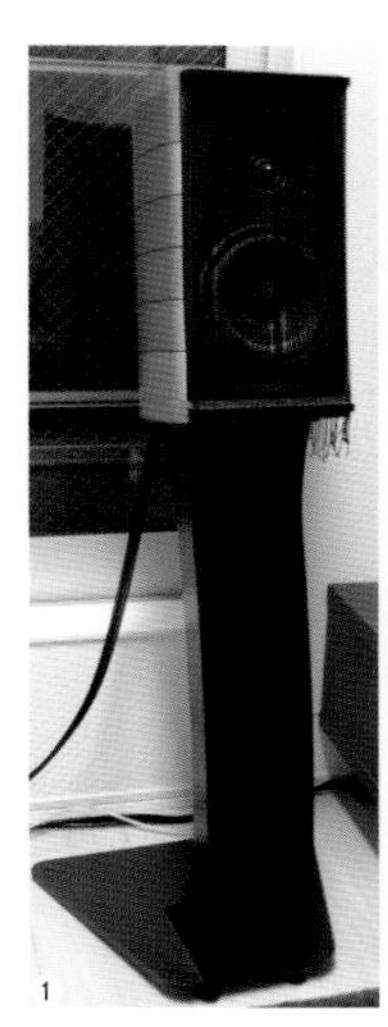

1

2

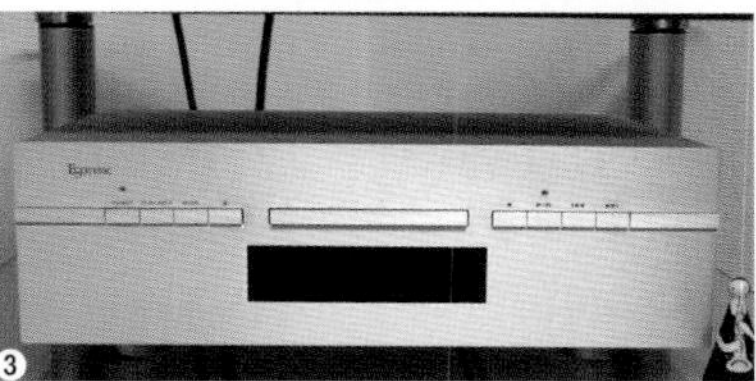

3

4

オーディオ・システム概要

スピーカー：SONUS FABER Auditor M ①
パワーアンプ：GOLDMUND Minesis SR ②上
プリアンプ：GOLDMUND Minesis SR P2 ②下
CDプレーヤー：ESOTERIC SA-10 ③
アナログプレーヤー：LINN Sondek LP12 ④

大河内善宏氏。大河内氏は『JAZZとびっきり新定盤500＋500』（だいわ文庫）などジャズのガイド本を共同執筆している。

今回の寺島氏の秘密兵器はオヤイデ製の電源ケーブルTSUNAMI GPX-R V2（手前のコンセント部分が白いケーブル）。効果は極めて大きく、音のディテールが細分化されよりクリアになった。

試聴したアルバム

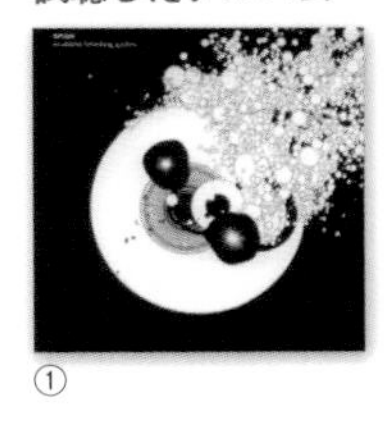

①

②

③

①『En Aldeles Forferdelig Skydom／Spunk』（Rune Grammofon）
②『Ballads／Derek Bailey』（Tzadik）
③『Aquarian Rain／Barre Phillips』（ECM）［LP］

思わず中空を仰ぎ見る三次元の音世界

平野至洋　タイムロード 代表

64

知り合いの何人かが東京から地方へ移っていった。気が知れない。私は都会が好きである。都会といえば都心の一等地、六本木に住んでおられるのが本日の主人公、平野至洋さんだ。地下鉄をおり、10分ほど歩くと豪勢な高層ビルに行き当たった。マンションの15階。こういうところに住むと人間、ワンランク昇格してもおかしくない。錯覚か。錯覚が現実になったのが平野さんかもしれない。見るからに偉丈夫である。六尺ゆたか。アメリカに十数年住まっていた。異国調の雰囲気を身につけている。物静か。俺が俺がの姿勢などみじんもない。

社員の人から電話がかかった。丁寧語で答える。もう少しざっくばらんでもいいんじゃないか。余計なことに気を病んだ。

「世の社長のような威張った口ぶりは嫌いですね」。

平野さんはオーディオ輸入商社、タイムロードの社長である。

さて、そのお部屋。さすがに東京の一等地、それほどの面積はない。一瞬、西洋アンティークの店に迷い込んだような気がした。見渡す限りアンティークの置物。家具調度品のほとんどがイタリア製とお見受けした。ピエロ・フォルナセッティの花瓶が大きく目を引く。欲しいなと思う。海外の高級腕時計が十数個、豪華なケースに収まっている。

そういう中でそれら置物と完全に同化したかたちでたたずんでいるのが平野さんのスピーカーO'heocha D2だ。スピーカーと気付かない人がいるかもしれない。見事なまでに部屋の中でアンティーク化している。珍品を好む。「日本で多分1台でしょう」。こともなげにおっしゃる。

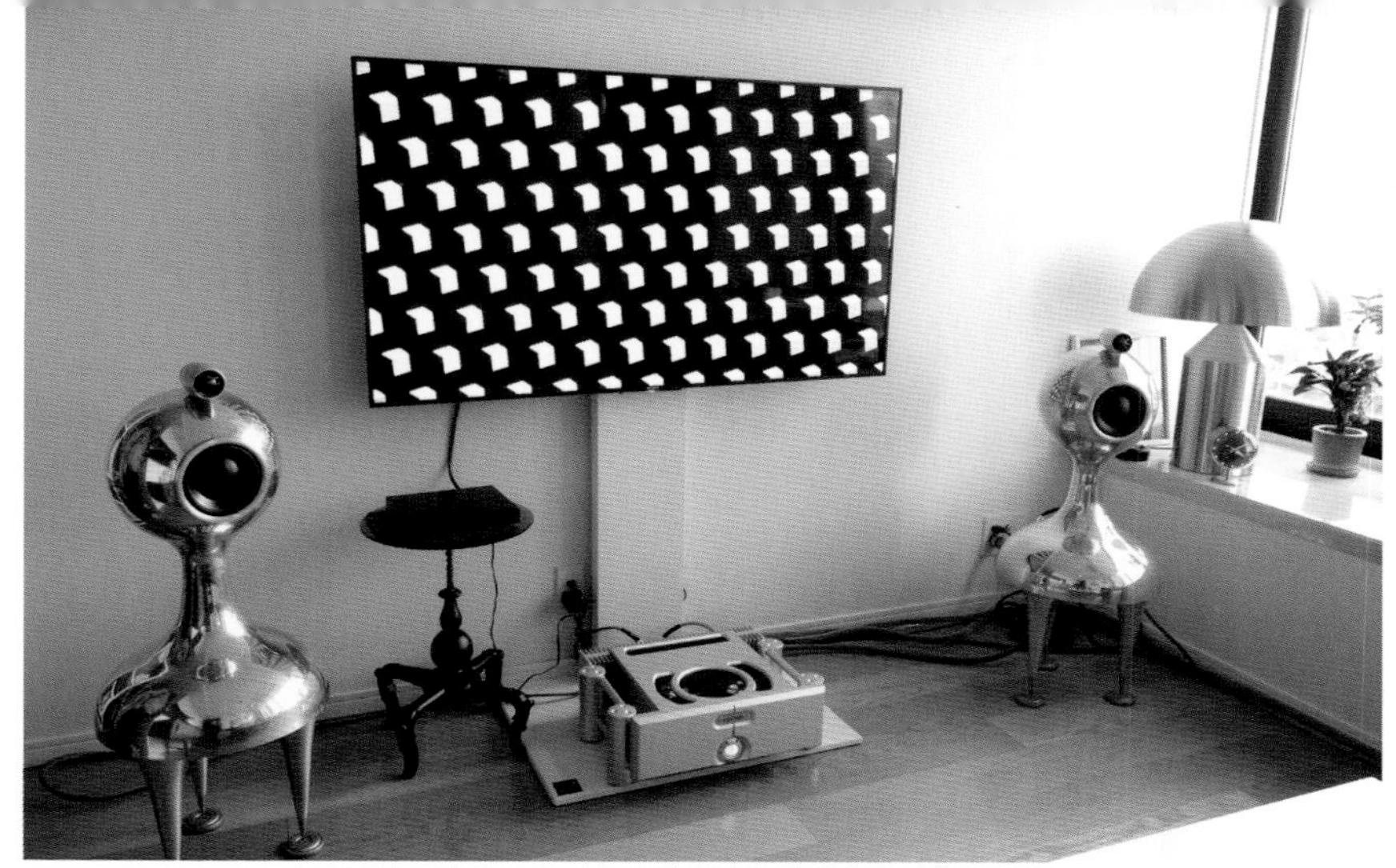

オーディオの造形が持つインパクトを生かし、部屋全体のアイコンとしても機能させている平野氏のリヴィング・ルーム。特異な形をしたO'hEOCHAのスピーカーは90年代後半のアイルランド製で、映画「メン・イン・ブラック」にも使用されたという。

「日本のオーディオ・ファンは自主性に乏しいというか、人と違ったものを使ってやろうという冒険心がないようですね」。

水を向けてみた。

「やっぱり失敗したくないという気持が大きいんじゃないですかね。大金をはたくんだから少しでも音のいいものを手に入れたい。そういう欲求はわかりますが、オーディオはもともと趣味性の強いアート、そしてホビーです。もっと個性豊かなシステム作りをしてもいいんじゃないでしょうか」。

我が意を得たりである。すぐに自分のほうに持ってゆくのが私の悪いくせだ。今回、趣味性が強く、レアで、持っていると人生が晴ればれと展開するアンプを手に入れたのだ。それがイギリスはコード・エレクトロニクスのアルティマ6である。平野さんのタイムロードで扱っており、それがご縁で本日の訪問となった。

平野さんのお部屋にも、もちろん、アルティマ6が置かれている。私は黒だが、平野さんはシルバー。ちなみに日本人はアンプに関してシルバーが6.5、黒が3.5という比率らしい。やっぱりシルバーにすればよかったか。若干残念な気持で平野さんのアルティマ6を眺める。

音楽が鳴り出した。妙な言い方だが聴くのがもったいない気がする。見ているだけで100%用を足しているのである。

私に気を遣って下さり、アレッサンドロ・ガラティの新作『スカイネス』から1曲目。録音陣容が凄い。レコーディングがＥＣＭレコードでお馴染みのヤン・エリック・コングスハウク、ミックスとマスタリングがイタリアのステファノ・アメリオ。どっちか片方で驚きなのに世界の強豪が二人タッグを組んでしまったのだ。いや、すみません。ついちからが入ってしまった。

一聴、出た！という感じである。三次元の世界。ヤン・エリックとアメリオが目指す、通常ならざる異次元の世界観。

「大きな音が出せないんですよ。近所から苦情が来ましてね。大音量を稼げないから、三次元に向かわざるを得ない。でもそれが成功しましたね。立体感やステージ感が出れば音量は小さくても充分役目を果たします。気持よく聴けるんですよ」。

私の目はスピーカーではなく、中空を睨んでいる。三次元が出現するとスピーカーは視界から消え、音を出す器材ではなく、単なる置物と化す。

若い頃、浴びるのがいい音と考える時期があった。アメリカへ渡りハイエンド・オーディオの洗礼を受けた。アポジーやウィルソン・オーディオなど。アメリカ中西部のオーディオストアでは、日本で人気のＪＢＬスピーカーが一切扱われていないことに驚いた。１９９０年代中頃のことである。

デイブ・ホランドの『カンファレンス・オブ・ザ・バーズ』がかかる。チャーリー・ヘイデンやエディ・ゴメスの「低さ」には定評がある。彼らのグーン下る「下の下」をオーディオで再現する喜びといったらない。しかし平野さん宅のデイブ・ホランドの低さはどうしたことか。この低さがどうしてこの小さいスピーカーから出てくるのか。

１９７２年のＥＣＭ盤。管入りだ。管楽器の中にベースがまぎれ込んでいない。独立している。混在させるのは簡単だが、独立させるのがオーディオの技なのだ。ベースが管群を統率し、指揮しているのがわかる。混ざるとただの伴奏楽器に堕してしまう。

大学のジャズ研、バチェラー・セブンのベーシストだった。スタンリー・クラークやジャコパス、ロン・カーターなどを懸命にコピーした。

MAX JAZZ盤、ルネ・マリー。平野さんのオーディオで聴くと女性歌手が美人に変わる。

最後にいつもの愚問を発した。愚問と言ったが私にとってはその人を知り、そして計る大事な手段である。

「音楽とオーディオ、どっちがエラいですか」。瞬時に答えが帰ってきた。一瞬のスキもなかった。

「音楽です」

音からいい音楽を引き出す。音でミュージシャンの本質を知る。そのために日々オーディオ努力を怠らない。対極的に私は音からさらにいい音を引き出す。そういうタイプの人間だ。

さぁ、どちらがエラい。

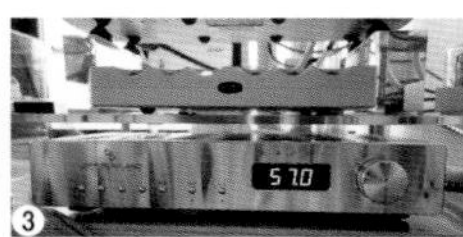

オーディオ・システム概要

スピーカー：O'hEOCHA D2 ①
パワーアンプ：
CHORD ELECTRONICS Ultima 6 ②
プリアンプ：JEFF ROWLAND Capri ③
ターンテーブル：
SPIRAL GROOVE SG1.2 ④
SPIRAL GROOVE SG1.2（電源部）⑤

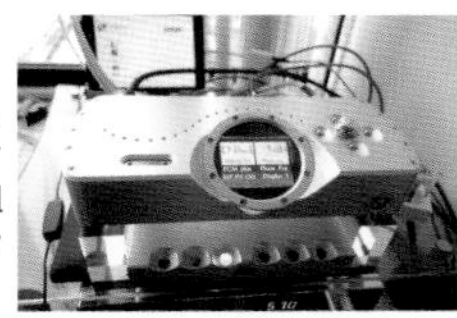

右：DACはCHORD DAVE（上）で、同じくCORDのアップサンプラーHugo M Scaler（下）と組み合わせてさまざまな音源をアップサンプリングして楽しめる。

左：平野至洋氏。CHORDやNODE、PATHOS、CHARIOといった欧州の優れたオーディオ製品を輸入する「タイムロード」の代表を務める。右：イタリアの鬼才、ピエロ・フォルナセッティのデザインによる女性の顔をモチーフにした陶器類、時計、万年筆のコレクションがさりげなく並ぶ。

試聴したアルバム

①

②

③

①『Skyness／Alessandro Galati』（寺島レコード）
②『Conference Of The Birds／Dave Holland』（ECM）
③『Virtigo／René Marie』（Max JAZZ）

絶妙のエネルギー・バランスが生み出すすさまじいパワー感

黒澤直登 テクニカルブレーン 代表

テクニカルブレーンの黒澤さんといってもジャズの人はあまりピンとこないが、オーディオ方面ではそれは大した方なのである。

本日はその黒澤さんを訪ねて川越まで出掛けた。しばらく前に私の店のジャズ・オーディオ愛好会で黒澤さんは自作のアンプやノイズレス・トランスをご披露している。そのアンプの威力はすさまじく、店のアヴァンギャルド・スピーカーはいつもとは違い、我を忘れて鳴ったが、オーディオというのは即席のセッティングで最大級の音を出すものではない。今日は黒澤さんが腕によりをかけた、練り込んだセッティングで聴かせてくれる手はずになっている。半年前に狭心症でダメージ受けた私のぶっこわれ心臓が果たしてその音に耐えられるかどうか。

試聴室は広い。いろいろな種類のスピーカーが林立している。最初に聴いたのはB&Wのシグネチャー800で、何種かの中で体は小さいがいちばんジャズらしい音を出す。さて持参のCDだ。ちょっと宣伝ぽくなるので気がひけるが私が手がけた『皆川太一カルテット』をかけていただいた。発売から日が浅く、自宅と店以外でどんな音を出すのか興味津々であったが、もう一方でこわくもあった。

最初300万円のステレオ・パワーアンプで聴いた。続いて500万円（1台250万円）の**モノラル・パワーアンプ×2が鳴った時、私は思わず心臓に手をやり、動悸と闘ったのである。**

スタジオの出来立ての音より凄い。生より生々しい。実はこのCDには心配していた。ややワイルドな音の録り方をしてもらったのである。平均年齢30歳の若々しいミュージシャンたちのパワフル感をCDに埋め込みたかった。結果的

黒澤氏の工房兼カフェ内部のオーディオ・ルーム。自社製アンプをさまざまな特性のスピーカーで試聴するため、ご覧ようにB&W、テクニクス、アポジー、タンノイのヴィンテージなど数々のハイエンド・スピーカーが文字通り林立するマニア垂涎の空間。カフェ客のCD/アナログLP持ち込みも可。

にややトゥー・マッチな音作りとなったが、いまここで聴く音はジャズの音はこうでなくちゃあというほど、実に静かに荒々しい。

黒澤さんの信ずる音はどういう音なのか。黒澤さんはトゥー・マッチを嫌う。過剰が苦手だ。あくまでナチュラルなサウンドを追求する。いつまでも聴いていたい音が自分にとってのいい音だとおっしゃる。

まさにそういう音で皆川太一盤が鳴ったのである。この盤の持つトゥー・マッチ性が黒澤さんのオーディオで去勢され、いちばん優秀な箇所が引き出された。

こういう音が出るなら500万は高くない。いや、高い。高いが高くない。重量を聞いてあきらめた。モノラル・アンプ2台で160キログラム。私の2階の部屋のやわな床が抜けるのは間違いない。しかし160キログラムという重量からこの音が出現するのだ。黒澤さんはトルクというオーディオ用語を使って説明してくれた。車のトルクと同義だろう。スピーカーをけとばすくらいのパワー感がトルクなのだろう。重い低音用のウーファーを十全に動かして鳴らす。皆川盤の重いベースが宙を舞うように鳴り、それが演奏トータルの土台になって、すさまじい音を出した。

エネルギー・バランスと瞬間的正確さがオーディオではいちばん大事な要件とおっしゃる。なかなか理解がむずかしいが要するに音が揃って出てこなければいけないということのようだ。例えば、ピアノ・トリオなら三つの楽器が均等に出現するということ。これが演奏のスピード感をかもし出し、リスナーの気分の高揚感につながってゆく。ワクワクするか、しないかはこのへんのニュアンスで変わってくる。ベースが遅れてもたもたしていては瞬間的正確さは得られず、せっかくの演奏のよさは台無しになる。

黒澤さんの作るストレス・フリーのアンプでこれらの要素が得られるという。アンプの中にいろいろ臓物が詰まっていてはいけない。できるだけ接点を減らし、電流の通りをよくしてやるのが大事。それと高周波ノイズを除去する必要がある。そのためのノイズカット・トランスの製造も黒澤さんの手によるもの。「低域が中域を汚していない」。どういうことか。豊かなベースの音はたしかに気持がいい。しかし度が過ぎるとピアノなどの中域部分を浸食し、輝きを失わせてしまう。

オーディオ・ファンの中には定位感ばかり気にする人がいる。すると、いつの間にか音楽でいちばん大事なエネルギー感がなくなっているケースが多い。これではなんのためにオーディオをやっているのか、わからない。主客転倒もいいところだ、と。**音楽は形よりもエネルギーが大事とおっしゃる。私のことを言われているようでお尻のあたりがモジモジとした。**

とにかく能弁な方。次々テクニカル・タームが淀みなく口をついて出る。理論的、頭脳的にオーディオを解する。故のテクニカルブレーンの社名だろう。

そうだ、先程から黒澤さんの音をどう言葉で表現しようか、考えていたのだが、これはどうだろう。

「黒澤理論が芸術の域に達した音」。

テクニカルブレーン代表の黒澤直登氏。背後に聳えるのはApogeeのスピーカー。その巨大さがおわかりいただけよう。

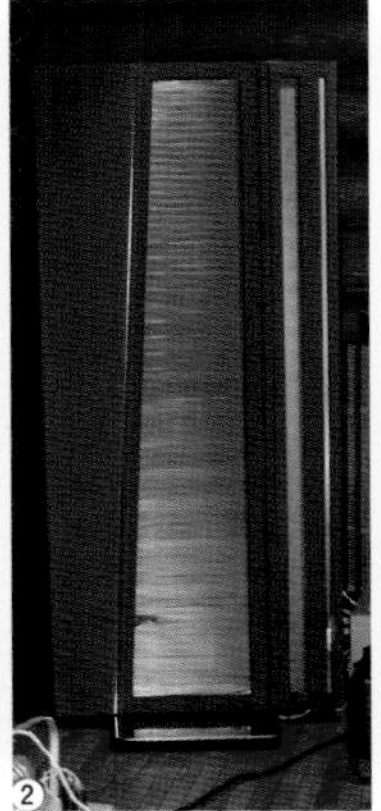

オーディオ・システム概要

スピーカー：B&W Signature 800 ①／APOGEE The Apogee ②
TECHNICS SB-M10000 ③
パワーアンプ：TECHNICAL BRAIN TBP-Zero/EX2［monaural］×2 ④／TECHNICAL BRAIN TBP-Zero/s［stereo］⑤
プリアンプ：TECHNICAL BRAIN TBC-Zero/EX Complete ⑥
CDプレーヤー：Orpheus Zero ⑦ + MYTEK DIGITAL DAC
アナログプレーヤー：EMT 927 ⑧

別棟にあるメンテナンス事業部の工房内部。会社設立の原点である高級オーディオ全般のメンテナンスには定評があり、全国から依頼が絶えない。※

高原のロッジを思わせるテクニカルブレーンの工房兼試聴ルームと併設する"喫茶カナン"の外観。

"カナン"の店内。試聴ルームは写真手前奥側に位置し、仕切りもなくオープンな状態で、芳醇な珈琲の味わいとともに音楽を存分に楽しめる。

試聴したアルバム

①

②

③

①『What Happened?／Alex Riel』（Cowbell）
②『Friday Night in San Francisco／Al Di Meola, John McLaughlin, Paco De Lucia』（CBS）［LP］
③『Minor Mood／皆川太一』（寺島レコード）

※メンテナンス事業部　埼玉県川越市笠幡 215-2　TEL 049-234-1109

66 生命の源泉を揺さぶる低音に石黒流オーディオの真髄を見た

石黒　謙　関口機械販売「ACOUSTIC REVIVE」代表

アコリバはオーディオ業界で羽振りがいい。そういう話があちこちから聞こえてくる。石黒さんが作り出すケーブルをはじめとするオーディオのアクセサリー類が一般のオーディオ・ファンに受けがいいようなのである。

石黒さん自身は自宅でどういう音を賞味しているのだろう。誰しも関心を持つところである。今回私はその音を聴く幸運にめぐまれたのだ。それでなくてもいま私は「他のお宅の音を聴きたくてたまらない病」に罹患している。ましてそれがメーカーの方ともなれば期待上昇率はどんどん高まってゆく。

考えてみると先方さんも大変である。私も逆の立場になることがあるが、なんだよ大したことないじゃないか、などと言われた日には。

部屋へ案内されたが真っ暗である。昼なお暗き石黒邸。明暗はオーディオ聴取に大事な要件となる。皆さんも夜のほうがいいでしょう。雰囲気も手伝うのである。

白人ヴォーカルが聴こえてきた。期待が大きいせいか、びっくりするような音には聴こえない。まずさりげない音を聴かせておくのかな、と私は考えた。スピーカーはアバロン・ダイアモンドだ。私がトールボーイと呼び、形の上からも実はあまり尊敬していない。いかにも現代型スピーカーの典型で、ジャズの音質の髄をえぐり出すという境地からはほど遠い一品だ。そういうスピーカーから、か弱い女性ヴォーカルの深い情感や深層心理の濃さがどのくらい出現するか。そのテストのためにこのスピーカーを置いているんだ。さぁ、どうです。ちゃんと出ているでしょう、と石黒さんは私に迫るのである。言葉の調子は自信に溢れている。オーディオ人は説得ないしは折伏（しゃくぶく）が生命だ

AVALON Diamondスピーカーとそのシステム。オーディオ・ルームの構造が前後で対称となっており、部屋の中央に座り、前正面を向くとWESTLAKEが後正面を向けばAVALONが聞ける仕組みになっている。

から言葉の訓練におこたりはない。自信満々は石黒さんのよき人間特性の一つである。

耳を澄ますとたしかにティナ・ルイスの影が濃い。いや影というより実態だ。なまめかしい実体が暗がりの中に超然と立っている。私を見つめて。かつての私の「恋人」である。まさか群馬の地で再会を果たすとは思わなかった。

いつの間にかスピーカーが視界から消えている。スピーカーが消える。この現象をオーディオ界では最高の境地の一つととらえている。**スピーカーから音が出ているうちはまだ未完成人。**

ゲイリー・ピーコックとラルフ・タウナーのデュオがかかる。ベースの大胆さ、ギターの繊細さ、この二つの境目がくっきりと見てとれる。二人は別の世界にいるのだ。次元が離れてこそのオーディオである。いわゆるセパレート感というやつ。

次はウエストレイクである。ヴィンテージ・スピーカーだ。それに合わせて、パワーアンプはパスラボの通称〝ウニ〟、プリアンプはいにしえの名器マークレビンソンのLNP-2Lとくれば当時のオーディオ・ファンの憧憬の対象。このシステムで主としてアナログ盤を聴いている。アナログ盤が多数床に、むしろ乱雑に置かれている。私は棚入れ型より床置型にアナログ盤への愛を見てしまう。生活密着性を感じるのである。

WESTLAKE AUDIO BBSM15Fスピーカーとそのシステム。このシステムの他に石黒邸には大まかに四つのオーディオ・システムがある（PCルームのシステムなども含めるとさらにその数は増える）。オーディオ機器はもちろん、ケーブル、インシュレーター、アンダーボードなど細部に至る徹底した音質追求の姿勢に驚く。

ジョニー・グリフィンの『ケリー・ダンサーズ』がかかった。無論グリフィンの分厚く濃厚なテナーが聴きどころとなる。**テナーが発火しているようである。どうしてこのような熱い音が発現するのだろう。**ふと石黒さんを見ると私のウデですよ、ウデ。私のケーブルを使うとこうなるんですよ、と。音全体はひずんでいる。オーディオ界も最もいみ嫌うところである。人さまのお宅を訪問し、最初に見つけようとするのがひずみであり、発見して喜ぶのもひずみである。

石黒さんのオーディオ哲学の中にあるのは徹底した、過剰なくらいのリアリズムである。必要以上のバランスをとるとか、ハレーションを恐れる心境はない。少々のひずみなど大音楽の前には屁でもないということだろう。相変わらず平然としており、鬼の首をとったようにひずんでいますよと申し出て吉と出る場面ではない。確信犯なのである。

多くのオーディオ・メーカーあるいは関係者と違うところ。それは石黒さんは音よりも先に音楽があるのである。以前ミュージックバードのラジオにゲスト出演していただいた。その時、エリック・ドルフィーの諸作品をひっさげてこられ私はまったくたびれ果てた。本当は本日はドルフィーで攻めたいがグリフィンで勘弁しておこう、と。

ウェス・モンゴメリーの『フル・ハウス』。身体をゆすって聴いている。ここはジャズ喫茶か。よくかかったものである。暗く、すえたジャズ喫茶の中でみな目をつぶり身体を揺らして聴いていた。

オーディオ・システム1①
スピーカー：AVALON Diamond
パワーアンプ：VIOLA Bravo
プリアンプ：GOLDMUND Mimesis 24ME
DAコンバーター：GOLDMUND Mimesis S21
CDトランスポーター：BURMESTER 979
フォノイコライザー：CONNOISSEUR 4.0 Advance
ターンテーブル：ROKSAN TMS
トーンアーム：GRAHAM ENGINEERING Model 2.2
カートリッジ：LYRA Titan（ジュラルミンボディ特注モデル）

オーディオ・システム2②
スピーカー：WESTLAKE AUDIO BBSM15F
パワーアンプ：PASS LABORATORIES Aleph 2
（モノラルバイアンプ4台）
プリアンプ：MARK LEVINSON LNP-2L
DAコンバーター：WADIA Pro
CDトランスポーター：WADIA 21
ターンテーブル：SPIRAL GROOVE SG2
トーンアーム：GRAHAM ENGINEERING Phantom
カートリッジ：LYRA TITAN（ジュラルミンボディ特注モデル）
昇圧トランス：ARAI LAB MT-1
（LYRA TITANのインピーダンスに完全マッチングさせた5.5Ω仕様）

オーディオ・システム3（リヴィング・ルーム）③
スピーカー：SONUS FABER Signum
プリメインアンプ：SONUS FABER Musica
CDプレーヤー：BOW TECHNOLOGY Wizard

オーディオ・システム4（シアター・ルーム）④
スピーカー：B&W 802D（フロント2ch）
B&W HTM2D（センター）
B&W 803D（リア）
パワーアンプ：GOLDMUND 18.4ME
プリアンプ：GOLDMUND Mimesis 30ME
BDフォノイコライザー：GOLDMUND Mimesis PH3
プレーヤー：PRIMARE BD32

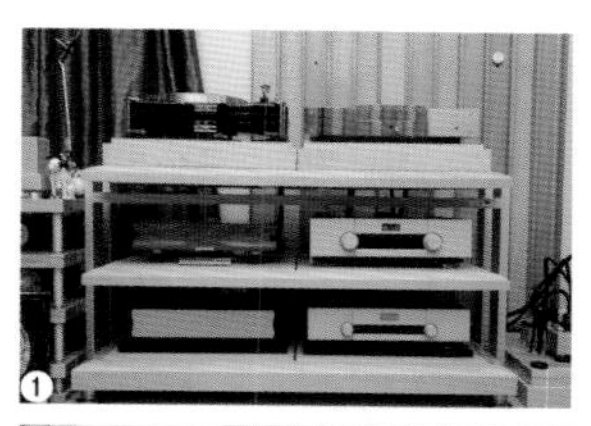

「アコースティックリバイブ」を展開する関口機械販売株式会社代表、石黒謙氏。

試聴したアルバム

①

②

③

①『It's Time For Tina／Tina Louise』(Concert Hall)
②『Oracle／Gary Peacock/Ralph Towner』(ECM)
③『The Kerry Dancers／Johnny Griffin』(Riverside)

リヴィングに移動する。小部屋。お茶が供される。リヴィング・オーディオの部屋。イタリアの洒落者、瀟洒な小型スピーカー、ソナス・ファベールはスピーカーというより家具に近い。家具より家具らしい。私の知らないデンマークの一体型アンプ、CDプレーヤーを含め、金額にして100万くらいなものという。私はこういう家具、いやオーディオ・ファニチャーを皆さんに推薦したいと思った。たまたま遊びに来ていた磯田秀人さん、佐藤編集員、私が一斉にオーッと叫ぶ。宝石をまき散らしたようなという言い方は恥ずかしいが、まさに一瞬幻覚の世界に閉じ込められたような。たしかに帯域は広くない。そういうオーディオ的な聴き方をするシステムではない。**音の美を感じ、同時に視覚的な喜びを感じる。ずっと客人としてここにいたいと思った。**

2階に移動し、B&W 802Dの部屋へ。オーディオとともに映像の部屋でもあるらしい。映像はともかく、このシステムの発する音には心の底からたまげた。やはり驚きは最後に隠されていたのである。持参のイゴール・ゲノー『ロード・ストーリー』7曲目をかけていただいた。私が音でいま最も注目し充実させたい分野のCDである。すさまじい低音が出た。低音が生命源泉の作品だがこれ程の低い音がひそんでいたとは。底の底の音。覗くと下は100キロくらい下の地底といった趣。飛び込んでしまいたい衝動にかられる。そこで一生この低音を聴いていられたら。

私の家はもちろん、これまで訪れたどのお宅でもこの音は出なかった。B&Wのスピーカーが寄与しているのか。私は今までこれを下に見ていた。姿かたちからお地蔵さんスピーカーと言ってヤユしていた。これはとんでもないお地蔵さんかも。アンプもそうだ。ゴールドムンドと聞いただけでカゼを引きそうになる。ひんやりした、冷徹なイメージが強く嫌っていたが、ここで聴くゴールドムンドはホットだ。

当然だがスピーカーはただのスピーカー、アンプはただのアンプである。それらをどう鳴らすかによって彼らは天才

リヴィングに置かれた小ぶりなSONUS FABERからも信じがたいようなクリアなサウンドが降り注ぐ。ケーブルを含めたトータルなシステム構築の真価はこのようなリヴィング・オーディオでも如実に現れる。

寺島氏がその低音に心底驚いたというB&W 802D（左右）、B&W HTM2D（センター）スピーカーとそのシステム。ご覧の通りシアター・ルームであり、映像再生における音響のリアリティは最新の映画館をも凌ぐ大迫力。

にも凡才にもなる。

石黒さんに詰め寄った。「こういう天才的な音を出すにはどうすればいいんですか」。ゆったりと頷き「アコリバの製品を使い、アコリバ製品でチューニングすればいいだけの話しです」。あいた口がふさがらなかった。自信たっぷりに大真面目なのである。しかし、これだけの音を聴かされるとそれも真実味を帯びてくる。

石黒さんのお宅では、これまで書いたように四つのシステムが動いている。しかし驚くのは、それらがまったく別々の音で鳴っているということである。普通は同じような傾向の音になってしまうのだ。しかし石黒さんは違う。先述したように音と同時に音楽を多く聴く。音楽のためにオーディオがある。オーディオのために音楽があるのが普通のオーディオ・ファン。石黒さんはジャズのみならずロックもクラシックもこなす。

よし、各々の音楽に合ったシステムを作ってしまえ。同じジャズでも50～60年代のモダン・ジャズはウエストレイク、新しいピアノ・トリオはB＆W。自社のケーブル、インシュレーター等、アクセサリーをふんだんに使い、各々の装置がベストの状態で鳴るように工夫し万全を期した。

そこへ本日、私が飛び込んだというわけである。見事にアミに引っかかったのである。

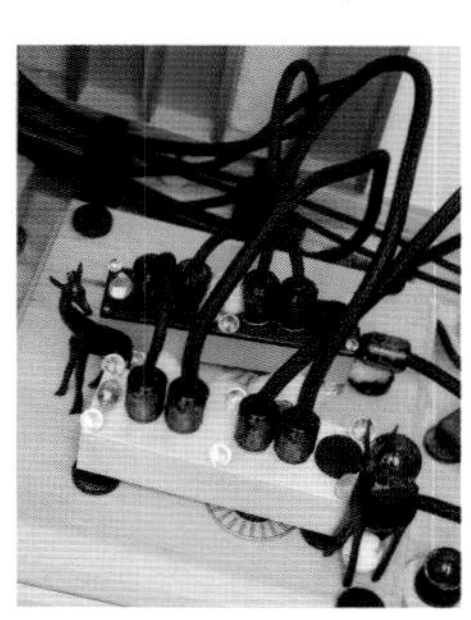

石黒氏のシステムを語る上で欠かせないのがこのケーブル、電源ボックス、インシュレーターといったアコリバ製のアクセサリー類だ。

67 果てしなきジャズ・オーディオの道。その極北をゆくひと

三上剛志 医師

コロナと酷暑のさなか、本誌編集の佐藤俊太郎の車に同乗、一路横須賀を目指して南下した。

横須賀というと社会一般的には小泉親子が有名だ。しかしジャズ・オーディオ界に限っては三上剛志さんということになる。オーディオ誌には過去何度も顔を出し、その意味では九州の後藤誠一氏といい勝負。お二人ともお医者さんである。お医者に関してはわれわれジャズ・オーディオ・ファン全般、一種の「あきらめの境地」を持ってきた。医者は金持ちだ。オーディオに何百万、何千万つぎ込める。しかるに俺たちは。

お二人はライバル意識を持っている。アヴァンギャルド合戦というのがあった。ドイツの大型スピーカー。これがブームを呼んだ時期があった。お二人が購入を競い合った。100万クラスの小型から1500万クラスの超高級型まで何種類かあるが、二人が狙ったのは1500万級の「トリオ」という超ハイクラス機種。問題はどちらが早く導入するかにあった。相手よりも1日でも1時間でも早く自分のオーディオ・ルームに設置したい。販売店に何度も電話がいった。1日前に三上さんが導入したという。私に言わせれば、羨ましいと考えるのは正しくない。面白いと思わなければいけない。おお、やってるやってる。こういう目線が、金銭的に敗北しても、精神衛生的に勝利するのである。

余計なことを言った。

三上さん宅は逗子・中塚さん宅（54参照）の兄貴分といった感じだ。オーディオ部屋が四つも五つもあり、そのすべてが中塚さんより大きい。そしてハイレベル。

最初に聴いたのは2階のモノラル・スピーカー、エルタスTE-4181。古式ゆかしいフラン・ウォーレンの『ヘイ・

巨大な1928年製WESTERN ELECTRIC 15B（左）、同594A + 24A、Eltus 4181をバックにした三上剛志氏、寺島靖国氏のツーショット。二人の付き合いは数十年に及び、真逆のオーディオ観を持ちつつも、互いに共感し合うという、なんとも不思議ないい関係だ。

ゼア！　ヒアズ・フラン・ウォーレン』。歌手の人柄のよさと温かさがモノラル方式でよく出ている。シンガーの情感表出にステレオは要らないんじゃないか。無理に声帯を左右に引き延ばすのは、むしろ野暮。温かい肉体性はスピーカー一発に限る。そんなふうに感じた。

しかし私にとって、オーディオ的な喜びは少ない。ひょっとして三上さんはオーディオの人というより音楽の人ではないのか。本人はオーディオからジャズに入ったと言うが。かかるディスクといえば、これがほとんどLPレコードである。CDという概念は彼の中に存在しないらしい。私と逆なのである。

ジョージ・ウォーリントンの有名な『カフェ・ボヘミア』が鳴った。もちろんレコードである。**ほとばしり感はお見事の一言。マクリーンの情熱が左右に広がらず、真正面から突進、聞き手の耳をつんざく。**モノラル時代の録音はモノラル装置で聴くのが正しいと三上さんは力説。

階段を昇ってアヴァンギャルド部屋へと移動する。最近TMDというガレージ・メーカーのスーパートゥイーターを購入した。4個一組で2個をスピーカー側に、2個をリスニング・チェアの横に設置する。4個とも極小音量を出していて、

AVANGARDEの最高峰、Trio+4 basshornシステムが鎮座する３階のリスニング・ルーム。この孤高のスピーカー・システムを鳴らすアンプは超弩級のモノラルパワーアンプ VIOLA Bravo、CDトランスポートはMARK LEVINSON No31.5L、DACは同30Lを使用。そしてレコードプレイヤーとして使用しているのはノイマンのカッティングマシーン。まさにオーディオ道ここに極まれりという圧巻のシステム。

アヴァンギャルド部屋の秘密兵器、TMDのステルス。スーパートゥイーターに近い形で４機接続し、名前の通り見えない音場を創生するという。

取材時に同席したスタジオDedeのエンジニア、松下真也氏。三上氏のオーディオ・メンテナンス全般を任されている。自身で録音したECM盤『Angular Blues』を聴きながら、控えめにオーディオ観を語る。

そのため音が前へ引っ張られる。あたかも演奏の真中にいるような趣なのだ。これをことのほか気に入っているんだと。臨場感がいい。

本日はもう一人、客人がいる。池袋のレコーディング・スタジオ・エンジニア、松下真也さん。彼がＥＣＭのために吹込んだというウォルフガング・ムースピール、ブライアン・ブレイド、スコット・コリーの三人による『アンギュラー・ブルース』。これを聴いた。日本人がエンジニアとしてＥＣＭ盤に名前が載るのは特にスタジオ録音としては快挙である。いわゆるＥＣＭサウンドとは少し異なり、中域がずっしりと効いている。それがアヴァンギャルドからよく出ていた。細々としていない。音楽を大づかみにしてそのままドーンと前へ放り投げたような。「周辺音ではなく、骨格で聴かせる音です。私と三上さ

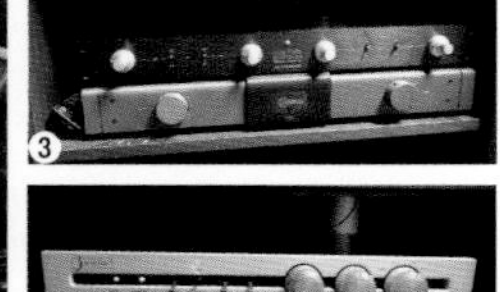

リヴィングのモノラル・オーディオ・システム。ソファと比べるとWE製15Bの大きさがよくわかる。ただし、普段はとなりのEltus 4181＋WE 594A + 24Aをメインに鳴らす。このシステムで聴くヴォーカルはまるで大排気量のアメ車をゆったりと走らせるような滑らかで艶のある響きが印象的。

2F リヴィング・ルームのモノラル・オーディオ・システム概要

スピーカー：WESTERN ELECTRIC 594A + 24A ①上
ELTUS 4181×2 ①下
パワーアンプ ②：WESTERN ELECTRIC 1086A
WESTERN ELECTRIC 131A
WESTERN ELECTRIC 87L（ブースターアンプ）
チャンネルデバイダー：MARK LEVINSON LNC-2 ③上
プリアンプ：SPECTRAL DMC1 ④
ターンテーブル：LYREC ⑤
トーンアーム：ORTFON RF309 ⑤

AVANGARDEの脇で尋常でない存在感を示すNEUMANNのカッティングマシーン。

んの音に対するたまたま一致したんですね」と将来性たっぷりの若きエンジニアは言う。

ここで三上さんがアヴァンギャルド現代スピーカーを搬入したいきさつを話そう。

だいぶ前に亡くなったオーディオ評論家の菅野沖彦が三上さん宅を訪れた。帰りがけに菅野さんはこう言ったという。

「どのシステムもよく鳴っているが、それはヴィンテージとしてのよさで、現代には現代の音のよさがあります。そういう装置をお入れになったらいかがですか」。

大評論家の進言に三上さんはひとたまりもなかった。

しかしいちばん苦労したのがアヴァンギャルドではなかったか。古代の音のよさをわかっている。従って鳴らし方も熟知している。しかし現代音は三上さんにとってある意味未知の世界だった。

現代オーディオとは三上さんにとっていかなるものなのか。

「現代オーディオのチャラチャラした薄手の音でジャズを聴く気にはならない」。

これが三上さんの三上さんたる所以である。よくぞ言ってくれた。男一匹75歳。なんの遠慮もいるものか。何十年とオーディオをやってきた結論がこれだ。

三上さんのアヴァンギャルドからは現代オーディオの音がしない。いわゆる周波数特性がどうのという性質の音ではない。シンバルの破片が中空に限りなく延長しただの、ベースが深々と沈み込んだだの、一部のマニアが好む音としての音ではなく、音楽としての音なのだ。現代スピーカー、アヴァンギャルドを古代オーディオ・スピーカーとして鳴らしてテンとして恥じないオーディオ・マニアは三上さんだけと申し上げておこう。

JBLの4350スピーカーの置いてある部屋へ。比較的手狭なスペース。近距離で聞くJBL 4350の魅力をいやというほど味わえる。飛びかかってくる音群。ソニー・クリスの『ソ

試聴したアルバム

①

②

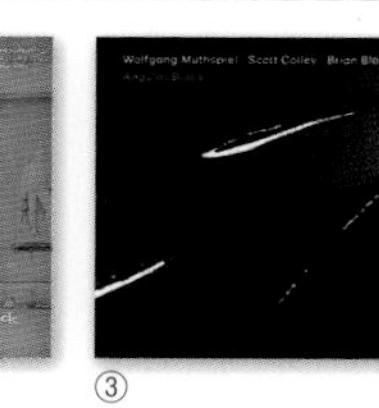

③

①『Hey There! Here's Fran Warren』(Tops Records)[LP]
②『George Wallington Quintet At The Bohemia』(Progressive Records)[LP]
③『Angular Blues/Wolfgang Muthspiel, Scott Colley, Brian Blade』(ECM)

上：こちらは２階奥にあるヴィンテージ機器の聴き比べができる部屋。正面左から名器JBL Hartsfield、ELECTRO VOICE Georgian IV、そして英国製のVOIT。
右：至高のモダンジャズ・サウンドを鳴らすJBL 4350＋537-500ドライバー。シンプルだが、ジャズ好きの琴線に触れるブレない音。

ニーズ・ドリーム』。

ほぼ中域しか聴こえてこない。つまりクリスのアルトしか耳に入らない。それで充分よさが伝わってくる。**この時代の音楽はあるじ主体、従者不在の音楽でいいのである。現代風にこまかく音をほじくり出すのは得策ではない。**

2階の別部屋に移る。ヴィンテージ機器がそこかしこに置かれている。50年代に戻ったようである。ジョージアンⅣスピーカー、ボイトというイギリスの１９３０年代のもの。有名なハーツフィールドなど、いきなり過去の人になったような気がした。しかし不思議なものでしばらくするとほとんど違和感なく聴いている自分がいる。

最後に三上さんに提言しよう。

どちらかというと出たがりやの三上さんだ。「三上剛志ジャズ・オーディオ記念館」を設立したらどうでしょう。以前、小倉の松本清張記念館に行ったが、著書や手書き原稿など満載だった。ブルーノート１５０１番から欠番なく１６００番まで。これをオリジナルで持っているのは多分三上さんだけだろう。これを並べたら映えますぞ。

そしてオーディオ、手当たり次第、大金かけて集めたさまざまの機材。一堂に集めて眺めたいものです。

書き下ろし［特別編］

寺島靖国マイルームの音を斬る

文・小原由夫（オーディオ評論家）

以前、寺島靖国さんに注意されたことがある。というのも、オーディオに真剣に聴き入っている時、私は目を瞑るクセがあるのだが、そんなことをしたら音が見えないじゃないかと御大は言うのだ。私は常々〝見える音〟を目指しているが、寺島さんも近年、似たようなことを自身のオーディオ観で標榜されている。だから目を開けてこそだと。

ですが寺島さん、お言葉を返すようですが、目を開けてスピーカーと対峙しようにも、どこかのお宅のように大小長短さまざまなケーブルが目の前でノタ打ち回っているカオス的情景を見ながら音楽を聴くのは、こちとらまっぴらゴメンですわ。

おまけに御大、アンプは音よりもデザイン、姿カタチに惚れ込んだモノを迎え入れると宣う。そうやって〝見てくれ〟に言及する人が、あんな醜い、足の踏み場もない状態でいいんですかねと、私は声を大にして訴え、そのあるまじき愚行を詳らかにしたいのである。

ほぼ1年ぶりの再訪でも、部屋の様子は相変わらずである。否むしろ、より酷いことになっていた。極太電源ケーブルやら、途中にでっかいモジュールが挟まった舶来スピーカーケーブルが新たに仲間入りしていたのだ。

前回は試聴途中でプリアンプ／アインシュタインが逝った。きっと私の来訪に怖気づいたのだろう。今回はどの機械がご臨終の憂えき事態となるか、内心ヒヤリ、その実ワクワクという心境で音を聴き始めた。無論、両の眼をカッと見開いて……。

しかし、今日は何も起こらなかった。否それどころか、私は音を聴きながら、アヴァンギャルドのスピーカーを凝視

寺島オーディオ・ルームのメインシステム。ジャズ、オーディオ系の雑誌をご覧になる方にはお馴染みの光景かもしれないが、パワーアンプやプレーヤー、ケーブル、インシュレーターなど、スピーカー以外の機器は常に交換、アップデートされている。より良い音を求め試行錯誤の日々は続く。

しないわけにはいかなかったのである。

　はじめにお断わりしておくが、寺島邸の音は、いわゆるハイファイ的ないい音ではない。むしろその方向には程遠く、キャラの強い音である。帯域バランス的にいえばドスーン・バシャーンが強めの、体よく言い変えれば「高級なドンシャリ」という感じだ。

　ところが最新の寺島邸の音は、前述の見える音から〝見据えざるをえない音〟になっていた。そう、リスナーを惹きつけるのである。**ピアノ・トリオの奏者各々の一挙手一投足が見える。個々の楽器の音色の美味しい部分がクリアーに見えるのだ。**

　私の目指している音は、ノイズレシオが向上することで微細なニュアンスがより鮮明になった音。喩えるならば、清流を流れる水の速度と透明度が絶妙にマッチングした時、それまで判然としなかった川底の様子が静止画のようにありありと見えてくる。そんな音だ。

　以前の寺島邸の音は、ドスーン・バシャーンが尾を引き過ぎていて川底の有り様をマスキングしていた。2日前に入れたばかりというエソテリックのマスタークロックによってそれが消えて整ったのか、シンバルやベース、さらにはピアノの本質的な響きが見えてきたのかもしれない。

何だか目指す頂が同じようになってきて、私は大いに癪である。

*

この日私が持参したCDは、ピーター・アースキン擁するピアノ・トリオが特殊なマイクを使って録音した好録音盤。シンバルの音がカラフルかつ精巧に収録されている。しかし御大はお気に召さないよう。「私はこのシンバルをいい音とは思わない。シャーンという伸びがない」と一刀両断。ならば返す刀でパトリシア・バーバーの名盤を。エンジニアのジム・アンダーソンがマスタリングを施す前の生成りに近い音処理で2020年再リリースされたもの。近年はステファノ・アメリオぞっこんの寺島さんだが、かつてはアンダーソンに注目していた時期もある。ビル・エバンスの十八番〈ナーディス〉をかけてもらったが、御大は苦虫をつぶしたような顔のまま。

「お宅様でよく鳴るCDが、よそのウチでよく鳴るとは限らない」というのが寺島さんの口癖だ。すなわちこの部屋のシステムは、自分の好きなジャズ（寺島さんはピアノ・トリオを聴くためのシステムと強調される）を好きなように鳴らすためのシステムとのこと。**その上で、音を変えていくことに何よりも無上の喜びを見出だし、その手練手管が近年ご執心のケーブルやケーブルインシュレーターの取っ替え引っ替えというわけだ。**

「人のふり見て我がふり直せ」と昔の人はよく言ったものだが、寺島さんに言わせれば、「人の音見て我が音変えろ」である。本書に掲載された人の家を巡って音を聴いては、自分のシステムとの違いを咀嚼した上で次に何を変えようかというヒントを得てきたのではなかろうか。結局のところ、我々は御大に利用されていたのである！

だから皆さん、どうぞご注意を。今後は寺島さんの訪問取材を受けても、的ハズレの話に終始し、ヒントを与えるような音も出してはなりませんぞ!?

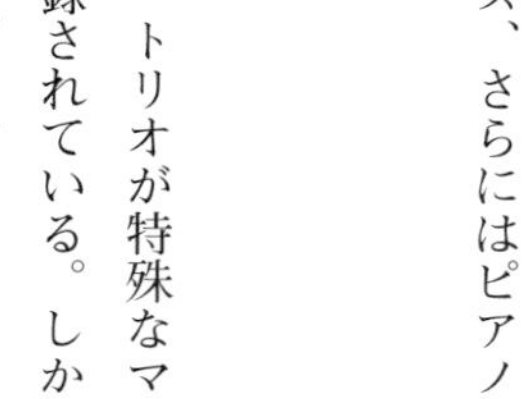

試聴中の筆者。寺島邸オーディオは訪れるたびに音の表情が変わるのでまったく気が抜けない。

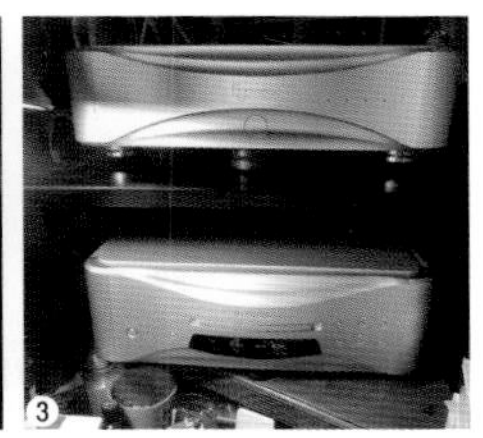

試聴したオーディオ・システム概要

スピーカー：AVANTGARDE Mezzo XD ①
※手前の機器はTMD ステルス
パワー／プリアンプ②：CHORD Ultima 6（左上）
AUDIO RESEARCH Reference75（右下）／B.M.C. CS3（左下）
※プリメイン機能もあるがパワーアンプとして使用
EINSTEIN The Absolute Tune II（プリアンプ、右上）
CDプレーヤー：ESOTERIC Grandioso K1X ③下段
クロックモジュール：ESOTERIC Grandioso G1X ③上段

上左：部屋の隅の小さなスペースに寺島さんの執筆用デスクがある。常に5、6本の連載を抱え締め切りに追われる毎日。
上中央：通常なら機材の後ろや脇に這わせることの多いケーブル、電源タップ類も寺島邸ではりっぱな主役だ。交換や位置変更などの作業を容易にするためで、位置は固定で一切ずらせない。そのため撮影には非常に難儀する。
上右：棚が今にも崩れそうなほどの蔵書も象徴的。そういえば寺島さんは取材の際はいつも訪問先の書棚をチェックしている。
下：笑顔で写る寺島さんだが、内心筆者がこの日の音をどう評するのか気が気でないに違いない。オーディオは日々真剣勝負なのだ。

試聴したアルバム

①

②

③

①『Big Fish & Small Pond／Florian Ross Trio』(Intuition)
②『The Way You Look Tonight／Alan Pasqua/Dave Carpenter/Peter Erskine』(Straight Ahead)
③『Café Blue-Unmastered／Patricia Barber』(Premonition Records)

あとがき

いい音という概念はあるが、いい音という実体はない

皆さんのお宅の音を聴いてわかったこと。

それは、いい音という概念はあるが、いい音という実体はないということでした。

各々の方が出していた音は、ご自分の好きな音でした。その人の好む音がいい音なのです。さらにその方の人柄を偲ばせるような音だったら言うことはありません。

それとは別ですが、昔さるオーディオ・マニアがふと漏らした一言が忘れられません。階段から突き落としたくなったと言うのです。客人がみえて音を聴き、帰る際の言葉が足りなかったと。それは「いい音でした」。

これがなかなか出にくいのです。簡単なようでむずかしい。でもマニア訪問の折にこれくらい必要な言葉はありません。なにしろ相手はその一言を待っているのです。最初から最後まで。オーディオ訪問時に欠くべからざる言葉が「いい音ですね」。これをお忘れなく。突き落とされてはたまりません。私は無事でしたが。

さて今回の出版はいろいろ難産でした。でもようやく出来上がりました。

前回DU BOOKSで出していただいた『JAZZ遺言状』が何年前でしたか。久しぶりの出版で大変嬉しく思います。

これも皆さま方の、特に『JAZZ JAPAN』誌の社長、編集長の三森隆文さんのあたたかいご支援。それから編集部の佐藤俊太郎さん。毎回ご同行いただきありがとうございました。さまざまな音を聴くうち、オーディオ用語を駆使するいっぱしのオーディオ・マニアに様変わり。これが愉快でした。

DU BOOKSの稲葉将樹編集長、編集の筒井奈々さんご尽力ありがとうございました。

デザイン、レイアウトの池上信次さん。学生時代「ジャズ喫茶メグ」でのレコード係りアルバイトでした。今回

の40年ぶりの仕事も気に入りました。
これからもいい音、いい出会いに恵まれんことを。

2022年7月　**寺島靖国**

編者あとがき

オーディオに人格があることを私はこの企画の取材を通して初めて知った。手塩にかけた装置（そうではない場合も含めて）が醸し出す雰囲気、機材が置かれる部屋、そして出てくる音……それらは人物そのものを描写するよりも雄弁に、熱っぽく本人をあぶり出す。そう、オーディオ・ルームに立ち入ることは、その人の内面を覗き見る行為なのだ。これはたまらなく刺激的な取材で、好奇心旺盛な寺島さんがオーディオ部屋訪問にこだわる理由はここにある。寺島さんはいつでもオーディオを通して人を見ているのである。

この企画の提案は実は寺島さんの方からいただき、寺島さんとの新たな連載をやりたかった私は二つ返事で話を進めた。正直に言うと寺島靖国企画なら何をやっても面白くなるはずだから、中身はなんでもよかったのだ。だが、「MY ROOM MY AUDIO」は、机上のやり取りで進める連載では到底味わえない体験を私にもたらしてくれた。これは予想もしなかったことだ。何しろ当時の私はオーディオなど、ほとんどなんの知識も持ち合わせていなかったのだから。

音が人格を持った生き物のように分離し、動き出す。この連載を始めて、寺島さんの聴き方を真似て、ジャズのもう一つの顔が徐々に見えてきて、あらためてジャズの面白さに開眼した。要するにジャズを二度好きになったのだ。

今まで俺はジャズのいったい何を聴いていたのか……。いまも取材の度にこの幸せな自問自答を繰り返している。

佐藤俊太郎　（『JAZZ JAPAN』編集部）

寺島靖国（てらしま・やすくに）

1938年、東京都生まれ。早稲田大学文学部独文科を卒業。会社勤務を経て、1970年、東京・吉祥寺にジャズ喫茶「メグ」を開店。その後ジャズ及びオーディオに関する執筆を精力的に行ない、現在も『JAZZ JAPAN』『ジャズ批評』『stereo』『オーディオアクセサリー』『analog』『レコード芸術』など複数の雑誌にジャズ、オーディオに関する連載、評論、エッセイを発表。なにものにも属さない評論にはファンが多い。著書に『JAZZピアノ・トリオ名盤500』（大和書房）、『JAZZオーディオ悶絶桃源郷』（河出書房新社）、『辛口！ JAZZノート』（講談社プラスアルファ文庫）、『サニーサイドジャズ・カフェの逆襲』（朝日文庫）、『JAZZとオーディオに魅せられた男のワンダーワールド』（音楽之友社）、『JAZZ遺言状』（DU BOOKS）ほか多数。

本書の感想をメールにてお聞かせください。
dubooks@diskunion.co.jp

MY ROOM MY AUDIO
十人十色オーディオ部屋探訪

2022年8月1日　初版発行
2023年7月1日　2刷発行

著　寺島靖国
編集　佐藤俊太郎
デザイン　池上信次

制作　筒井奈々（DU BOOKS）

発行者　広畑雅彦
発行元　DU BOOKS
発売元　株式会社ディスクユニオン

東京都千代田区九段南3-9-14
編集　tel 03-3511-9970／fax 03-3511-9938
営業　tel 03-3511-2722／fax 03-3511-9941
https://diskunion.net/dubooks/

印刷・製本　シナノ印刷

ISBN 978-4-86647-174-7
Printed in Japan

ジョン・コルトレーン「至上の愛」の真実［新装改訂版］

スピリチュアルな音楽の創作過程

アシュリー・カーン 著　川嶋文丸 訳

「ジャズ批評」「Digi Fi（デジファイ）」にて書評が掲載されました!

アルバム誕生50周年記念出版！　神にささげられた究極の「音」とは、いったい何だったのか?

400人近い関係者からの証言を織り込みながら、ミュージシャンとして成長する過程も描く決定版。

本体3600円＋税　A5　408ページ

マイルス・デイヴィス「カインド・オブ・ブルー」創作術

モード・ジャズの原点を探る

アシュリー・カーン 著　川嶋文丸 訳

貴重な写真を100点掲載。

20世紀を代表する、奇跡の記録。

1000万枚を売り上げ、世界中で愛されてきた、録音芸術の創作過程をドキュメント。

本体3200円＋税　A5　384ページ

ハービー・ハンコック自伝

新しいジャズの可能性を追う旅

ハービー・ハンコック 著　川嶋文丸 訳

ジャズ界最後の巨人、ハービー・ハンコックの初の自伝。ロック・ファンク・フュージョン・電子音楽・ヒップホップ、デビューから50年以上、ジャンルを超えて常にミュージックシーンをリードしてきたハービーが、初めて語る音楽人生とは!?

マイルス・デイヴィスとの関係や電子楽器への傾倒、麻薬への耽溺や宗教のことなど、はじめて明かされるエピソード多数掲載！

本体2800円＋税　A5　416ページ

ジャズ・レディ・イン・ニューヨーク

ブルーノート・レコードのファースト・レディからヴィレッジ・ヴァンガードの女主人へ

ロレイン・ゴードン＋バリー・シンガー 著　行方均 訳

ブルーノート・レコード創立者／制作者とヴィレッジ・ヴァンガード経営者の妻を経て、運命に導かれるまま現在のヴィレッジ・ヴァンガードを運営する人生の物語。

村上春樹編訳『セロニアス・モンクのいた風景』にも第4章「セロニアス・モンク」が翻訳・収録された話題の自伝全訳！

表紙イラスト：ラズウェル細木

本体2400円＋税　四六　320ページ　上製

ジャズを詠む

人生を幸せにする、25のスタンダード・ナンバー

akiko 著

音楽性やファッション性のみならず、そのライフ・スタイルにも多くの支持を集めているジャズ・シンガー、akiko。ジャズ・スタンダードの歌詞にインスパイアを受け、今の彼女をかたちづくる、自身の生活や記憶の数々を綴っていく——。akikoにしか書けない、珠玉のエッセイ集。各コラムに合わせて掲載されている写真は、日野元彦のフォトブックなども手掛けるカメラマン蓮井幹生が撮影。

本体1800円＋税　四六　272ページ

昭和・東京・ジャズ喫茶

昭和JAZZ文化考現学

シュート・アロー 著

行ってみたかったあの店、この店。昭和の時代との歴史・文化比較考証も冴え渡る、シュート・アロー ジャズ喫茶探訪記！

「あのジャズ喫茶特有の空気を想像していたら、久々にあの重低音に包まれたくなってきました」——清水ミチコ氏解説文より

本体1500円＋税　四六　304ページ

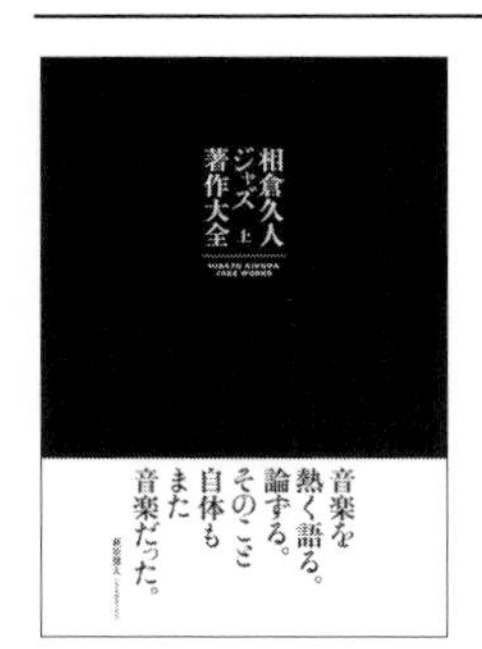

相倉久人 ジャズ著作大全 ／ 上・下巻

言葉によるジャズ行為の草創章・言葉によるジャズ行為の爛熟章

相倉久人 著

ジャズ評論の伝説！　相倉久人の名著が遂に復刊！

黒人のものとされてきたジャズは日本人の手によって生起させ得たのか……

現場に立ち会う生々しい興奮が今も蘇えるドキュメント文体、新鮮な理論展開、奇抜な歴史解釈。上巻には長らく所在不明だった処女署名原稿3作も同時収録！

まえがき：菊原健太（上巻）・ 菊地成孔（下巻）

各本体2800円＋税　四六　各576ページ　上製

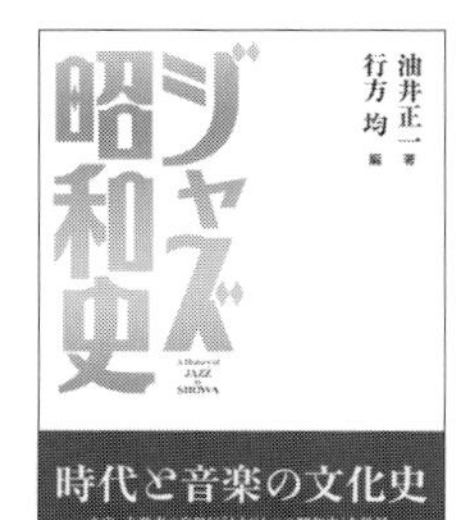

ジャズ昭和史

時代と音楽の文化史

油井正一 著　行方均 編

未完、未発表の自叙伝『もうひとつの昭和史』併録。

ジャズ評論界の巨人が語り、綴る、探求の日々と激動の時代。

油井正一語り下ろしジャズ昭和史。

本体3800＋税　四六　672ページ　上製

著者監修レーベル

寺島◉レコード

2007年にスタートした、寺島靖国がオーナーを務めるレーベル「寺島レコード」。
自身が選曲するコンピレーション・アルバムをはじめ、国内外のアーティスト作品も多数プロデュースしている。

Yasukuni Terashima Presents

Jazz Bar Series since 2001

「オムニバスは本来、由緒正しいものなのである。本作品もその仲間入りをしたい。そういう高度な念願を込めて作られたものである。」という書き出しから2001年にスタートした『Jazz Bar』シリーズ。2020年に20周年を迎えたベスト＆ロングセラー企画であり、ジャズの隠れ名曲・美曲を知るためのベスト・コンピレーション。

3,080円／2021.12.8発売

演奏も大事ですが、誰もがわかるものではありません。
一方、曲の良し悪しは誰しもがわかるのです。

■ **TYR-1101**

V.A. Jazz Bar 2021

1. Turnpike / Eple Trio
2. Io Te Vurria Vassa / Roy Powell Trio
3. Chez Laurette / Serge Delaite Trio
4. Madrugada / Michel Sardaby Trio
5. Hatzi Kaddish / Emmet Cohen
6. Minnesota Bridge / Bojan Assenov Trio
7. Håvar Hedde / Dag Arnesen
8. Susan-Lee / Peter Auret Trio
9. Random Journey / Lisa Hilton
10. Moving Freely / mg3(Martin Gasselsberger Trio)
11. Ex Ego / Leszek Możdżer/Las Danielsson/Zohar Fresco
12. Love Letter to Christiane / Ralf Ruh Trio
13. When Spring Comes / Frankfurt Jazz Trio

Jazz Bar 2001～2020 In Stores Now

TYP-001 2001

TYP-002 2002

TYP-003 2003

TYP-004 2004

TYP-005 2005

TYP-006 2006

TYR-1002 2007

TYR-1010 2008

TYR-1015 2009

TYR-1022 2010

TYR-1027 2011

TYR-1032 2012

TYR-1038 2013

TYR-1045 2014

TYR-1051 2015

TYR-1056 2016

TYR-1061 2017

TYR-1075 2018

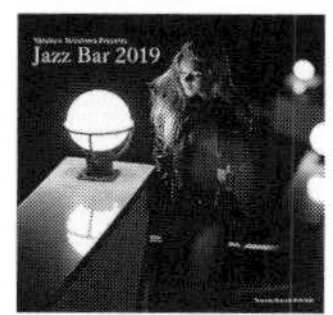

TYR-1085 2019

TYR-1094 2020

寺島◎レコード

NEW RECORDINGS

「俺の音作りをやってやろうじゃないか、それが寺島レコードだ」——
ライヴ感あふれるドラム＆ベースの音を追究し、心地よいヴォーカルに酔う、
寺島靖国のこだわりを名実ともに表現する寺島レコード作品。

3,080円／2021.9.22発売

『ジャズ批評』誌のジャズオーディオ・ディスク大賞2021で金賞受賞。
歴史に名を刻む最高音質、寺島レコードと澤野工房がタッグを組んだ最高傑作。

■ TYR-1098

Alessandro Galati Oslo Trio / SKYNESS

1. Rob as Pier
2. Silky Sin
3. In My Boots
4. Balle Molle
5. Flight Scene #1¥
6. Raw Food
7. Flight Scene #2
8. Entropy
9. Jealous Guy
10. Skyness

演奏：
アレッサンドロ・ガラティ(p)　マッツ・アイレットセン(b)
パオロ・ヴィナッチャ(ds)

録音：
2017年1月 レインボースタジオ(ノルウェー)

3,080円／2022.1.19発売

「テナーサックスのフランク・シナトラ、スタンダード解釈の達人」とも評される、
歌もの名人 ハリー・アレンのバラード集。

■ TYR-1102

Harry Allen / My Reverie by Special Request

1. The Rose Tattoo
2. Love, Your Magic Spell is Everywhere
3. La Rosita
4. Boulevard of Broken Dreams
5. Carioca
6. My Reverie
7. I Surrender Dear
8. Close as Pages in a Book
9. Lilacs in the Rain
10. St. James Infirmary

演奏：
ハリー・アレン(ts)
デイヴ・ブレンクホーン(g)
マイク・カーン(b)
クエンティン・バクスター(ds)

3,080円／2021.3.24発売

新生・大橋祐子トリオ誕生。
持ち前の美しさに加え、自由度と強靭さを増した甘く危険な香り漂う第5作。

■ TYR-1096

大橋祐子 / KISS FROM A ROSE

1. I Fall in Love too Easily
2. Pithecanthropus Erectus
3. Englishman in New York
4. Cielito Lindo
5. I'll Be Seeing You
6. Brave Bull
7. After You Left
8. Strode Rode
9. Linna
10. Kiss from a Rose
11. No Rain, No Rainbow
12. Tennessee Waltz Part-I
13. Tennessee Waltz Part-II

演奏：
大橋祐子(p)　鉄井孝司(b)　高橋延吉(ds)

録音：
2020年12月1日 ランドマークスタジオ(横浜)

3,080円／2021.1.20発売

デビュー作から２作連続でジャズオーディオ・ディスク大賞に入賞。
木漏れ日のようなELLE(エル)の歌声にさらなる深みが。

■ TYR-1095

ELLE / CLOSE YOUR EYES

1. Comes Love
2. If I Should Lose You
3. Autumn in New York
4. Close Your Eyes
5. My Old Flame
6. I Concentrate on You
7. Once in a while
8. I Fall in Love too Easily
9. Besame Mucho
10. I'll Be Seeing You

演奏：
エル(vo)　アレッサンドロ・ガラティ(p)
グイド・ツォルン(b)　ルクレツィオ・デ・セータ(ds)

録音：
2020年10月 フィレンツェ